Robert Sell · Ralf Schimweg

Probleme lösen

Springer
Berlin
Heidelberg
New York
Barcelona
Hongkong
London
Mailand
Paris
Tokio

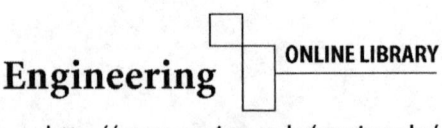

Engineering ONLINE LIBRARY

http://www.springer.de/engine-de/

Robert Sell · Ralf Schimweg

Probleme lösen

In komplexen Zusammenhängen denken

sechste, korrigierte Auflage

Mit 86 Abbildungen und 19 Tabellen

 Springer

Dr.-Ing. Robert Sell
Dr.-Ing. Ralf Schimweg
Mensch, Arbeit & Technik
Sell & Partner GmbH
Krantzstr. 7
D-52070 Aachen
e-mails: robert.sell@mat-gmbh.de / ralf.schimweg@mat-gmbh.de

Bis zur 4. Auflage unter dem Titel „Angewandtes Problemlösungsverhalten" erschienen.

ISBN 3-540-43687-1 Springer-Verlag Berlin Heidelberg New York

Die Deutsche Bibliothek – CIP-Einheitsaufnahme

Sell, Robert:
Probleme lösen: In komplexen Zusammenhängen denken; mit 19 Tabellen / Robert Sell; Ralf
Schimweg. – 6., korrigierte Auflage – Berlin; Heidelberg; New York; Barcelona; Hong Kong; London;
Mailand; Paris; Tokio: Springer 2002
ISBN 3-540-43687-1

Springer-Verlag Berlin Heidelberg New York
ein Unternehmen der BertelmannSpringer Science+Business Media GmbH
http:// www.springer.de
© Springer-Verlag Berlin Heidelberg 1988, 1989, 1990, 1992, 1998 und 2002
Printed in Germany

Einbandentwurf: deblik Berlin
Satz: Camera-ready-Vorlagen von Autoren
Gedruckt auf säurefreiem Papier   SPIN: 10878968   07/3020/kk - 5 4 3 2 1 0

Vorwort

Die Arbeitswelt ist heute durch ein ständig zunehmendes Maß an Unüberschaubarkeit und Undurchsichtigkeit gekennzeichnet. Dies gilt insbesondere für die industrielle Arbeit. Probleme lassen sich in herkömmlicher Weise oft nicht mehr lösen, da sie über Bereichsgrenzen und Zuständigkeiten hinweg miteinander vernetzt sind und sich dynamisch entwickeln. Für die Bewältigung dieser Problematik sind alle Betroffenen in der Regel nicht entsprechend vorbereitet. Das Training der wichtigen bereichsübergreifenden Fähigkeiten, die auch Schlüsselqualifikationen genannt werden, findet in Ausbildung und Studium nicht statt und wird auch in der Weiterbildung kaum systematisch betrieben. Mit der Entwicklung des vorliegenden Problemlöseschemas werden Methoden und Verfahren zum systematischen und methodischen, kreativen und innovativen sowie produktiven und vorausschauenden Denken und Handeln vorgestellt und eingeübt.

Damit bietet dieses Buch ein Training zur Verbesserung des Problemlöseverhaltens für Ingenieurinnen und Ingenieure und für Studierende der Ingenieurwissenschaften.

Zur Verbesserung des individuellen Problemlöseverhaltens in einem fachspezifischen Bereich gibt es grundsätzlich zwei sich unterstützende Möglichkeiten. Einerseits muß das Wissen über den jeweiligen Gegenstandsbereich angereichert werden – dadurch ist der Bereich überschaubarer, mehr Informationen und Lösungswege sind abrufbereit (bereichsspezifisches Wissen) –, andererseits ist eine Verbesserung der heuristischen Struktur anzustreben, worunter Pläne und Programme für Denkabläufe zu verstehen sind, die Verfahren zum Auffinden von Lösungswegen in Problemsituationen initiieren (Handlungswissen). Die heuristische Struktur steht dabei auf einem höheren Niveau, da sie auf ein breiteres Anwendungsfeld und auch auf neue Problemfelder wirkt, also durch keine bereichsspezifischen Grenzen eingeengt wird. Deshalb ist dieses Buch auf ein Training zur Verbesserung der heuristischen Struktur ausgerichtet. Dazu wird ein allgemeines Ablaufdiagramm vorgeschlagen und für verschiedene Problembeispiele erprobt. Dieses Ablaufmuster wird stückweise mit konkreten Übungen entwickelt, erprobt und zum Ende insgesamt auf komplexe ingenieurwissenschaftliche Probleme angewandt. Durch eine Differenzierung von Problemtypen und Lösungsschemata wird der Versuch gemacht, auf die Vielfalt von Verhaltens- und Lösungsmöglichkeiten hinzuweisen, denen eine mechanistische Anwendung von Schemata nicht entsprechen kann.

Das Erkennen und das Umgehen mit diesem Widerspruch – auf der einen Seite die Entwicklung und Erprobung von schematisierten Ablaufdiagrammen zur vereinfachten Gliederung und Bündelung der Gedanken, auf der anderen Seite die

Entwicklung der eigenen Aufmerksamkeit, der Flexibilität der Gedanken und das Überschreiten gedanklicher Barrieren – führt in seiner logischen Konsequenz zu einem zielgerichteten, kreativen und produktiven Problemlösungsverhalten, welches das zu vermittelnde Ziel dieses Buches ist.

Wenn man die Vielzahl der zu diesem Thema geschriebenen Bücher studiert, fällt einerseits die Heterogenität, die Vielfalt von Erklärungsversuchen und Problemlösungsstrategien auf, andererseits überrascht es, wie häufig eine lückenhafte Zusammenstellung von Regeln zur Beschreibung denkbarer Heuristiken herangezogen wird. Manche Autoren glauben z.B., schon allein durch die Rückwärtssuche eine Heuristik gefunden zu haben, andere legen den Schwerpunkt mehr oder weniger auf das schöpferische und kreative Denken. Einige setzen sich besonders für eine intensive Problemanalyse ein, andere wiederum favorisieren besonders das Finden und Entwickeln von Lösungswegen.

All diese Ansätze und Methoden sollen in diesem Buch in einer auch für Ingenieure systematischen Art und Weise entwickelt und zusammengestellt werden. Entsprechend der Vielfalt von Problemsituationen wird dabei diese Systematik sowohl in allgemeiner Form als auch für bestimmte Problemfelder in weit ausdifferenzierter Form vorgestellt. Heuristische Prinzipien, Pläne und Programme zum Problemlösen werden gesammelt, geordnet, klassifiziert und erweitert, so daß letztendlich ein Repertoire an Handlungsvorschriften für unterschiedliche Problemklassen zur Verfügung steht. Die Auseinandersetzung mit diesen heuristischen Prinzipien soll dem Leser ermöglichen, seine eigene individuelle Heuristik zu erkennen und anhand der Übungen weiterzuentwickeln.

Dieser individuelle Kompetenzerwerb heuristischer Prinzipien ist ein langwieriger Prozeß, der durch dieses Buch sicher nur angeregt werden kann.

Letztendlich verbleibt die Übertragung auf die jeweilige Alltagssituation und auf die jeweiligen Problemfelder dem Leser. Eine allgemeine Voraussetzung zur Ausbildung dieser Fähigkeiten ist eine aktive Auseinandersetzung mit der Umwelt in selbstgesteuerten Lernprozessen; die eigenen Denkabläufe müssen bewußt gemacht werden, um eine stetige Bewertung und Selbstreflexion im jeweiligen Problemlöseprozeß zu erlangen.

Diesen individuellen Kompetenzerwerb zu initiieren und zu begleiten, ist das Ziel unserer Beratungsarbeit in der industriellen Praxis. Hier stößt es auf ein zunehmendes Interesse, insbesondere wenn es darum geht, im Gestaltungsprozeß von Arbeit und Technik frühzeitig die Betroffenen auf allen Hierarchieebenen zu beteiligen. Eine Voraussetzung dafür ist die Entwicklung von Problemlösefähigkeit, die als Qualifizierung zur Beteiligung an Bedeutung gewinnt.

Andererseits hat sich das Buch in der Hochschulausbildung etabliert, wie es uns Hochschullehrer aus Fachhochschulen, Universitäten und Technischen Hochschulen rückgemeldet haben. Dieses ist um so erfreulicher, als wir bisher von unseren Studierenden der Ingenieurwissenschaften erwarteten, daß sie lernen und behalten, ohne daß wir sie jemals über lernpsychologische und -physiologische Aspekte, Informationsvermittlung und -aufnahme, Planung von Arbeits- und Lernprozessen unterrichtet hätten. Wir erwarteten von ihnen, kreativ und produktiv zu denken und selbständig Probleme zu lösen; nie zeigten wir ihnen, wie.

Es war an der Zeit, diese Lücke aufzufüllen. Denken kann und muß gelernt werden. Wir dürfen es nicht dem einzelnen überlassen, diese Fähigkeiten erkennen und entwickeln zu lernen. Zeit dazu sollte reichlich vorhanden sein, da sie durch zukünftiges zielgerichtetes Arbeiten eingespart wird.

Genau hier setzt die Vermittlung zum angewandten Problemlösungsverhalten an. Eine konkrete Problemstellung oder Problemsituation ist Ausgangspunkt für einen Lern-, Denk- und Handlungsprozeß, der wiederum selbst auf den Erkenntnissen der Lernpsychologie, der Physiologie und Informationsverarbeitung aufbaut. Mit dieser konkreten Anbindung an Fachinhalten wird *problemlösendes Arbeiten* vermittelt, das auch auf andere Inhalte und Situationen übertragen werden kann.

Die in diesem Buch vorgestellten Probleme und Aufgaben sind zum größten Teil aus dem bereits vorhandenen Material des Bereiches Denk- und Problemspiele ausgewählt. Die fachspezifischen Aufgaben und Probleme entstammen in der Regel Klausuraufgaben aus Prüfungen innerhalb der Studiengänge Elektrotechnik und Maschinenwesen. Die Anwendungsbeispiele in Kapitel 6 entstammen unserer betrieblichen Beratungspraxis.

Daß nun aufgrund der großen Nachfrage eine erneute Auflage – die mittlerweile sechste – notwendig wurde, beweist uns, daß wir mit unserem Ansatz richtig liegen.

Aachen, Juni 2002   Robert Sell
                                                                    Ralf Schimweg

Inhaltsverzeichnis

1 Problemdefinition

1.1
Probleme und Aufgaben

Probleme und Aufgaben lassen sich durch drei Komponenten strukturieren, ohne daß dadurch irgendeine Aussage über die Schwierigkeit, den Typ oder die Art getroffen wäre:

Anfangszustand = „IST"

– *im Regelfall gegeben*

Endzustand = „SOLL"

– *im Regelfall gefordert*

Weg vom Anfangszustand zum Endzustand = „TRANSFORMATION"

– *die Lösung als geistige Handlung*

Wenn die Transformation des *IST-Zustandes* in den *SOLL-Zustand* produktives Denken erfordert, dann stehen wir vor einem Problem. Anderenfalls handelt es sich „nur" um eine Aufgabe; die Transformation erfordert reproduktives Denken, d.h. ausschließlich die Anwendung uns bekannter und schon angewandter Lösungsmethoden (Dörner 1976). Daher legen die Vorerfahrungen fest, ob es sich für den einzelnen um ein Problem oder eine Aufgabe handelt; oder weitergehend, die Reduzierung von anstehenden Problemen zu Aufgaben eröffnet uns die Möglichkeit, uns anderen, neuen Problemen widmen zu können.

Ein Problem beinhaltet also nicht etwas Unangenehmes, das wir tunlichst meiden sollten - manche Probleme lösen sich ohne weiteres Dazutun von alleine (Mager, Pipe 1972) -, sondern die Bearbeitung von Problemen ist in diesem Zusammenhang auch zu verstehen als ein intellektueller Anreiz.

Streichholzprobleme können z.B. in dieser Hinsicht ganz reizvoll sein (Fickert 1982). Sollten die folgenden Beispiele für einige Leser „nur" Aufgaben darstellen, so behandeln Sie diese bitte als solche, das Buch bietet sicherlich reichlich Problembeispiele für jeden Leser.

1.1.1
Erster Schritt zum Problemlösen: Ist/Soll-Analyse

Übung 1.1

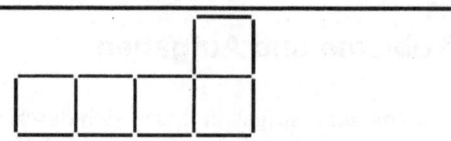

3 Streichhölzer sollen so umgelegt werden, daß 4 Quadrate entstehen.

Unvoreingenommen herangegangen an dieses Problem werden wir uns die Streichhölzer hinlegen, um sofort einige der Streichhölzer mehr wahllos als zielgerichtet wegzunehmen und neu anzulegen. Wenn wir dabei nicht sofort auf eine Lösung stoßen, drängen sich uns vielleicht einige Fragen auf, wie z.B.:

Frage 1:   Müssen die 4 Quadrate gleich groß sein?

Frage 2:   Müssen sich die Quadrate berühren?

Frage 3:   Sollen alle Streichhölzer wieder Verwendung finden?

Frage 4:   Trägt jedes Streichholz zu einer Seite eines Quadrates bei?

Die vorletzte Frage ist möglicherweise durch die Aufgabenstellung eindeutig beantwortet, da die Streichhölzer umgelegt und nicht etwa weggelegt werden sollen. Aber die drei anderen Fragen haben ihre Berechtigung, ja noch vielmehr, sie deuten eventuell auch schon auf mögliche Lösungen hin.

Methode Fragetechnik

Damit ist an dieser Stelle schon eine allgemeine Methode für Problemlösungen angesprochen, die *Fragetechnik*. Dabei sollen die Gegebenheiten oder Sachverhalte solange hinterfragt werden, bis sich keine Fragen mehr stellen.

Abb. 1.1: Mögliche Zwischenlösungen zu Übung 1.1 unter der Annahme, daß sich die Quadrate nicht berühren müssen

Wenn wir uns wieder auf die Frage, ob sich die Quadrate berühren müssen, zurückziehen und davon ausgehen, daß das nicht der Fall sein soll, dann ergeben sich z.B. durch das vorläufige Entfernen zweier Streichhölzer 4 Quadrate, die sich nicht alle berühren (Abb. 1.1)

Wenn uns diese Zwischenlösungen optisch vor Augen liegen *(Methode Visualisierung)*, eröffnen sich uns möglicherweise neue Betrachtungsweisen des Problems. Diese neuen optischen Bilder, verbunden mit der Kenntnis, daß noch ein weiteres (3.) Streichholz umgelegt werden soll, führen zwangsläufig zu folgenden Überlegungen:

Methode Visualisierung

– mit dem 3. zu entfernenden Streichholz muß ein Quadrat zerstört werden,
– mit den 3 neu zu legenden Streichhölzern muß ein neues Quadrat geschaffen werden.

Dabei ergeben sich z.B. die beiden in Abb. 1.2 dargestellten Möglichkeiten.

Abb. 1.2: Mögliche Lösungen zu Übung 1.1 unter der Annahme, daß die Quadrate sich nicht berühren müssen und daß nicht jedes Streichholz zu einem Quadrat beitragen muß

Die Lösung auf der rechten Seite ist natürlich nur dann eine richtige Lösung, wenn die 2. und die 4. Frage verneint werden.

Gehen wir aber davon aus, daß die Quadrate sich (zumindest in einem Punkt) berühren müssen und jedes Streichholz zu einem Quadrat beitragen muß, dann ist die richtige Lösung noch nicht gefunden.

Wir versuchen nun wieder, uns mit Hilfe der *Visualisierung* an eine Lösung heranzutasten.

Wir entfernen bis zu 3 Streichhölzer so, daß eine Verbindung zwischen den verbleibenden Quadraten erhalten bleibt. Nach einigen Versuchen können wir folgende Zwischenlösung finden (Abb. 1.3):

Abb. 1.3: Zwischenlösung zu Übung 1.1 unter der Annahme, daß die Quadrate sich berühren müssen

Es sind 3 Quadrate verblieben und 3 Streichhölzer stehen noch zur Bildung des 4. Quadrates zur Verfügung. Wir kommen rasch auf die Lösung in Abb. 1.4.

Abb. 1.4: Lösung zu Übung 1.1 unter der Annahme, daß die Quadrate nicht gleich groß sein müssen

**Methode
Versuch und
Irrtum**

Diese Lösung ist natürlich nur dann richtig, wenn Frage 1 verneint wird.

Wir haben die Lösungen zur Übung 1.1 so gefunden, wie es üblicherweise die Mehrheit der Leser getan hätte: *Versuch-Irrtum-Verhalten* mit einer gewissen Strukturierung durch Anwendung der Methoden *Fragetechnik* und *Visualisierung*.

Es gibt eine Vielzahl von Problemen, die schnell und zuverlässig durch reines Ausprobieren gelöst werden; aber die Absicht dieses Buches geht weiter: Heurismen, Strategien, Taktiken und Methoden zu entwickeln, die ein zielgerichtetes Abarbeiten komplexer Probleme ermöglichen.

Zurück zu unserem Streichholzproblem und dem oben skizzierten Anspruch dieses Buches. Welche Möglichkeiten der Strukturierung zur Lösung dieses Streichholzproblems können wir uns geben? Das Ablaufdiagramm in Abb. 1.5 wird uns künftig begleiten und von Problem zu Problem inhaltlich gefüllt werden.

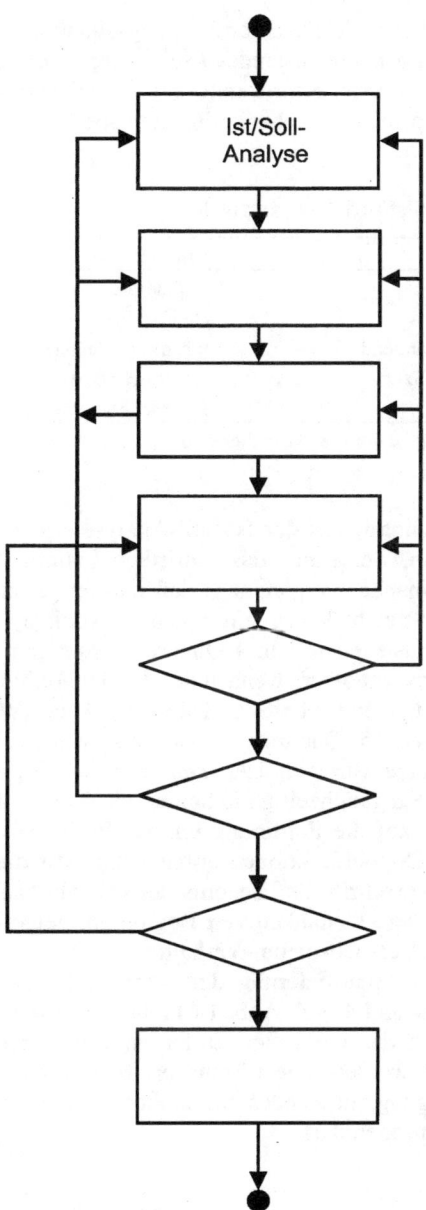

Abb. 1.5: Ablaufdiagramm zum Vorgehen beim Problemlösen –
1. Lösungsschritt

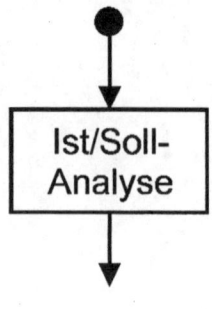

Ist/Soll-
Analyse

Eine kritische Analyse der Ausgangssituation (Ist) und des zu erreichenden Zielzustandes (Soll) wird in diesem Ablaufdiagramm als erster Schritt gefordert. Versuchen wir einmal, dieser Aufforderung nachzukommen (Tabelle 1.1).

Tabelle 1.1: Ist/Soll-Analyse zu Übung 1.1

Ist-Analyse	Soll-Analyse
5 Quadrate	4 Quadrate
gleich groß	gleich groß*
zusammenhängend	zusammenhängend*
16 Streichhölzer	16 Streichhölzer
	3 Streichhölzer umgelegt

*in Ergänzung zu der o.a. Aufgabenstellung

Als Erkenntnis aus der Ist/Soll-Analyse ergibt sich – spätestens dann, wenn man das schriftlich Fixierte *(Visualisierung)* miteinander vergleicht –, daß mit der gleichen Anzahl (16) von Streichhölzern ein Quadrat weniger, nämlich 4 Quadrate entstehen sollen. 4 Quadrate benötigen aber genau dann 16 Streichhölzer, wenn jedes Streichholz nur zu einer Seite eines Quadrates beiträgt. Oder umgekehrt: Wenn mit 16 Streichhölzern 5 Quadrate konstruiert worden sind, dann müssen einige Streichhölzer *Doppelfunktionen* innehaben, d.h. sie stellen gleichzeitig die Seiten von 2 Quadraten dar.

Bezogen auf die Forderung unserer Problemstellung sind also diese Doppelfunktionen aufzuheben. Mit dieser Transformationsvorschrift als Ergebnis der Ist/Soll-Analyse bewegen sich unsere Gedanken von Beginn an zielgerichteter als bei bloßem Versuch-Irrtum-Verhalten.

Nach der Identifizierung der Streichhölzer mit Doppelfunktion (es sind 4, vgl. Abb. 1.6) müssen diese Doppelfunktionen durch das vorläufige Entfernen von 3 Streichhölzern aufgehoben werden. Die Lösung ergibt sich dann unter der Randbedingung, daß jedes Streichholz nur noch zu einem Quadrat beitragen darf.

Abb. 1.6: Doppelfunktionen von Streichhölzern aus Übung 1.1

Nach dem Entfernen sind noch 3 Quadrate und ein Streichholz, das zu gar keinem Quadrat beiträgt, übrig.

Es liegt nun auf der Hand, wie und wo die 3 entfernten Streichhölzer hingelegt werden müssen, damit die Forderungen der Soll-Analyse erfüllt sind (Abb. 1.7).

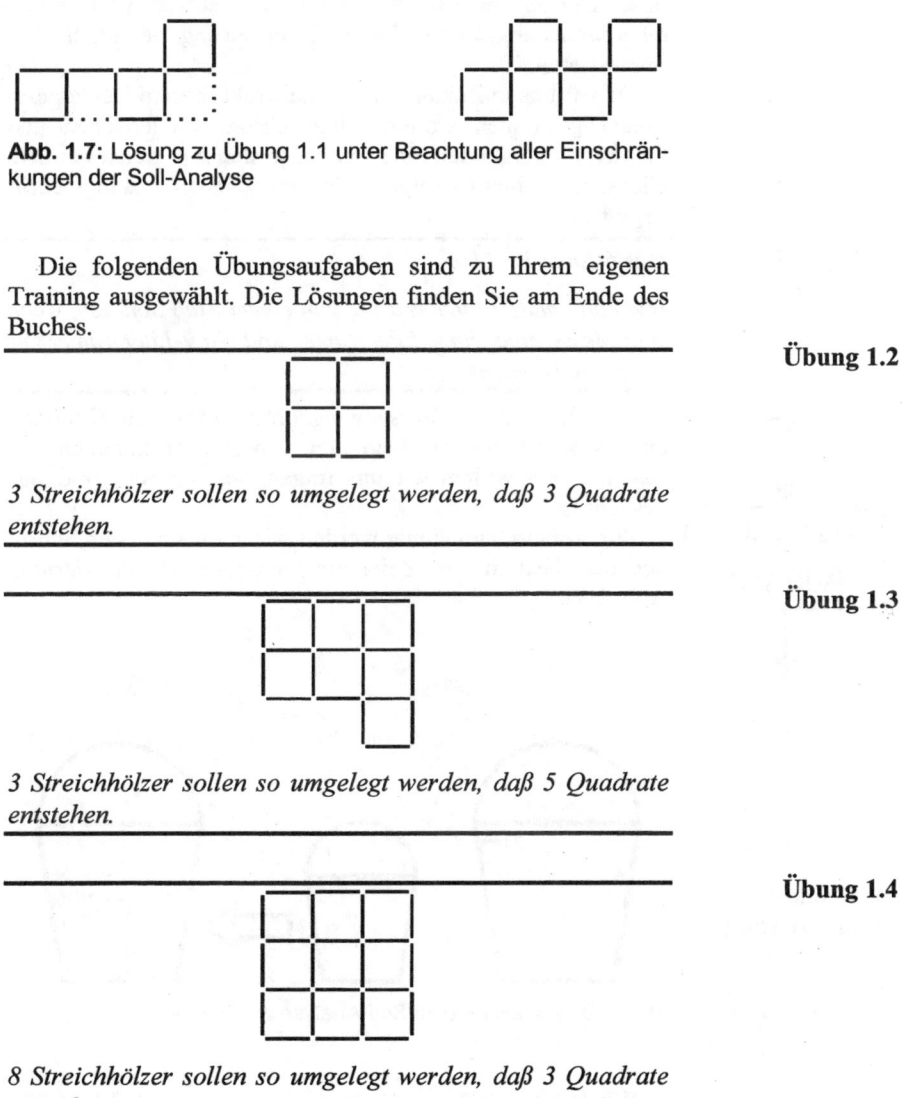

Abb. 1.7: Lösung zu Übung 1.1 unter Beachtung aller Einschränkungen der Soll-Analyse

Die folgenden Übungsaufgaben sind zu Ihrem eigenen Training ausgewählt. Die Lösungen finden Sie am Ende des Buches.

Übung 1.2

3 Streichhölzer sollen so umgelegt werden, daß 3 Quadrate entstehen.

Übung 1.3

3 Streichhölzer sollen so umgelegt werden, daß 5 Quadrate entstehen.

Übung 1.4

8 Streichhölzer sollen so umgelegt werden, daß 3 Quadrate entstehen.

1.1.2
Zweiter Schritt zum Problemlösen: Suchrichtung, Ziel- und Zwischenzielbildung

Nachdem wir zuerst mit dem Streichholzproblem mehr spielerisch begonnen haben, versuchten wir anschließend, unser Denken und Handeln durch eine Ist/Soll-Analyse und eine daraus abgeleitete Handlungsanweisung zielgerichtet zu organisieren.

Da wir uns in Zukunft an solche strukturierten Denkoperationen gewöhnen wollen, ohne unsere spielerischen und kreativen Fähigkeiten einzuengen, wollen wir gleich bei dem nächsten Problem (Polya 1946) mit diesem Lösungsschritt beginnen.

Übung 1.5

Das 6-Liter-Problem

Wie kann man 6 Liter Wasser von einem Fluß abfüllen, wenn zum Messen nur ein 4-Liter-Eimer und ein 9-Liter-Eimer zur Verfügung stehen?

Natürlich ist die Versuchung groß, sofort mit Umfüllen und Ausprobieren zu beginnen. Aber dazu kommen wir später; zuvor wollen wir uns fragen, was gegeben und was gesucht ist.

Zur Veranschaulichung werden wir in einem ersten Schritt den o.a. Text in eine Zeichnung umsetzen (*Visualisierung*, Abb. 1.8):

Ist/Soll-Analyse

Methode Visualisierung

Ist   Soll

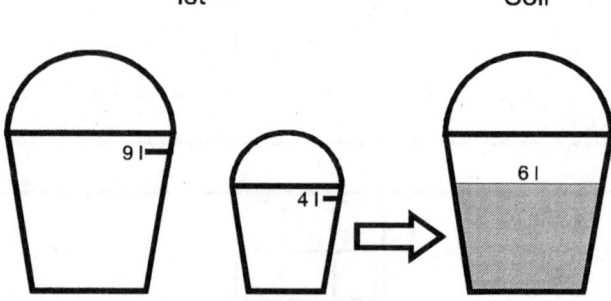

Abb. 1.8: Visualisierte Ist/Soll-Analyse zu Übung 1.5

Wir hoffen, daß dem Leser deutlich wird, wie die Aufgabenstellung der Übung 1.5 durch die Skizze an Klarheit und Überschaubarkeit gewonnen hat.

Im Regelfall ist ein Eimer nach unten konisch zulaufend und hat keine Markierung zum Ablesen des jeweiligen Wasserstandes.

Wir wissen eben nur, daß der erste Eimer 9 Liter, der andere 4 Liter Wasser faßt. Anderenfalls wäre die Lösung auch trivial.

Nachdem wir uns das Problem durch eine Skizze veranschaulicht haben, wenden wir uns nun einer intensiven Ist/Soll-Analyse zu. Als Hilfsmethode dazu ist uns schon die *Fragetechnik* vertraut, die uns immer wieder dazu zwingen soll, die Problemsituation solange zu hinterfragen, bis keine Fragen mehr offen sind.

Methode Fragetechnik

Um zu gewährleisten, daß möglichst alle offenen Fragen zu Beginn der Ist/Soll-Analyse gestellt und beantwortet werden, sollen uns zukünftig folgende Orientierungspunkte als Strukturierungshilfen zur Verfügung stehen (Lompscher 1972):

— Eigenschaften der Sachverhalte
— Zergliedern von Sachverhalten
— Ordnen von Sachverhalten
— Vergleichen von Sachverhalten (Ist/Soll)

Wenn wir diese Strukturierungshilfen mit der Methode Fragetechnik auf unser konkretes Problem anwenden, kommen wir im einzelnen zu folgenden Überlegungen:

Eigenschaften der Sachverhalte

In Tabelle 1.2 sind die aus der Aufgabenstellung entnehmbaren Eigenschaften sortiert nach Ist- und Soll-Zustand aufgeführt. Abb. 1.8 erleichtert die Zuordnung.

Tabelle 1.2: Ist/Soll-Zustandsbeschreibung zu Übung 1.5

Ist-Zustand	Soll-Zustand
1 Eimer 9 Liter	6 l Wasser im 9-l-Eimer
1 Eimer 4 Liter	
nicht skaliert	

Wer an dieser Stelle glaubt, die Eigenschaften der vorliegenden Sachverhalte genügend beschrieben zu haben, sollte sich einmal folgende Fragen stellen:

— Woher kommt das Wasser?
— Sind die Eimer gefüllt?
— Wie viel Wasser steht zur Verfügung?

Im Aufgabentext finden wir die Antwort, da von einem Fluß gesprochen wird, dem das Wasser zu entnehmen ist.

Also ergibt sich als weitere festzuhaltende Eigenschaft der Sachverhalte, daß beliebig viel Wasser zur Verfügung steht und damit mehrere Umschüttungen zur Lösung nötig oder erlaubt sind.

Die letzte Aussage hat sicherlich zum jetzigen Zeitpunkt hypothetischen Charakter, aber sie erscheint doch deshalb interessant, weil die Erwähnung des Flusses in der Aufgabenstellung Erstaunen hervorruft oder zumindest etwas befremdlich wirkt.

Lesen Sie bitte die Aufgabenstellung noch einmal durch. Man hätte den Satzteil „von einem Fluß" doch auch weglassen können, oder? Aber dann hätte sich die Frage nach der Menge des zur Verfügung stehenden Wassers sofort aufgedrängt und eine entsprechende Antwort möglicherweise die Aufmerksamkeit erregt. Und da die eigene Aufmerksamkeit eine Grundvoraussetzung zur Lösung von Problemen ist, sollten wir an dieser Stelle auch der Nennung des Flusses im Aufgabentext eine besondere Aufmerksamkeit schenken und daraus eine bestimmte Bedeutung ableiten.

Zergliedern von Sachverhalten

In dem 2. Schritt sollen wir uns bemühen, die Sachverhalte zu zergliedern. Bei den gegebenen Sachverhalten lassen sich nur die Mengenangaben zergliedern. Versuchen wir doch einmal, ob uns das zur Lösung weiterhelfen kann (Tabelle 1.3).

Tabelle 1.3: Zergliederung der Sachverhalte aus der Aufgabenstellung von Übung 1.5

Ist		Soll	
4 Liter	= 1 Liter + 3 Liter	6 Liter	= 1 Liter + 5 Liter
	= 2 Liter + 2 Liter		= 2 Liter + 4 Liter
9 Liter	= 1 Liter + 8 Liter		= 3 Liter + 3 Liter
	= 2 Liter + 7 Liter		
	= 3 Liter + 6 Liter		
	= 4 Liter + 5 Liter		

Ordnen von Sachverhalten

Eine weitere Zergliederung und Ordnung ist noch möglich, auf sie sei aber an dieser Stelle verzichtet, da sie naheliegend und überschaubar ist. Ebenfalls ist aus den gleichen Gründen ein genaueres Eingehen auf diesen 3. Schritt für die hier vorliegende Problemlage nicht nötig.

Vergleichen von Sachverhalten (Ist – Soll)

Schon bei einem oberflächlichen Vergleich der aufgelisteten Sachverhalte fällt zuerst die Aufgliederung

9 Liter = 3 Liter + *6 Liter*

ins Auge, da dort die gewünschte Wassermenge steht. Die übrigen 3 Liter finden wir wieder in

4 Liter = 1 Liter + *3 Liter*.

Diese Zergliederung ist sicherlich dann erfolgversprechend, wenn wir 1 Liter abfüllen können; erste Hinweise dafür finden wir in

9 Liter = 1 Liter + 8 Liter = *1 Liter* + 4 Liter + 4 Liter

Dem geschulten Problemlöser liegt sicherlich jetzt die Lösung klar vor Augen, für die weniger geübten werden wir den zweiten Block in unserem Ablaufdiagramm zum analytischen Problemlösen einführen.

Wir werden uns Gedanken über das Vorgehen zur Lösung des Problems machen, nicht unabhängig von der Lösung, aber getrennt von der Lösung. Allgemeine Strategien und Taktiken sind anzuwenden, die uns gerade für das anstehende Problem günstig erscheinen; wir werden also den Weg des Suchens und Findens möglichst detailliert festlegen und in Zwischenziele aufgliedern, um durch eine punktuelle Kontrolle die Einhaltung des Weges überprüfen zu können (Abb. 1.9).

Zurück zu unserem konkreten Problem. Welche Möglichkeiten des Suchens gibt es denn überhaupt? Stehen uns alternative Wege zur Verfügung?

Normalerweise fangen wir doch mit zwei leeren Eimern an, füllen und leeren sie und versuchen, uns an die Lösung heranzutasten. Bei diesem Vorgehen beginnen wir mit der Anfangssituation und erstreben die gewünschte Endsituation, hier 6 Liter Wasser im 9-Liter-Eimer zu erhalten.

Diese *Vorwärtssuche* ist uns vertraut und wird von uns so selbstverständlich angewandt, daß uns noch nicht einmal bewußt wird, daß wir damit eine Entscheidung über das Vorgehen, das Herangehen an die Lösung getroffen haben. Diese Entscheidung über das Vorgehen sollte aber deshalb bewußt getroffen werden, weil bestimmte Problemtypen durch bestimmte Vorgehensweisen leichter und effektiver gelöst werden können.

Methode
Vorwärtssuche

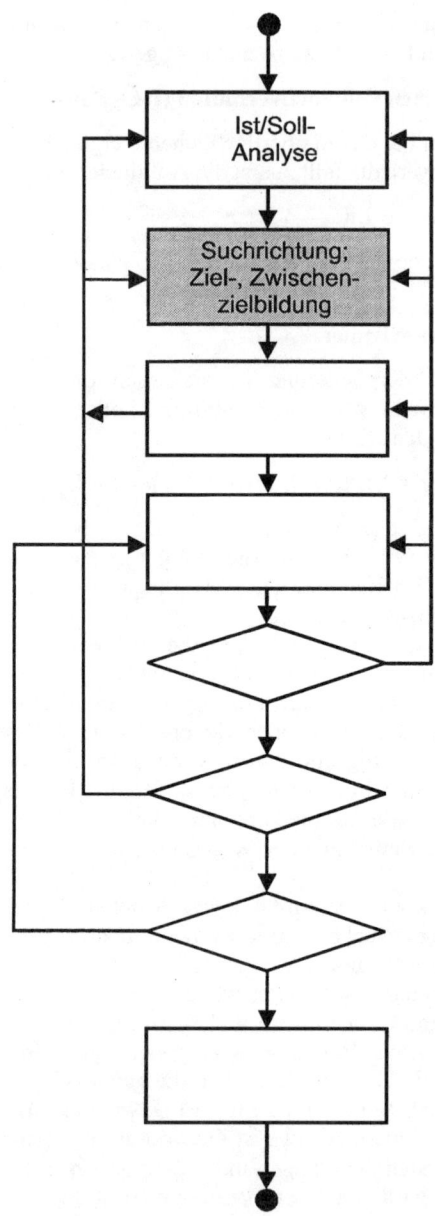

Abb. 1.9: Ablaufdiagramm zum Vorgehen beim Problemlösen –
1. und 2. Lösungsschritt

Bei dem 6-Liter-Problem können wir doch auch von dem ausgehen, was gefordert wird; das Gesuchte wird von uns als bereits Gefundenes angenommen.

In diesem Fall haben wir uns für die *Rückwärtssuche* als Vorgehen zur Lösung des Problems entschieden. Dieses Vorgehen ist genauso zielstrebig wie die Vorwärtssuche.

Methode Rückwärtssuche

Strukturell lag diese Rückwärtssuche ja schon den Gleichungen zugrunde, die als Ergebnis des Vergleiches der Sachverhalte ins Auge gefallen waren. Wir werden die Schritte jetzt noch einmal nachvollziehen.

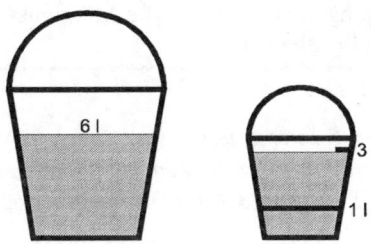

Abb. 1.10: Visualisierung der Rückwärtssuche in Übung 1.5

Wir hätten dann 6 Liter im 9-Liter-Eimer, wenn wir 3 Liter daraus gießen könnten (Abb. 1.10).

9 Liter = 3 Liter + *6 Liter*

Dieses gelingt uns leicht, wenn wir 1 Liter im 4 Liter-Eimer haben.

4 Liter = 1 Liter + *3 Liter*

Also benötigen wir 1 Liter *(Zwischenziel)*, der sich aber leicht aus (leicht deshalb, weil wir den Sachverhalt entsprechend vorher zergliedert hatten)

9 Liter = 1 Liter + 4 Liter + 4 Liter

durch zweimaliges Ausschütten des vollen 9-Liter-Eimers in den 4-Liter-Eimer ergibt (Abb. 1.11). Jetzt befinden wir uns schon in der *Vorwärtssuche*.

Der übrigbleibende Liter wird in den 4-Liter-Eimer umgefüllt, der 9-Liter-Eimer wird neu gefüllt; damit wird der 4-Liter-Eimer aufgefüllt, und es verbleiben die gewünschten 6 Liter im 9-Liter-Eimer.

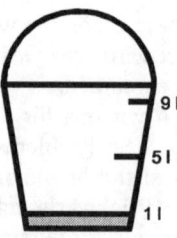

Abb. 1.11: Visualisierung der Aufteilung von 9 Liter in 1 Liter und zwei mal 4 Liter

Mit der Übung 1.6 haben Sie die Möglichkeit, sich an einem ähnlichen Problem zu üben.

Übung 1.6

Das Umfüllproblem

Eine Kanne mit 8 Liter Fassungsvermögen ist vollgefüllt mit Wein. Wie kann man 4 Liter Wein abfüllen, wenn zwei leere Kannen mit 5 Liter und 3 Liter Fassungsvermögen zur Verfügung stehen?

Nicht nur dem ehrgeizigen Leser sei geraten, die in diesem Buch besprochenen Übungen in einem ersten Schritt alleine anzugehen. Dabei ist ein Protokollieren der eigenen Gedanken und Lösungsversuche in zweierlei Hinsicht von großem Vorteil: Auf der einen Seite lernen wir unser eigenes übliches Problemlöseverhalten kennen, auf der anderen Seite ist uns dadurch eine intensive Auseinandersetzung mit den in diesem Buch vorgeschlagenen Problemlösungsschemata und –strategien möglich. Persönliche Präferenzen, Vorlieben und Stärken können erkannt werden, eine entsprechende Änderung, Variation oder Adaption der vorgeschlagenen Problemlösungsschemata verhindert das Anlegen eines künstlichen Korsetts, das eher blockiert als unterstützt.

1.2
Problemtypen

Ein befreundetes Ehepaar hatte meine Freundin und mich
eines Tages zu einem Essen eingeladen. Im Verlaufe des
Gesprächs sagte die Gastgeberin meiner Freundin, daß für
einen Kosmetikkurs noch Modelle gesucht würden. Als ich
das hörte, sagte ich spontan: „Geh da doch mal hin." Die
Reaktion beider Frauen war identisch: Verwundert sahen sie
mich an, und meine Freundin fragte: „Glaubst Du, daß ich es
nötig habe?" Was hatte ich verkehrt gemacht? So hatte ich es
nicht gemeint, lag es möglicherweise an dem Tonfall, der
diese Reaktion hervorrief? Aber welche Möglichkeiten blieben mir denn? Hätte ich gesagt: „Unmöglich, tu das bloß
nicht!", hätte ich wahrscheinlich folgende Antwort gehört:
„Soll ich mir denn gar nichts gönnen?" Reden ist Silber,
Schweigen ist Gold; nach diesem Motto hätte keine Reaktion
meinerseits möglicherweise folgende Aufforderung zur Folge
gehabt: „Sag Du doch mal etwas dazu!" Bliebe mir noch die
Möglichkcit, geschickt das Thema zu wechseln; danach hätte
ich mir den Vorwurf gefallen lassen müssen: „Hast Du nicht
zugehört?" In dieser Situation hatte ich das Gefühl, egal was
ich gesagt oder wie ich mich verhalten hätte, es wäre falsch
gewesen. Für mich lag eine unlösbare Problemsituation vor.

Zurück zu den Problemtypen. Wir wollen nicht zwischen
lösbaren und unlösbaren Problemen unterscheiden, zumal das
obige Beispiel sicher nur im ersten Moment unlösbar er-
schien. Wir haben die Mißverständnisse ja im Verlauf des
weiteren Gespräches klären können. Vielmehr soll das Beispiel deutlich machen, daß eine Einteilung von Problemen in
Typen oder Arten nur beschränkt Gültigkeit haben kann.
Spezifische Situationen, Randbedingungen (z.B. der Tonfall
der Stimme), augenblickliche Stimmungen und Wünsche
haben einen entscheidenden Einfluß auf die eigene Einordnung von Problemen.

Ein weiteres Beispiel dazu, aber auf einer anderen Ebene,
finden wir in der „Ahmed-Episode" wieder (Rubinstein
1975), in der Rubinstein von Ahmed folgende Frage gestellt
bekommt:

„Stell Dir vor, Du, Deine Mutter, Deine Frau und Dein
Kind kentern mit einem Boot. Du kannst Dich selbst und eine
weitere Person retten. Wen würdest Du retten – Deine Mutter, Deine Frau oder Dein Kind?"

Rubinstein entschied sich für sein Kind. Ahmed war sehr
überrascht und erwiderte, daß er in seinem Leben mehr als
ein Kind, mehr als eine Frau haben könne, daß er aber nur

eine Mutter habe; er müsse sich für seine Mutter entscheiden. Hier stoßen zwei unterschiedliche Welten aufeinander. Verschiedene Kulturen, damit verbundene Normen und Werte führen bei der scheinbar gleichen Problemsituation zu unterschiedlichen Ergebnissen. Rubinstein hat die gleiche Frage an ca. 100 seiner Seminarteilnehmer weitergegeben. Von ihnen entschieden sich 60% für ihr Kind, 40% für ihre Frau. Seine Frage, wer denn seine Mutter retten würde, rief nur ein Lachen hervor.

Wir sollten zur Kenntnis nehmen, daß unterschiedliche Werte und Kulturen zu unterschiedlichen Auswirkungen auf Problemdefinitionen und Problemlösungen führen.

Aber auch dieser wichtige Tatbestand, ebenso wie der zuerst angeführte Tatbestand der Lösbarkeit, soll in diesem Kapitel nicht zur Typisierung von Problemen herangezogen werden. Vielmehr haben beide Geschichten die Funktion, die im folgenden beabsichtigte und auch eingeführte Typisierung zu relativieren, sie also entsprechend offen zu gestalten. Denn die oben angeführten Widersprüche finden sich letztendlich insgesamt auch im jeweiligen Problemlöser wieder:

– Ist das Problem lösbar?
– Will ich das Problem lösen?
– Entstehen durch die Lösung neue Probleme?
– Welche Auswirkungen haben diese?
– Welche soziale und gesellschaftliche Verantwortung bedeutet dies?
– Berücksichtige ich Normen und Werte?
– Entstehen neue Werte?
– ...?

Damit hängt eine Unterscheidung von Problemtypen vom jeweiligen Problemlöser ab. Wenn trotzdem an dieser Stelle eine Problemunterscheidung übernommen wird (Dörner 1976), dann gibt es dafür nur einen Grund: Eine Festlegung auf einen bestimmten Problemtyp soll in Zukunft eine Fokussierung auf bekannte Heuristiken und Strategien beinhalten, denen anhand eigener Erfahrungen eine hohe Zielsicherheit unterstellt werden kann.

Eine geschlossene Problemdefinition liegt dann vor, wenn die Ist/Soll-Kriterien eindeutig bekannt sind. Ist die Lösung des Problems außerdem durch eine Reihe bekannter Operationen vollziehbar, dann werden wir in Zukunft von *analytischen Problemen* reden.

Sollte die Lösung erst durch Findung in der Regel nicht bekannter Operationen erreichbar sein, bei gleichzeitig gut definierten Ist/Soll-Kriterien, dann reden wir von *synthetischen Problemen*.

Ist dagegen die Problemdefinition offen - das heißt, daß entweder die Ist-Kriterien oder die Soll-Kriterien schlecht oder unvollständig definiert sind - und eine Lösung ist durch eine Reihe bekannter oder unbekannter Operationen vollziehbar, dann liegen *dialektische Probleme* vor.

Abb. 1.12 verdeutlicht diese Unterscheidung auf eine anschaulichere Weise, wobei die gewählte strenge graphische Bereichstrennung nicht übertragen werden darf.

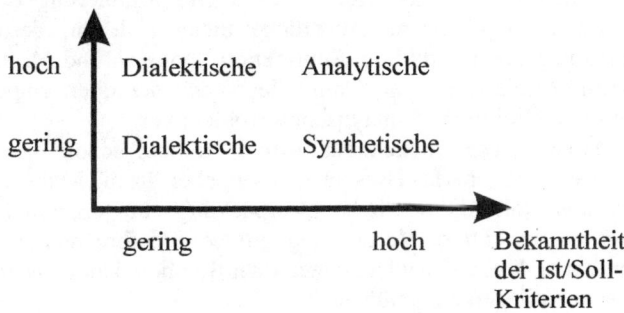

Bekanntheit der Operationen

hoch	Dialektische	Analytische
gering	Dialektische	Synthetische
	gering	hoch

Bekanntheit der Ist/Soll-Kriterien

Abb. 1.12: Problemtypen

Die Bereichsgrenzen sind fließend und unscharf, die Problemtypen treten auch kombiniert auf. Je nach Ausbildung der eigenen Wissensstruktur ist die Einordnung von Problemen in dieses Raster eine individuelle und nicht eine allgemeingültige Entscheidung.

Analytische Probleme sind uns vorwiegend aus der Mathematik bekannt, synthetische Probleme liegen bei einem Großteil der Denksportaufgaben vor, und auf dialektische Probleme treffen wir in der Regel in komplexen Problemsituationen, wie z.B. bei der Teamarbeit zur Bewältigung einer ingenieurmäßigen Aufgabe.

Im folgenden sollen die Problemtypen beispielhaft im Rahmen von Übungen erläutert werden.

1.2.1
Analytische Probleme

Übung 1.7

Alfred

Alfred ist 24 Jahre alt. Er ist damit doppelt so alt, wie Bruno war, als Alfred so alt war, wie Bruno jetzt ist. Wie alt ist Bruno?

Bei dieser Übung liegt eine geschlossene Problemdefinition vor. Die Ist/Soll-Kriterien sind eindeutig bekannt. Die Mehrheit der Leser kann sicherlich auch jetzt schon eine zutreffende Aussage über die Bekanntheit der zur Lösung führenden Operationen treffen. Eine Umformulierung des Textes in algebraische Ausdrücke bietet sich an, deren Auflösung durch Addition, Subtraktion, Division und Multiplikation vollziehbar ist. Damit liegt nach der oben eingeführten Definition ein analytisches Problem vor.

Manche Leser mögen das Alfred-Problem schon durch sogenanntes „scharfes Hinsehen" lösen, aber für die Mehrheit von uns stellt die textliche „Verpackung" die eigentliche Barriere dar. Diese Verpackung gilt es aufzubrechen. Die Benutzung kurzer Bezeichnungen oder Symbole kann uns bei diesem Anliegen unterstützen.

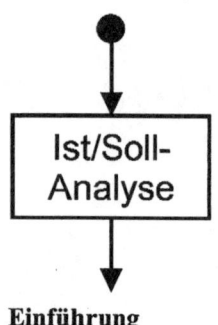

Ist/Soll-Analyse

Einführung von Bezeichnungen

- A = Alfred   – A* = Alfred früher
- B = Bruno   – B* = Bruno früher

Damit haben wir auch gleichzeitig festgestellt, daß es zwei Zeitpunkte gibt (Eigenschaften der Sachverhalte). Mit Hilfe dieser Symbole versuchen wir nun, den Text in überschaubare Einzelinformationen zu übersetzen (Zergliedern und Ordnen des Sachverhaltes in Form von Gleichungen).

- Alfred ist 24 Jahre alt. $A = 24$
- Er ist damit doppelt so alt, wie Bruno war, $A = 2B*$
                                                $B* = 12$
- als Alfred so alt war, wie Bruno jetzt ist. $A* = B$
- Wie alt ist Bruno? $B = ?$

Suchrichtung; Ziel-, Zwischenzielbildung

Wir wissen, daß $A = 24$ und $B* = 12$ ist, und daß unsere gesuchte Größe $B = A*$ ist. Nur eine zahlenmäßige Größe können wir noch nicht angeben, da wir noch nichts genaues über A* wissen. Wenn wir A* kennen (Zwischenziel), haben wir das Alter von Bruno bestimmt; also konzentrieren wir uns auf die Bestimmung von A* und skizzieren das Problem (Abb. 1.13).

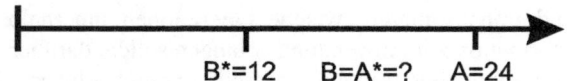

Abb. 1.13: Visualisierung des Alfred-Problems

Die Skizze veranschaulicht das Problem in einer noch weitergehenden Form, und sie fordert von uns die graphische Festlegung von A*. Aus dem Text geht hervor, daß

B* < A* < A

ist, daß A* also irgendwo zwischen 12 und 24 Jahren liegt. Diese Suche zur Festlegung von A* = B in der Skizze zwingt uns geradezu auf den Lösungsweg, da A* = B nicht irgendwo zwischen B* und A liegt. Bruno und Alfred werden im gleichen Maße älter, somit gilt

A - A* = B - B*

Damit läßt sich entweder rechnerisch oder aus der Skizze sofort das Alter von Bruno bestimmen. Er ist 18 Jahre alt.

1.2.2
Synthetische Probleme

Anhand des folgenden Beispieles soll ein synthetisches Problem nach der zuvor eingeführten Typisierung vorgestellt werden.

Hängebrücke

Eine Hängebrücke über einen Fluß ist nachts von 4 Personen zu überqueren. Aus Sicherheitsgründen darf die Überquerung nur mit einer Taschenlampe durchgeführt werden; diese ist von den überquerenden Personen mitzuführen und besitzt eine Leuchtzeit von genau 60 Minuten. Gleichzeitig dürfen sich nur 2 Personen auf der Brücke aufhalten. Die Personen benötigen für die Überquerung unterschiedliche Zeiten, nämlich A = 5 Minuten, B = 10 Minuten, C = 20 Minuten und D = 25 Minuten; gehen 2 Personen gleichzeitig, bestimmt der Langsamere das Tempo. In welcher Reihenfolge müssen die Personen die Brücke überqueren, damit sie nach 60 Minuten alle auf der anderen Flußseite sind?

Übung 1.8

Auch bei diesem Beispiel scheinen die Ist/Soll-Kriterien eindeutig festgelegt zu sein. 4 Personen sollen in bestimmter Zeit unter bestimmten Bedingungen auf der anderen Seite eines Flusses sein. Aber wie wir den Ist-Zustand in den Soll-

Zustand transformieren, welche Operationen innerhalb der Transformation zur Anwendung gelangen sollen, darüber fällt uns eine eindeutige Aussage zunächst einmal schwer. Vielleicht hängt es auch damit zusammen, daß wir bei einem solchen Problemtyp vorrangig Fragen stellen möchten, ehe wir uns überhaupt mit Lösungsansätzen auseinandersetzen. Solche Probleme werden wir in Zukunft als synthetische Probleme bezeichnen. Auch solche Probleme können streng analytisch angegangen werden, wenn wir berücksichtigen, daß eigene gedankliche Barrieren, so sie uns nur bewußt sind, analytisch überwunden werden können. Dieses Bewußtmachen der gedanklichen Barrieren setzt aber ein höheres Maß an Kreativität und Aufmerksamkeit voraus, als es üblicherweise bei rein analytischen Problemen der Fall ist.

In diesem Sinne stößt das Hängebrücken-Problem immer wieder auf "unverständliche" Schwierigkeiten - unverständlich spätestens dann, wenn die Lösung des Problems erreicht ist. Gerade aus diesem Grunde sollte jeder Leser sich zuerst einmal alleine mit diesem Problem beschäftigen. Noch gemeinsam lassen sich die ersten Fragen klären, wie

Methode Fragetechnik

– Kann die Taschenlampe zugeworfen werden?
– Darf jemand ohne Licht auf der Brücke zurückbleiben?
– Gibt es weitere unbenannte Hilfsmittel etc.?

Auf all diese Fragen gibt es folgende Antworten:

– Die Taschenlampe darf nur von Hand zu Hand gereicht werden.
– Bewegungen auf der Brücke dürfen nur mit Licht durchgeführt werden.
– In der Problemstellung nicht benannte Hilfsmittel sind nicht erlaubt.

Und nun viel Spaß. Denken Sie bitte daran, Ihre Gedanken und Überlegungen während Ihrer Lösungsversuche zu protokollieren. Sie vermeiden damit zumindestens sich wiederholende Mißerfolge, und das alleine ist schon ein wichtiger Zeitgewinn. Zusätzlich liegt in einem solchen Vorgehen – Protokollieren der Gedanken, Selbstreflexion und Bewertung des eigenen Problemlöseverhaltens – noch ein weiterer wesentlicher Faktor, wie wir später feststellen werden.

Wenn wir davon ausgehen, daß Sie sich mittlerweile selbst intensiv mit dem Problem beschäftigt haben, es gelöst haben oder auch nicht, so können wir uns jetzt an einen gemeinsamen Lösungsversuch heranmachen. Dabei werden wir wieder, wie bei allen gemeinsam besprochenen Aufgaben und Problemen, auf unser Ablaufdiagramm zurückgreifen, von dem uns bisher zwei Blöcke bekannt sind: die Ist/Soll-Analyse und die Festlegung der Suchrichtung, einschließlich der Aufgliederung in Ziele und Zwischenziele. Dieser stetige Verweis auf das Hilfsmittel des Ablaufdiagramms soll uns immer wieder an ein strukturiertes Denken gewöhnen und den Umgang mit Strukturierungshilfen einüben.

Eigenschaften der Sachverhalte

Versuchen wir doch einmal, in einem ersten Schritt die Eigenschaften der Sachverhalte zusammenzustellen:

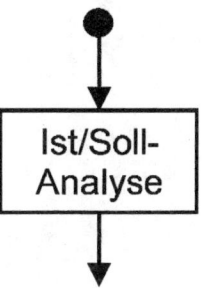

– Die Brücke trägt maximal 2 Personen.
– Die Taschenlampe muß bei jeder Überquerung mitgeführt werden.
– Die Leuchtzeit der Taschenlampe beträgt 60 Minuten.
– Die 4 Personen sind unterschiedlich schnell.
– Es sind keine zusätzlichen Hilfsmittel vorhanden.

Zergliedern und Ordnen der Sachverhalte

Ein weiteres Zergliedern und Ordnen der Sachverhalte führt zu folgenden Ergebnissen:

– A = 5 Minuten
– B = 10 Minuten
– C = 20 Minuten
– D = 25 Minuten
– Wenn 2 Personen gemeinsam gehen, bestimmt der Langsamere das Tempo.
– Zur Überquerung stehen 60 Minuten Zeit für alle Personen zur Verfügung.

Die beiden Arbeitsschritte „Zergliedern" und „Ordnen" sind an dieser Stelle zusammengefaßt dargestellt. Selbstverständlich handelt es sich bei diesen Arbeitsschritten auch in diesem Beispiel um zwei nacheinander vollzogene Denkprozesse.

Vergleichen der Sachverhalte

Ein Vergleichen der Sachverhalte könnte uns noch darauf aufmerksam machen, daß die Summe der einzelnen Überquerungszeiten (A + B + C + D) genau 60 Minuten ergibt.

Aber wie kommt jeweils die Taschenlampe zurück, wenn die Personen einzeln nacheinander die Brücke überqueren wollen? Hilfsmittel sind nicht vorhanden, und auch das Ausleuchten der gesamten Brücke von einer Seite des Flusses aus ist nicht möglich, dann wäre das Problem auch trivial. Da die Taschenlampe zurückgebracht werden muß, müssen also 2 Personen gleichzeitig gehen, dafür spricht natürlich auch die maximale Ausnutzung der Brückenbelastung bei entsprechendem geringen Zeitaufwand. Wenn nun nicht der Zeitverlust durch das Zurücklaufen wäre. Aber haben wir dafür nicht den sportlichen Typ A, der jeweils nur 5 Minuten benötigt? Versuchen wir doch einmal, uns mit der Absicht, A jeweils für den Rücktransport einzusetzen (Zwischenziel), an die Lösung heranzutasten. Dazu soll uns wie üblich eine übersichtliche zeichnerische Darstellung behilflich sein (Abb. 1.14).

Methode Visualisierung

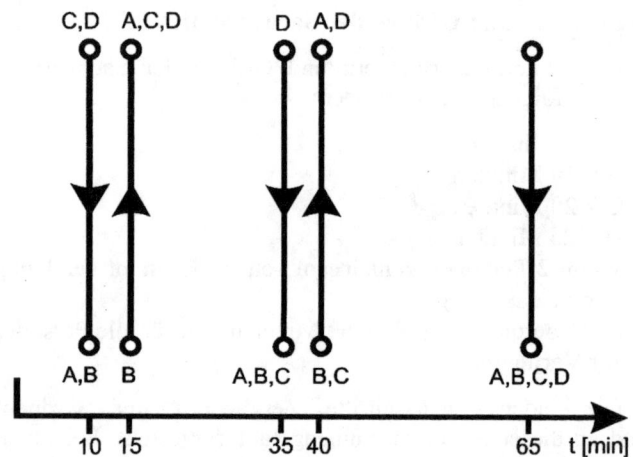

Abb. 1.14: Visualisierung des Hängebrücken-Problems – Zwischenziel

Zuerst gehen A und B, dann geht A zurück und holt C, und schließlich nach abermaligem Überqueren bringt A auch D über die Brücke - zumindestens fast, denn nach 60 Minuten erlischt ja die Taschenlampe, und ein Weitergehen ohne Licht ist lebensgefährlich. Was haben wir verkehrt gemacht? Auf diese Art und Weise benötigen wir 65 Minuten, eine Zeitspanne, die uns nicht zur Verfügung steht. Hätte A doch erst mit C oder gar mit D gehen sollen? Würde sich dadurch irgendetwas am Zeitbedarf ändern? Ich glaube, daß die

Skizze darauf eine eindeutige Antwort gibt; die Gesamtzeit
wird sich immer auf 65 Minuten belaufen.

Vielleicht sollten wir nach diesem Mißerfolg unseren gewählten Problemlöseweg einmal kritisch beleuchten. Und
damit befinden wir uns auch schon in der dritten Phase des
Ablaufdiagramms (Abb. 1.15). Nur sollten wir in Zukunft die
Selbstreflexion und Bewertung durchführen, bevor wir uns an

Selbstreflexion,
Bewertung

den Lösungsweg begeben. Der positive Effekt von Unterbre-
chungen des problemgerichteten Denkablaufs durch Selbstre-
flexions- und Bewertungsphasen zu bestimmten Zeitpunkten
ist nachgewiesen (Hesse 1979, Reither 1979). Noch genauer
werden wir darauf in Kapitel 4 eingehen.

Nach der Ist/Soll-Analyse, nach der Festlegung der Suchrichtung und einer eventuellen Zwischenzielbildung sollten
wir in Zukunft immer die Selbstreflexions- und Bewertungsphase anschließen. Denn mit den beiden ersten Phasen ist der
Lösungsweg festgelegt, und bevor wir ihn vollziehen, sollten
wir kurzzeitig den problemgerichteten Denkablauf verlassen,
uns der Faszination der vielleicht nahestehenden Lösung und
der augenblicklichen Neugier entziehen und uns in Hinblick
auf das Problem „Hängebrücke" folgende Fragen stellen:

- Was habe ich bisher getan?
- Habe ich das Problem verstanden?
- Habe ich alle Fakten gesammelt?
- Habe ich richtig interpretiert?
- Habe ich Vorurteile einfließen lassen?
- Wo sind Schwachpunkte?
- ...?

Synthetische Probleme zeichnen sich gerade dadurch aus,
daß wir uns selbst durch Polarisierung der Ideen den Blick
auf das Wesentliche verbauen. Aber ist uns so etwas hier
tatsächlich auch passiert? Haben wir denn nicht nur Fakten
gesammelt? Wer diese Frage zum jetzigen Zeitpunkt nicht
beantworten kann, sollte die letzten Seiten darauf hin noch
einmal kritisch durchlesen. Bei dem Lösungsansatz haben wir
eine Prämisse getroffen, die uns selbstverständlich schien:
Der Schnellste, hier Person A, sollte immer zurücklaufen, um
die Taschenlampe ans andere Ende der Brücke zu bringen.
Nun müssen wir feststellen, daß wir dadurch immer auf einen
Zeitbedarf von 65 Minuten kommen.

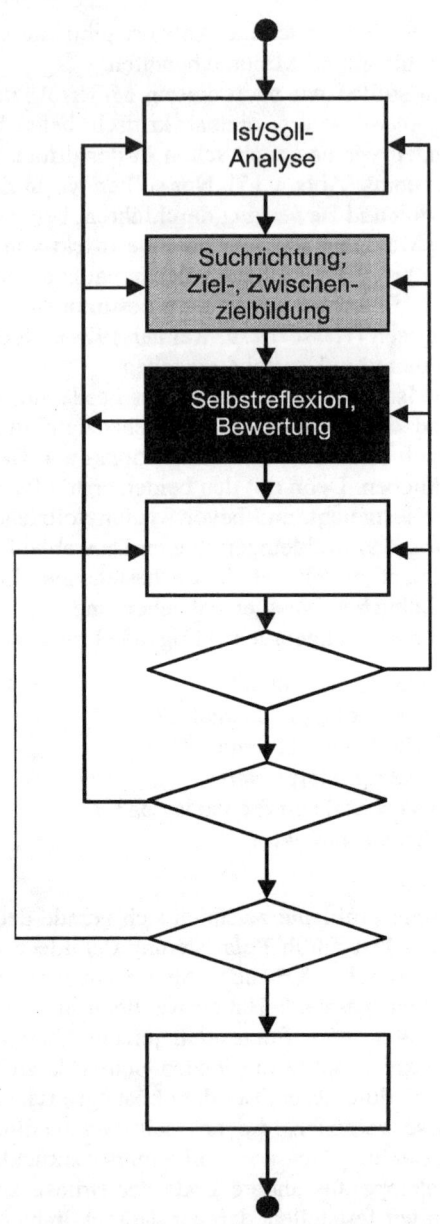

Abb. 1.15: Ablaufdiagramm zum Vorgehen beim Problemlösen –
1. bis 3. Lösungsschritt

Das scheinbar Naheliegende hat unsere Suchrichtung fixiert, uns eingeengt und weitere Überlegungen erst gar nicht aufkommen lassen. Durch solche bei uns ablaufende Prozesse zeichnen sich synthetische Probleme aus. Hätte uns das scheinbar Naheliegende nicht sofort abgelenkt – und dieses zu bemerken ist unter anderem Sinn und Zweck der Selbstreflexions- und Bewertungsphase –, dann wären wir innerhalb der Auseinandersetzung um die Suchrichtung möglicherweise sofort auf einen rein analytischen Lösungsweg des Hängebrücken-Problems gestoßen. Hätte uns nicht die Schnelligkeit von Person A fehlgeleitet, wären wir vielleicht bis zu folgenden Überlegungen vorgedrungen:

– C und D müssen zusammen gehen, um für beide den geringsten Zeitbedarf zu benötigen.
– Sie dürfen nicht als erste Gruppe gehen, sonst müßte einer von ihnen die Lampe zurückbringen.

Damit ergibt sich die Lösung wie selbstverständlich, wenn wir A und B starten lassen (Abb. 1.16).

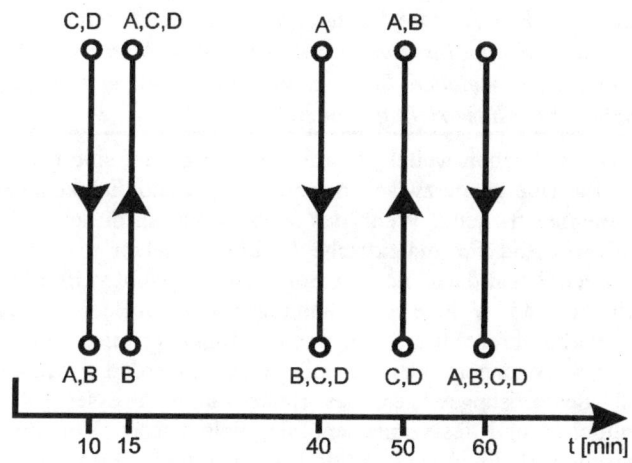

Abb. 1.16: Lösung des Hängebrücken-Problems

1.2.3
Dialektische Probleme

Nach dem doch noch recht gut überstandenen Mißerfolg des Lösungsversuches der letzten Übung wollen wir uns mit gutem Mut in das nächste Problem (Zweistein 1980) stürzen, das unter anderem auch die Aufgabe hat, uns als ein erstes Beispiel für dialektische Probleme zu dienen.

Übung 1.9

Das Mützenspiel (Zweistein 1980)

Beim diesjährigen Logikerball beglückte wieder einmal Otto die Festgesellschaft mit einem logischen Spiel. Mitten auf die Tanzfläche stellte er in einer Reihe hintereinander fünf Stühle auf. Darauf setzte er fünf der anwesenden Damen. Frau Fünf kam auf den hintersten Stuhl, Frau Vier wurde davor plaziert, Frau Drei vor diese, davor Frau Zwei, und auf den vordersten Stuhl kam Frau Eins. „Ich habe hier acht Mützen", verkündete Otto, während er die kappenartigen Kopfbedeckungen vorwies, „vier davon sind rot, zwei sind grün, und die beiden anderen sind weiß. Jetzt werden Ihnen die Augen verbunden, und jede bekommt eine der Mützen auf den Kopf gesetzt. Die drei restlichen Mützen verstecke ich." So geschah es. Daraufhin nahm er die Augenbinden ab, und er ermahnte die Damen: „Sie dürfen sich nicht umschauen." Keine der Damen vermochte die eigene Mütze zu sehen, Frau Fünf sah lediglich die Mützen der vier vor ihr Sitzenden, Frau Vier sah die Mützen ihrer drei Vorderdamen und so weiter. Frau Eins konnte natürlich keine Mütze vor sich sehen. Unter welchen Bedingungen kann welche Frau die Farbe ihrer Mütze richtig nennen?

Wie wir schon weiter oben festgestellt haben, sind besonders die Übergänge zwischen synthetischen und dialektischen Problemen fließend. Wenn das Mützenspiel an dieser Stelle stellvertretend für dialektische Probleme stehen soll, dann liegt der Grund darin, daß die Soll-Kriterien nicht vollständig definiert sind. Welche Frau kann unter welchen Bedingungen die Farbe ihrer Mütze benennen? Möglicherweise gibt es mehrere Lösungen, oder die Soll-Kriterien werden erst innerhalb des Lösungsweges, des Bearbeitungsprozesses selbst deutlicher und fest umrissen, als dialektisches Verhältnis zwischen Bedingungen, Widersprüchen und deren Aufhebung. Die Lösung des Problems stellt sich dar als Prozeß der Aufhebung von Zwängen und Widersprüchen. Kriterien für die Beurteilung, ob das angestrebte Ziel erreicht ist, entstehen und entwickeln sich im Laufe der Lösung. Ebenso liegen dialektische Probleme dann vor, wenn der Soll-Zustand eindeutig definiert ist, aber keine Aussage über die Ist-Situation getroffen wurde. Ein solcher Fall liegt z.B. dann vor, wenn von einem Ingenieur verlangt wird, ein Auto zu konstruieren, das maximal 3 Liter pro 100 Kilometer verbraucht, äußerst windschlüpfrig ist, keine Abgase erzeugt,

100 km/h schnell ist und 4 Personen transportieren können soll. Näher darauf werden wir in Kapitel 5.3 eingehen.

Nun aber sollten wir wieder zu unserem Mützenspiel zurückkehren. Bevor wir uns in diesen dialektischen Prozeß der Widerspruchsbeseitigung einlassen, versuchen wir wieder, in der ersten Phase eine analytische Herangehensweise an das Problem einzuschlagen.

Eigenschaften der Sachverhalte

– Es gibt 8 farbige Mützen.
– 5 Personen sitzen hintereinander, jeweils die Personen vor sich mit Mütze sehend.

Zergliedern des Sachverhaltes

– 4 rote Mützen, R R R R
– 2 grüne Mützen, G G
– 2 weiße Mützen, W W

Ordnen und Vergleichen des Sachverhaltes

– 5 der 8 farbigen Mützen sind an die Personen verteilt.
– Die 3 übrigen Mützen sind nicht sichtbar.

Wie gehen wir die Lösung am besten an? Als ein Element der Suchrichtung haben wir bei dem 6-Liter-Problem die Rückwärtssuche kennengelernt. Diese Strategie auf dieses Problem übertragen, könnte heißen, die letzte Person aus der Kette, nämlich Frau Eins, auf dem vordersten Stuhl nach der Farbe ihrer Mütze zu befragen. Das scheint hier aber wohl nicht sinnvoll, weil sie zumindestens bis jetzt über die wenigsten Informationen verfügt. Diese Feststellung bringt uns sofort auf die Idee, daß die beteiligten Personen jeweils unterschiedliche Informationen besitzen. Den Tatbestand unserer bisherigen Ist/Soll-Analyse kennen alle beteiligten Frauen gleichermaßen, aber Frau Fünf sieht zusätzlich vier Mützen vor sich, Frau Vier drei, Frau Drei zwei und Frau Zwei nur eine Mütze. In diesem unterschiedlichen Informationsstand liegen die augenblicklich noch vorhandenen Widersprüche oder Zwänge, deren Aufhebung von uns verlangt wird.

Diese Widerspruchsbeseitigung können wir mit Hilfe der Induktion durchführen. Wir tragen alle Informationen zusammen und gewinnen daraus das Resultat. Wir werden die Frauen nacheinander, beginnend mit Frau Fünf, da sie zum jetzigen Zeitpunkt den höchsten Informationsstand besitzt, nach der Farbe ihrer Mütze befragen.

Ist/Soll-
Analyse

Einführung
von
Bezeichnungen

Suchrichtung;
Ziel-, Zwischen-
zielbildung

Methode
Induktion

Methode Explizieren

Aber bevor wir diese Frage konkret stellen und die Antworten hören, sollten wir uns vorerst mit dem soweit skizzierten Lösungsweg kritisch auseinandersetzen und unsere bisherigen Gedanken und Überlegungen bewerten.

In der Ist/Soll-Analyse haben wir den Problemtext sprachlich kurz und überschaubar dargestellt und Bezeichnungen eingeführt. Bei unseren Gedanken über das Vorgehen (Suchrichtung, Ziel- und Zwischenzielbildung) ist uns zusätzlich der jeweils unterschiedliche Informationsstand der beteiligten Frauen deutlich geworden. Das heißt, wir haben implizite Aussagen der Problembeschreibung expliziert. In Zukunft sollten wir das Explizieren, also das Heraussuchen versteckter Aussagen, schon während der Ist/Soll-Analyse praktizieren, da uns gerade diese zusätzlichen Kenntnisse zur Festlegung der Suchrichtung und zum Aufgliedern in Zwischenziele besonders behilflich sind.

Nun haben wir uns eine Befragung der Frauen in der Sitzreihenfolge vorgenommen, wobei wir mit Frau Fünf aus o.a. Gründen beginnen wollten. Des weiteren besteht noch völlige Unklarheit in bezug auf eine Lösung, soviel Unklarheit sogar, daß auch eine Festlegung potentieller Hindernisse oder Schwierigkeiten noch nicht möglich ist. Vielleicht können wir nach der Beantwortung der ersten Frage neue gedankliche Überlegungen auf ein weiteres Vorgehen anstellen. Trotz dieser Unwägbarkeiten stellen wir jetzt Frau Fünf die Frage: „Welche Farbe hat Ihre Mütze?" Sie antwortet: „Ich weiß es nicht."

Wenn Frau Fünf vor sich 2 grüne und 2 weiße Mützen sehen würde, dann könnte sie mit Sicherheit die Farbe ihrer Mütze benennen. Dies kann sie aber nicht. Danach stellen wir Frau Vier die gleiche Frage, aber auch sie kann nur sagen: „Ich weiß es nicht." Ebenso antworten die Frauen Drei und Zwei auf die gleiche Frage. Doch als Frau Eins gefragt wird, kann sie die Farbe ihrer Mütze benennen. Warum sie das kann, und welche Farbe ihre Mütze hat, diese Aufklärung sei nun dem Leser überlassen.

Ich hoffe, daß das Mützenproblem auch ohne den Vollzug der vollständigen Lösung deutlich gemacht hat, daß die Lösung erst durch die Antworten der Frauen möglich wird. Erst durch diese Form der Widerspruchsbeseitigung ist eine eindeutige Lösung angebbar. Damit sollte das Mützenproblem ein Beispiel für dialektische Probleme sein.

Die vorgenommene Typisierung

– analytische Probleme
– synthetische Probleme
– dialektische Probleme

wird trotz der Schwächen

– individuelle Typisierung und
– fließende, unscharfe Übergänge

zur weiteren Gliederung des Buches herangezogen werden, weil

– Strategien,
– Taktiken und
– Methoden

existieren, die sowohl allgemeiner Art, also für alle Problemtypen anwendbar, als auch bereichsspezifischer Art sind. Eine gewisse Form der Katalogisierung von Strategien, Taktiken und Methoden (als Teilabläufe oder Teilelemente von Heurismen) soll erreichen, daß uns damit in Zukunft ein zielgerichtetes und auch möglichst vollständiges Instrumentarium für den jeweiligen Problemtyp zur Verfügung steht. Zukünftig werden wir daher am Ende der Ist/Soll-Analyse die Problemtypisierung vornehmen.

So wie die Problemtypen eine gewisse Aussage über Erfolgswahrscheinlichkeiten von spezifischen Lösungsansätzen zulassen, so lassen sich auch aus den Eigenschaften der Sachverhalte, die das Problem darstellen, und aus den Eigenschaften der Operatoren, mit Hilfe derer der Ist-Zustand in den Soll-Zustand transformiert wird, Rückschlüsse auf Lösungsansätze ziehen. Diese Zusammenhänge sind der Inhalt des nächsten Kapitels. Auch dabei werden wir das Ablaufdiagramm anhand weiterer Probleme einüben und fortentwickeln.

1.2.4
Übungen zu den drei Problemtypen

Übung 1.10

Farm

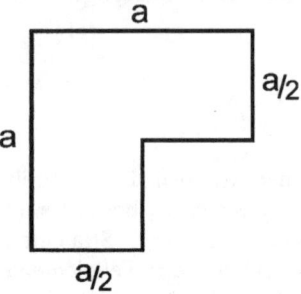

Ein Bauer setzt sich zur Ruhe und möchte seine Farm auf seine beiden Söhne und Töchter zu gleichen Teilen aufteilen. Das Gebiet der Farm ist L-förmig (siehe Skizze) und soll damit in vier gleichgroße und gleichaussehende Parzellen aufgeteilt werden. Wie?

Übung 1.11

Peter und Paul

Wenn Peter 5 Jahre jünger wäre, dann wäre er zweimal so alt, wie Paul war, als er 6 Jahre jünger war; und wenn Peter 9 Jahre älter wäre, dann wäre er dreimal so alt wie Paul, wenn Paul 4 Jahre jünger wäre.

Übung 1.12

Maultier und Esel

Ein Maultier und ein Esel schreiten mit Säcken beladen ihres Weges. Der Esel stöhnt unter seiner Last. Darauf spricht das Maultier so zu seinem Leidensgenossen: „Was weinst und jammerst Du? Doppelt soviel wie Du trüge ich, gäbst Du einen Sack mir. Nähmst Du mir einen indes, dann trügen wir beide das gleiche."

Übung 1.13

Bahnsteig

Auf einem Dorfbahnhof rauscht ein IC vorbei. Dabei benötigt der Zug 7 Sekunden, um an dem Bahnhofsvorsteher vorbeizufahren; dieser selbst hat die Zeit gestoppt, die der Zug zum Passieren des 330 m langen Bahnsteiges benötigt.

Dieses sind vom Beginn des Bahnsteiges und der Lok bis zum Ende des Bahnsteiges und des letzten Waggons 18 Sekunden. Wie lang ist der Zug, und wie schnell fährt er?

Anker

Ein Angler befindet sich mit seinem Ruderboot auf einem kleinen See. An Bord des Bootes befindet sich ein großer schwerer Anker aus Eisen. Nachdem der Angler ein schönes Plätzchen gefunden hat, wirft er den Anker aus. Bleibt der Wasserspiegel gleich, steigt oder sinkt er?

9 Punkte

○ ○ ○

○ ○ ○

○ ○ ○

Die 9 Punkte sollen durch 4 gerade Linien in einem Zug verbunden werden.

Dreiecke

Aus 6 Streichhölzern sollen 4 gleichseitige Dreiecke gebildet werden.

Bäume

10 Bäume sollen so gepflanzt werden, daß sich 5 gerade Reihen mit je 4 Bäumen ergeben.

Fähnchen (Hochkeppel 1970)

Drei amerikanische Soldaten sind in japanische Gefangenschaft geraten. Der Offizier, der sie verhört, hat noch etwas übrig für fernöstliche Geistesgymnastik oder auch für angelsächsisches Brain-twisting. „Eigentlich ist euer Leben verwirkt", so erklärt er den drei 'Ledernacken'. „Doch ihr könnt euch retten, wenn ihr das folgende Problem löst: Hier seht ihr drei weiße und zwei schwarze Fähnchen. Es werden euch jetzt die Augen verbunden, und dann wird hinter jeden von euch eines der fünf Fähnchen aufgestellt. Die beiden übrigen Fähnchen werden fortgebracht. Ihr steht im Dreieck mit den Gesichtern zueinander. Nun wird euch die Binde wieder von den Augen genommen, und jeder muß bestimmen, welche Farbe das Fähnchen hinter ihm hat. Wem das gelingt, den lasse ich frei." Nachdem die Prozedur vorgenommen und schließlich die Augenbinden entfernt waren, blieben die drei Amerikaner, gefesselt und bis über die Knöchel im Sand eingegraben, eine geraume Zeit regungslos. Nur in ihren Gesichtern sah man die Anspannung des Puzzle-Denkens. Dann endlich riefen sie alle drei nahezu gleichzeitig die richtige Farbe. Die Amerikaner wurden freigelassen. Wie kamen sie zu ihrer Behauptung?

2 Realitätsbereiche

Jede Problemlage ist in einem spezifischen Realitätsbereich eingebettet. Wie schon die o.a. Ahmed-Episode belegte, können gleiche Problemsituationen in verschiedenen Realitätsbereichen zu unterschiedlichen Problemlösungen führen. Bei diesem Beispiel waren die Realitätsbereiche durch verschiedene soziale und geschichtliche Erfahrungen und Entwicklungen geprägt. Aber natürlich lassen sich auch innerhalb eines engen geographischen Bereiches unterschiedliche Realitätsbereiche ausmachen, da sie entstehen und sich begründen durch Werte, Wünsche und Ziele, die wir als Problemlöser jeweils anstreben.

Dabei stellt sich der Realitätsbereich aus *Sachverhalten* und *Operatoren* und deren Zusammenwirken dar (Abb. 2.1). Der Begriff des Sachverhaltes ist bereits mit der Ist/Soll-Analyse eingeführt und anhand mehrerer Übungen als Strukturierungshilfe der Ist/Soll-Analyse (Eigenschaften, Zergliedern, Ordnen und Vergleichen von Sachverhalten) erprobt worden.

Ist	Transformation	Soll
- Sachverhalte	- Transformations-	- Sachverhalte
- Eigenschaften	methoden	- Eigenschaften
der	- Operatoren	der
Sachverhalte	- Eigenschaften	Sachverhalte
	der	
	Operatoren	

Abb. 2.1: Realitätsbereiche von Problemlösungen

Beim 6-Liter-Problem stellt sich der spezifische Sachverhalt u.a. durch das Vorhandensein eines 9-Liter- und eines 4-Liter-Eimers dar; beim Umfüllproblem stehen 3 Krüge mit unterschiedlichem Fassungsvermögen zur Verfügung. Das Hängebrücken-Problem wird entscheidend durch den Sachverhalt der Leuchtzeit der Taschenlampe und durch die unterschiedlichen Übergangszeiten bestimmt.

Während die Sachverhalte die Anfangs- (Ist) und Endzustände (Soll) einer Problemlage beschreiben, beschreibt der Operator die allgemeine Form der Handlung, die den Anfangszustand in den Endzustand überführt (Transformation).

Wie im letzten Kapitel angedeutet, werden wir uns im folgenden verstärkt mit den *Eigenschaften der Sachverhalte und Operatoren* auseinandersetzen, um daraus Rückschlüsse auf Erfolgswahrscheinlichkeiten von spezifischen Lösungsansätzen zu gewinnen.

2.1
Sachverhalte

Anhand der bisherigen und noch ausstehenden Übungen und in Anlehnung an Dörner (1976) erscheint der folgende Katalog von Eigenschaften der Sachverhalte als ausreichende, wenn auch sicherlich nicht vollständige Orientierungshilfe dienen zu können:

- Unüberschaubarkeit (Komplexität)
- Offensichtlichkeit (Plausibilität)
- Undurchsichtigkeit (Intransparenz)
- zeitliche Veränderlichkeit (Dynamik)
- Abhängigkeit der Variablen (Vernetztheit)

Unüberschaubarkeit

Das Alfred-Problem war für uns *unüberschaubar*, da die Form der Darstellung, die Verpackung, so komplex war, daß wir erst durch das Aufstellen eines Gleichungssystems und durch eine zeichnerische Darstellung die Überschaubarkeit des Problems gewonnen haben. Das Aufstellen eines mathematischen Gleichungssystems ist eine Form der Abstraktion, eine Beschränkung auf das Wesentliche unter Ausklammerung bestimmter Merkmale des Sachverhaltes. Die zeichnerische Darstellung hat uns darüber hinaus das Auffinden der letzten Gleichung erleichtert, da wir die Einzelmerkmale des Sachverhaltes auf das Grundmerkmal des zeitlichen Zusammenhanges (Zeitachse) reduziert haben. Somit lassen sich bis zum jetzigen Zeitpunkt für die Eigenschaft der Unüberschaubarkeit als Überwindungstaktiken die Abstraktion und die Reduktion mit den Methoden „Aufstellen eines Gleichungssystems" und „zeichnerische Darstellung (Visualisierung)" festhalten. Mit dieser Zuordnung soll nicht die Aussage verknüpft werden, daß eine zeichnerische Darstellung immer reduzierend wirkt. Sicherlich bietet sich eine solche Form der Darstellung auch gerade zur vollständigen Darstellung aller Einzelmerkmale an.

Die Eigenschaft der *Offensichtlichkeit* hat bei der Lösung des Hängebrücken-Problems zu besonderen Schwierigkeiten geführt. Es war so naheliegend und plausibel, den Schnellsten für den Rücktransport der Lampe einzusetzen, daß weitere Betrachtungen gar nicht erst in Angriff genommen wurden. Als taktisches Element zur Überwindung dieser Barriere der Offensichtlichkeit haben wir bei der Hängebrücke die Bewertung und Selbstreflexion durchgeführt und die Methode der Fragetechnik angewandt.

Offensichtlichkeit

Wenn auf der einen Seite ein Zuviel an offensichtlicher Klarheit zu fehlgeleitetem Denken verführt, so verhindert auf der anderen Seite sicher auch ein Zuwenig an Klarheit den zielgerichteten Problemlösungsprozeß. Damit sind wir bei der dritten Eigenschaft von Sachverhalten angelangt, nämlich der *Undurchsichtigkeit*, die, wie das folgende Beispiel zeigt, ebenfalls zu schwer überwindbaren Barrieren führt.

Undurchsichtig-keit

In Abb. 2.2 ist die räumliche Anordnung wiedergegeben, die Probanden vorfanden, um ein Problem (Scheerer 1963) zu lösen. Hierbei wurde von den Versuchsteilnehmern verlangt, zwei Ringe, die sich in einer bestimmten Entfernung befanden, über einen Stift zu legen. Da bei diesem Prozeß die Kreidelinie nicht überschritten werden durfte, benötigten die Probanden Hilfsmittel, um die Reichweite ihrer Arme zu verlängern. Dazu boten sich die zwei Stäbe im Vordergrund der Abb. 2.2 an, die jeder für sich zu kurz, aber beide zusammen verbunden lang genug waren, um die Ringe zu erreichen. Da nur die in der Abbildung sichtbaren Gegenstände zur Lösung benutzt werden durften, stellte sich das Problem in der Verbindung der beiden Stäbe dar. Die Hälfte der Probanden war nicht in der Lage, dieses Problem zu lösen, da offensichtlich weder Nagel noch Bindfaden zur Verfügung standen. Die dauernde optische Wahrnehmung eines Bindfadens, an dem etwas hängt (Bild, Spiegel), assoziiert man nur schwerlich mit einem Bindfaden, mit dem etwas angebunden oder verbunden werden kann. Die funktionale Gebundenheit dieses Bindfadens als Aufhängung für ein Bild macht jede weitere Funktion undurchsichtig. Daher liegt im Erkennen funktionaler Gebundenheiten und deren Aufhebung in Verbindung mit Fragetechnik und Assoziationsmethoden eine mögliche Überwindungsstrategie für undurchsichtige Sachverhalte.

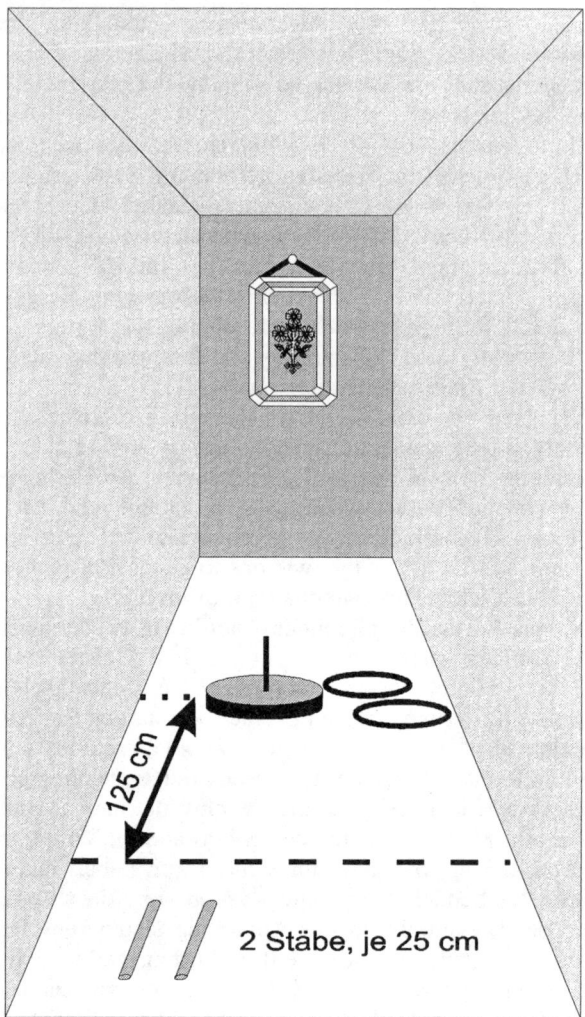

Abb. 2.2: Stabproblem

Während die Eigenschaft der Unüberschaubarkeit bei analytischen Problemen vorherrscht, die Eigenschaften Offensichtlichkeit und Undurchsichtigkeit bei synthetischen
Problemen überwiegen, wirkt sich die zeitliche Veränderlichkeit von Sachverhalten als nächste zu besprechende
Eigenschaft häufig bei dialektischen Problemen aus. Dabei
verändern sich die Sachverhalte zeitlich ohne Einwirkung
durch den Problemlöser. Alle bisher besprochenen und
angegebenen Probleme waren demgegenüber statischer

Natur, da sich an den Zuständen der Sachverhalte während des Problemlösungsprozesses nichts veränderte.

Zeitliche
Veränderlichkeit

Die *zeitliche Veränderlichkeit* von Sachverhalten erfordert sowohl Entscheidungen unter Zeitdruck als auch die Fähigkeit, innerhalb der Ist/Soll-Analyse über den statischen Zustand hinaus zukünftige Trends und Entwicklungen abzuschätzen und als veränderliche und verändernde Randbedingungen in den Problemlösungsprozeß einfließen zu lassen. Da unter Zeitdruck in der Regel eine Ist/Soll-Analyse in der Ausführlichkeit, wie sie in den bisherigen Übungen praktiziert und benötigt wurde, nicht möglich ist, kommen hier ganz besonders reduzierende Maßnahmen und Methoden (Reduktion auf wesentliche Merkmale) als Überwindungsstrategien zum Tragen. Intensiver wird auf diese Problematik in Kapitel 5.3 eingegangen werden, ebenso wie auf konkrete Strategien zur Erkennung von Trends und Entwicklungstendenzen.

Abhängigkeit
der Variablen

Eine weitere wesentliche Eigenschaft der Sachverhalte besteht im Grad der *Abhängigkeit der Variablen*. Die Streichholzprobleme können uns als ein Beispiel für diese Eigenschaft dienen. In einigen Konfigurationen der Streichhölzer bestand eine Abhängigkeit der Variablen (hier Streichhölzer) insofern, als daß erst durch Doppelfunktionen einzelner Streichhölzer eine bestimmte Anzahl von Quadraten ermöglicht wurde. Die damalige Ist/Soll-Analyse stieß uns auf diese Abhängigkeit und führte uns dadurch auf den Lösungsweg, indem wir die Abhängigkeit (hier: Doppelfunktion von Streichhölzern) aufgelöst haben.

Als ein weiteres Erklärungsbeispiel möge uns die folgende Übung dienen.

Gleichungen

Übung 2.1

Welche der folgenden Gleichungen gilt?

$$a) \ \frac{R}{C} = \frac{\varepsilon}{\rho} \qquad b) \ R \cdot C = \kappa \cdot \rho \qquad c) \ R \cdot C = \varepsilon \cdot \rho$$

Die Abhängigkeit der Variablen dieser Übung wird durch die Form der Darstellung offensichtlich. Wenn sich auf der linken Seite einer Gleichung etwas verändert, muß die Veränderung auf der rechten Seite zahlenmäßig exakt gleich groß sein. Oder anders herum, verändern wir als Problemlöser innerhalb eines solchen Systems ein Teilelement, so verändern sich auch andere Teilelemente des Systems. In diesem Falle besteht die Überwindungsstrategie im Erkennen der Form und Auswirkung der Abhängigkeit der Variablen.

Handelt es sich um eine lineare Abhängigkeit, ist sie proportional oder reziprok; bewegen sich die Auswirkungen innerhalb eines Toleranzfeldes, sind sie damit vernachlässigbar, oder führen sie ganz neue Situationen herbei etc.?

Denkbar ist natürlich auch eine Überwindungsstrategie, die darin besteht, die Abhängigkeit von Variablen insgesamt oder zeitweise aufzuheben – eine bei Ingenieuraufgaben häufig angewandte Lösungsmethode, wenn das System linear ist und sich die Gesamtlösung als Überlagerung der Teillösungen ergibt. Weiterhin besteht die Möglichkeit, die Form der Abhängigkeit der Variablen zu verändern. Dieses geschieht z.B. bei der Fernsehbildverarbeitung, wo durch Dekorrelation Bindungsredundanz zur Verteilungsredundanz verschoben wird, da diese leichter eliminiert werden kann. Die Eigenschaft der Abhängigkeit der Variablen, der Vernetztheit, wird umso bedeutender, je komplexer die Problemsituation ist. Spätestens dann werden auch die Grenzen reduktionistischen und mechanistischen Denkens und Problemlösens offensichtlich (Capra 1983). Mit solchen Problemsituationen werden wir uns vorrangig in Kap. 5.3 beschäftigen.

Wenn wir zu der Übung 2.1 zurückkehren, so besteht hier die Anforderung im Herausfinden der tatsächlichen Abhängigkeiten der angegebenen Variablen. Welche der angegebenen Gleichungen ist richtig?

Auch wenn einigen Lesern die Anwendung des Ablaufdiagramms auf dieses „kleine" Problem übertrieben erscheint, soll es zu Übungszwecken doch wieder benutzt werden. In diesem Falle sind schon in der Problemstellung Bezeichnungen eingeführt, so daß jetzt eher eine Übersetzung in unsere Sprache ratsam erscheint.

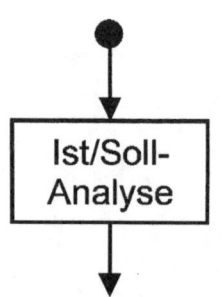

Ist/Soll-Analyse

Einführung von Bezeichnungen

R = ohmscher Widerstand
C = Kapazität
ρ = spezifischer Widerstand
κ = elektrische Leitfähigkeit
ε = Dielektrizitätskonstante

Alle Leser, die auch nicht im entferntesten mit Physik oder Elektrotechnik zu tun haben, sollten die Übersetzung der Bezeichungen als gegeben betrachten. Mit dieser Übersetzung und dem Verständnis der Begriffe sollte diese Aufgabe auch für diese Leser lösbar sein. Wenn wir im nächsten Schritt Eigenschaften der vorgegebenen Sachverhalte hinterfragen, so läßt sich neben der Feststellung der Abhängigkeit der Variablen (gerade zu diesem inhaltlichen Punkt dient diese Aufgabe hier als Beispiel) die Form der Abhängigkeit festlegen (Zergliedern von Sachverhalten):

– in a), b) und c): lineare Abhängigkeit

– in a): $R \sim \dfrac{1}{\rho}$; $C \sim \dfrac{1}{\varepsilon}$

– in b): $R \sim \kappa, \rho$

– in c): $R \sim \rho$; $C \sim \varepsilon$

mit $(\sim)$ als Proportionalitätszeichen.

Beim Festhalten dieser Eigenschaften wurde stillschweigend vorausgesetzt, daß einerseits die Begriffe R, κ, ρ und andererseits C und ε korrespondieren. Eine Selbstverständlichkeit für diejenigen Leser, die sich mit Physik und/oder Elektrotechnik beschäftigen. Für die übrigen Leser seien für das Nachvollziehen dieser Überlegungen die physikalischen Größen und ihre Einheiten angegeben (Tabelle 2.1):

Tabelle 2.1: Auswahl physikalischer Größen und Einheiten

Größe	Formel-zeichen	Bezeichnung	Einheitenzeichen
elektrischer Widerstand	R	OHM	$\Omega = V / A$
elektrische Leitfähigkeit	κ	SIEMENS	$S = A / V$
spezifischer Widerstand	ρ		$\dfrac{\Omega \cdot mm^2}{m} = \dfrac{V \cdot mm^2}{Am}$
Kapazität	C	Farad	$F = As / V$
Dielektrizitäts-konstante (Vakuum)	$\varepsilon_0 = 8{,}854 \ 10^{-12}$		As / Vm

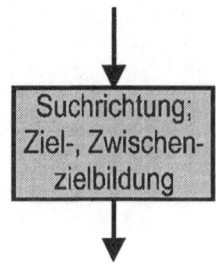

Ausschluß

Wenn wir uns nun wieder der Lösung des anstehenden Problems zuwenden, die Ist/Soll-Analyse verlassen und uns mit der einzuschlagenden Suchrichtung beschäftigen, so erscheint eine Lösungsfindung anhand eines Ausschlusses von offensichtlich unzutreffenden Gleichungen ratsam zu sein.

Da das Problem überschaubar ist, gehen wir mit der Entscheidung für das Ausschließen sicherlich kein Risiko ein; zusätzlich läßt sich das so gefundene Ergebnis durch Verifizieren überprüfen.

Bei unserer Ist/Soll-Analyse ist Gleichung b) insofern besonders auffällig, da es zu der Größe C auf der linken Gleichungsseite keine korrespondierende Größe gibt. Damit können die Einheiten auf beiden Seiten der Gleichung nicht übereinstimmen, d.h. Gleichung b) ist falsch.

In Gleichung a) ist weder R und ρ noch C und ε proportional, somit ist auch diese Darstellung falsch. Damit verbleibt Gleichung c) als letzte Möglichkeit. Ein Einsetzen der o.a. Einheiten verifiziert das so gefundene Ergebnis.

Als Überwindungsstrategien für vernetzte Probleme lassen sich zu dieser Zeit anhand des o.a. Beispieles das Erkennen des Grades der Abhängigkeit (linear, quadratisch, exponentiell, proportional, reziprok etc.), und die Nebenwirkungsanalyse festhalten, die uns den Grad der Abhängigkeit verdeutlicht. Wie verhält sich R, wenn ρ oder κ, oder wie verhält sich C, wenn ε vergrößert oder verkleinert wird.

Nachdem die Eigenschaften der Sachverhalte vorgestellt und anhand der verschiedenen Übungen erläutert und einige taktische und methodische Überwindungselemente angesprochen worden sind, verbleibt es den weiteren Übungen, diese Liste von Eigenschaften und entsprechenden Methoden und Überwindungsstrategien stückweise zu vervollständigen und sie schwerpunktmäßig den Problemtypen zuzuordnen. Damit wird dann in Ergänzung zum Ablaufdiagramm eine weitere Strukturierungshilfe zum Lösen von Problemen vorgegeben sein.

Bevor wir uns aber dieser Aufgabe widmen, sollen die wesentlichen Eigenschaften von Operatoren diskutiert werden.

2.2
Operatoren

Wie in Abb. 2.1 verdeutlicht wurde, beschreibt der Operator die allgemeine Form der Handlung, die den Anfangszustand in den Endzustand überführt. Die konkrete Umsetzung der allgemeinen Form der Handlung geschieht durch Operationen (siehe Kap. 3).

Wenn auch die geschickte Auswahl eines geeigneten Operators erst bei komplexen Problemstellungen, wie sie im hinteren Teil dieses Buches behandelt werden, von entscheidender Bedeutung ist, soll hier aus Gründen der Verständlichkeit und zur Erläuterung eine Operatorzuordnung zu einigen der bisher gemeinsam besprochenen Problemen nachgeholt werden.

Bei dem Streichholz-Problem (Übung 1.1) bestand der Operator im Aufheben der Doppelfunktionen, die dazu nötigen Operationen vollzogen sich durch das Umlegen von einzelnen Streichhölzern. Beim 6-Liter-Problem (Übung 1.5) war der Operator das Umfüllen, die Operationen bestanden im Leeren und Füllen der Eimer. Das Alfred-Problem (Übung 1.7) lösten wir durch den Operator „Umformung in mathematische Ausdrücke", die durchzuführenden Operationen waren Additionen und Subtraktionen.

Bei den bisherigen Lösungsprozeduren war alleine das Erreichen des Soll-Zustandes von unserem Interesse, eine Abschätzung z.B. in Hinblick auf den materiellen und zeitlichen Aufwand der Transformation wird uns zukünftig auch leiten müssen (vgl. Abb. 2.3).

Bei dieser Abschätzung spielt die Auswahl des zur Anwendung kommenden Operators eine entscheidende Rolle, wie es der vierte Block im Ablaufdiagramm für unser zukünftiges Problemlöseverhalten vorschreibt.

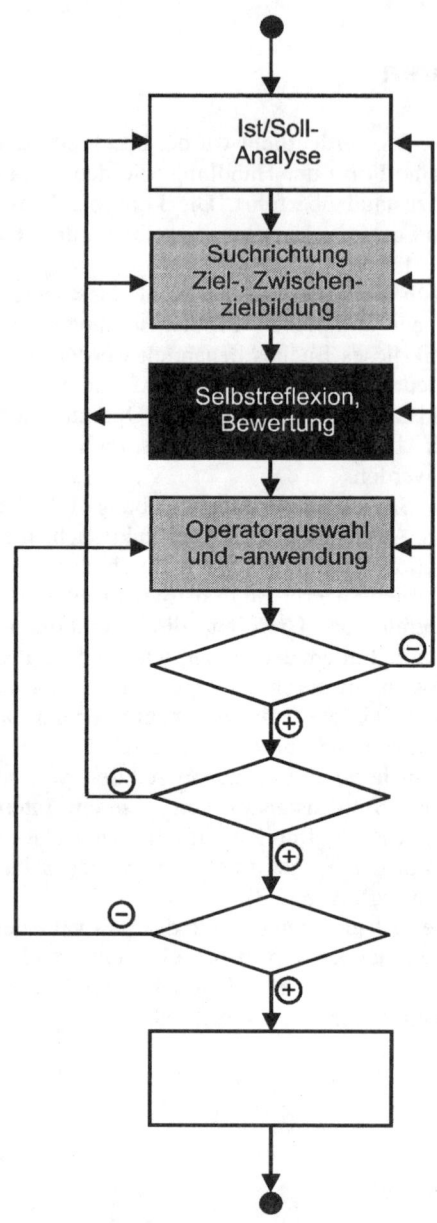

Abb. 2.3: Ablaufdiagramm zum Vorgehen beim Problemlösen - 1. bis 4. Lösungsschritt

Zur Verdeutlichung sei auf das Übungsbeispiel 1.10 zurückgegriffen, in dem das Farmgelände in vier gleich große und gleich aussehende Parzellen aufgeteilt werden sollte. Zur Lösung konnte z.B. der Operator „zeichnerische Zerlegung" mit anschließendem „scharfem Hinsehen" herangezogen werden, unter der Prämisse, daß die Anzahl der neu entstehenden Teilflächen durch vier teilbar sein soll (Abb. 2.4).

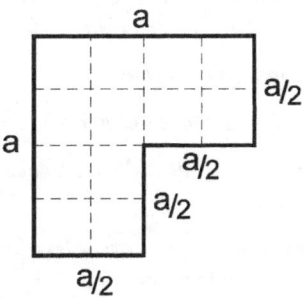

Abb. 2.4: Farmgelände

Genauso gut denkbar ist aber auch der Operator „rechnerische Zerlegung", der sich ergibt aus der Gegenüberstellung der Ist- und Sollfläche:

$$F_{IST} = \frac{3}{4}a^2 = \frac{12}{16}a^2 \qquad (2.1)$$

$$F_{SOLL} = \frac{F_{IST}}{4} \qquad (2.2)$$

Gleichung 2.1 eingesetzt in Gleichung 2.2 ergibt

$$F_{SOLL} = \frac{3}{16}a^2 \qquad (2.3)$$

Mit diesem Operator ist zumindest die Frage nach gleicher Größe der neu entstehenden Fläche beantwortet. Welcher der o.a. Operatoren Anwendung findet, hängt von verschiedenen Faktoren ab: Welcher Operator drängt sich auf, wie groß ist unser Repertoire an Operatoren, welche persönlichen Präferenzen haben wir, d.h. welche Operatoren sind uns geläufig, oder welche bereiten uns besondere Schwierigkeiten? Ein weiteres Beispiel möge dies verdeutlichen.

Übung 2.2

Lokführer (Hochkeppel 1970)

Das Personal des Trans-Continental-Express besteht aus dem Schaffner, dem Heizer und dem Lokführer. Die drei heißen Jones, Miller und Babbitt. Aber nicht unbedingt in dieser Reihenfolge. Drei Reisende in diesem Zug haben zufällig dieselben Namen. Allerdings handelt es sich bei ihnen um einen Dr. Jones, Dr. Miller und Dr. Babbitt.

a) *Dr. Babbitt wohnt in Chicago.*

b) *Dr. Jones verdient 2.500 Dollar monatlich.*

c) *Der Schaffner wohnt auf halber Strecke zwischen Chicago und New York.*

d) *Sein Nachbar, einer der Passagiere, verdient übrigens genau dreimal so viel wie er.*

e) *Der Namensvetter des Schaffners wohnt in New York.*

f) *Miller besiegt den Heizer im Schach.*

Wie heißt der Lokführer?

Da wir inzwischen schon einige Übung mit der Anwendung des Ablaufdiagramms zum Problemlösen haben, können wir uns künftig in den jeweils bekannten Arbeitsschritten etwas kürzer fassen.

Eigenschaften der Sachverhalte
(siehe Kap. 2.1)

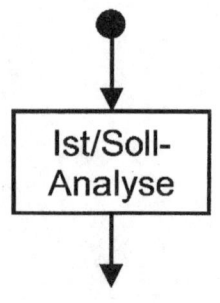

Es handelt sich um ein statisches Problem, die Einzelaussagen a) - f) erscheinen überschaubar, möglicherweise sind Schwierigkeiten zu erwarten in Hinblick auf gegenseitige Abhängigkeiten der Variablen. Darauf sollten wir ein besonderes Augenmerk richten.

Zergliedern der Sachverhalte

Es gibt Aussagen über

– Name (4 mal)
– Wohnort (4 mal)
– Verdienst (2 mal)
– Beruf (3 mal)
– Hobby (1 mal)

und deren Beziehung zueinander. Die Zahlen in den Klammern geben die Häufigkeit der Nennungen an.

Ordnen und Vergleichen der Sachverhalte

Aufgrund der Häufigkeit der Nennungen und durch die Beziehungen der Aussagen scheinen direkte Abhängigkeiten zu bestehen zwischen

- Aussage b) und d) (Name, Verdienst),
- Aussage c) und d) (Beruf, Wohnort),
- Aussage c) und e) (Beruf, Name, Wohnort).

Gesucht ist der Name des Lokführers.

Wenn wir Probleme ähnlicher Art schon einmal gesehen haben und Erfahrungen in der Verarbeitung von versteckten Informationen besitzen, wird es sich für uns um ein analytisches Problem handeln. Die Ist- und die Soll-Situation sind eindeutig definiert, Operationen zur Verarbeitung versteckter Informationen (Kombinieren, Auswerten etc.) sind uns vertraut.

Innerhalb des Lösungsweges sollten in einem ersten Schritt (1. Zwischenziel) die Aussagen a) bis f) nacheinander ausgewertet werden; abschließend (2. Zwischenziel) sollten die oben festgestellten Abhängigkeiten und Bezüge genauer untersucht werden.

Zur übersichtlichen Darstellung der Auswertungen bietet sich wegen der Aussagehäufigkeit vorläufig eine Gegenüberstellung der Begriffspaare Name – Wohnort (für die Akademiker), Name – Beruf (für die Nichtakademiker) in Matrizenform an. Die Einführung von kurzen Bezeichnungen und Symbolen bei der Protokollierung ergibt sich dabei zwangsläufig von selbst.

Da keine der Aussagen irgendeine Angabe zu dem Lokführer macht, ist zu erwarten, daß sich dieser durch Festlegung des Schaffners und Heizers (3. Zwischenziel) ergibt.

Das vorliegende Problem verlangt vorrangig, Beziehungen zwischen Größen oder Klassen herzustellen und diese in übersichtlicher Form darzustellen. Die geeignete Darstellungsform wird sich wahrscheinlich erst im Bearbeitungsprozeß ergeben, daher ist ein Zuviel an vorbereitender Planung eher ungünstig. Eingegangene Prämissen wie „Darstellung in Matrizenform", „Der Name des Lokführers ergibt sich möglicherweise durch die Benennung des Schaffners und Heizers." sind jederzeit korrigierbar und dürfen keine Fixierung oder Blockierung beinhalten (siehe Hängebrücke).

Als Prognose läßt sich festhalten, daß die Transformation des Problems in der vollständigen Auswertung der Aussagen a) - f) besteht.

Problemtyp

Suchrichtung; Ziel-, Zwischenzielbildung

Methode Visualisierung

Selbstreflexion, Bewertung

Wenn wir nun in unserem Ablaufdiagramm zum Lösen von Problemen fortfahren (Abb. 2.3), beinhaltet der nächste Arbeitsschritt die Operatorauswahl und seine Anwendung. Dieser Arbeitsschritt leitet die konkrete Problemlösung ein. Die in Arbeitsschritt 2 festgelegte oder vorläufig geplante Suchrichtung einschließlich eventuell fixierter Zwischenziele soll nach Auswahl des oder der geeigneten Operatoren nun durchlaufen werden. Welches ist aber der geeignete Operator zur Überführung des Ist-Zustandes in den Soll-Zustand (Abb. 2.1)? Die Beantwortung dieser Frage hängt sicherlich von dem eigenen Erfahrungshintergrund mit den unterschiedlichsten Problemtypen ab. Leser, die schon häufiger Klassifizierungsprobleme ähnlicher Art behandelt und erfolgreich gelöst haben, tun sich in der Festlegung des Operators weniger schwer als Anfänger. Dabei besteht die Schwierigkeit nicht in der Anwendung irgendeines Operators – denn unabhängig von dem, was wir machen und wohin wir uns bewegen, immer kommen Operatoren in diesem Verständnis zur Anwendung –, sondern in der bewußten Auswahl bestimmter Operatoren, weil sie uns naheliegend erscheinen und möglicherweise schnell zum Ziel führen. Bezogen auf das zu lösende Klassifizierungsproblem könnten denkbare Operatoren beschrieben werden durch

– Vergleichen, Herstellen von Beziehungen,
– Auswerten, Ausdeuten,
– Bewerten, Interpretieren,
– Klassifizieren, Ordnen, Systematisieren,
– etc.

Wie oben schon erwähnt, beschreibt dabei der Operator die allgemeine Form der Handlung, die den Anfangszustand in den Endzustand überführt. Die konkrete Umsetzung der allgemeinen Form der Handlung wollen wir durch Operationen vollziehen. Diese entsprechenden Operationen könnten wir damit durch

– Zuordnen und
– Ausschließen

beschreiben.
Damit sind alle Vorarbeiten geleistet, entsprechend diesem Plan werden wir jetzt den Lösungsweg vollziehen.

Einführung von Bezeichnungen:

**Einführung
von
Bezeichnungen**

Dr. Babbit	= Dr. B	Babbit	= B
Dr. Jones	= Dr. J	Jones	= J
Dr. Miller	= Dr. M	Miller	= M
New York	= NY	Heizer	= H
Chicago	= Ch	Lokführer	= L
halbe Strecke	= hS	Schaffner	= Sch

Visualisierung in Form von Matrizen

**Methode
Visualisierung**

Tabelle 2.2: Hilfsmatrix zur Zuordnung von Personen und Wohnorten

	NY	hS	Ch
Dr. B			
Dr. J			
Dr. M			

Tabelle 2.3: Zielmatrix zur Zuordnung von Personen und Berufen

	H	L	Sch
B			
J			
M			

Operator und Operationen auswählen und anwenden:

Auswertung der Aussagen a) - f), unter Berücksichtigung der gegenseitigen Abhängigkeiten.

Operation: Zuordnen (+), Ausschließen (-)

Aussage a) Zuordnung: Dr. B = Ch

Tabelle 2.4: Erste Zuordnung und Ausschließungen in der Hilfsmatrix nach Aussage a)

	NY	hS	Ch
Dr. B	-	-	+
Dr. J			-
Dr. M			-

Aussage b)   Zuordnung: Dr. J = 2.500

Aussage c)   Zuordnung: Sch in hS

Aussage d)   Ausschluß: Dr. B nicht Nachbar, siehe
Aussage a) und c)
Ausschluß: Dr. J nicht Nachbar, siehe Aussage b) (2.500 nicht durch 3 teilbar)
Zuordnung: damit verbleibt Dr. M in hS
und damit Dr. J in NY

Tabelle 2.5: Hilfsmatrix bei zusätzlicher Berücksichtigung der Aussagen b) bis d)

	NY	hS	Ch
Dr. B	-	-	+
Dr. J	+	-	-
Dr. M	-	+	-

Aussage e)   Zuordnung: Sch = J

Tabelle 2.6: Zielmatrix bei Berücksichtigung der Aussage e)

	H	L	Sch
B			-
J	-	-	+
M			-

Aussage f)   Ausschluß: M ≠ H, damit ist Miller der
Lokführer.

Tabelle 2.7: Lösungsmatrix

	H	L	Sch
B			-
J	-	-	+
M	-	+	-

Die stetige Anwendung der Operationen „Zuordnen" und „Ausschließen" in Zusammenhang mit den Vorüberlegungen der Ist/Soll-Analyse und der Festlegung der Suchrichtung führt zwangsläufig zu diesem Ergebnis. Die Darstellungsform und die Protokollierung der Zwischenergebnisse sind sicherlich auch in anderen Formen denkbar (z.B. eine Matrix und mehrere Farben). Wenn innerhalb des Lösungsweges die vorher fixierten drei Zwischenziele (siehe Arbeitsschritt Suchrichtung) nicht nacheinander, sondern teilweise miteinander erreicht worden sind, so darf natürlich darin keine Nichterfüllung des Planes gesehen werden.

Wie die Beispiele hoffentlich gezeigt haben, kann zur Vermeidung umständlicher Lösungswege und damit für die Verkürzung von Lösungsprozessen die geeignete Auswahl von Operatoren und Operationen hilfreich sein. Häufig führt gerade das Problem „Lokführer" dann zu einer unvollständigen Auswertung der Aussagen, wenn die Operation „Ausschluß" nicht vorher bewußt einbezogen worden ist.

Wie wir gesehen haben, sollte neben der Berücksichtigung eigener Vorlieben eine Abschätzung der Eigenschaften von Operatoren und Operationen durchgeführt werden. So wie uns eine Analyse der Eigenschaften der Sachverhalte im Problemlöseprozeß hilft, indem wir jeweils geeignete Überwindungsstrategien zur Anwendung bringen (siehe Kap. 2.1), so vermeidet eine Abschätzung der Operatoreneigenschaften zeitaufwendige Fehlversuche mit entsprechendem Motivationsverlust und eröffnet Denkrichtungen, die sonst im Verborgenen blieben. Deshalb soll auch hier wieder in Anlehnung an Dörner (1976) ohne Anspruch auf Vollständigkeit der folgende Katalog von Eigenschaften der Operatoren und Operation vorgegeben werden:

– Anwendungsbereich,
– Wirkungsbreite,
– Wirkungssicherheit,
– Nebenwirkungen,
– materieller und zeitlicher Aufwand.

Der *Anwendungsbereich* des Operators ist selbstverständlich die erste zu prüfende Eigenschaft in Hinblick auf das zu lösende Problem. Hilfreich und Voraussetzung für diese Überprüfung ist die Problemtypisierung am Ende der Ist/Soll-Analyse und die Fixierung des Lösungsweges innerhalb der Suchrichtungsfestlegung. So haben wir bei dem Lokführer-Problem festgestellt, daß der Operator „Auswerten" mit den Operationen „Zuordnen" und „Ausschließen" gut anwendbar für Klassifizierungsprobleme dieser Art ist. Innerhalb der

**Anwendungs-
bereich**

Problemlösung hatten wir aber auch „Bewerten" und „Interpretieren" als denkbare Operatoren ins Kalkül gezogen. Wenn wir diese Operatoren z.B. nur auf die Aussage f):

Miller besiegt den Heizer im Schach

anwenden, könnten wir interpretieren, daß innerhalb eines Zuges nur der Lokführer mit dem Heizer Schach spielen kann, da der Schaffner von den Waggons keinen Zugang zur Dampflokomotive haben kann; dazwischen befindet sich der Tender. Also ist Miller der Lokführer. Dieser Operator hat uns sehr direkt und schnell zum Ergebnis geführt. Ohne Kenntnis des Ergebnisses könnten aber doch Zweifel aufkommen. Vielleicht gibt es keine Fahrgäste zu kontrollieren und der Schaffner ist auf der letzten Station auf die Lokomotive gestiegen. Dann könnte er tatsächlich der Partner im Schachspiel sein. Diese Ungewißheit sollte uns doch davon überzeugen, daß der Anwendungsbereich des Operators „Interpretieren" alleine nicht deckungsgleich mit dem vorliegenden Problembereich und daher Vorsicht geboten ist. Optimal ist ein Operator dann, wenn sein Anwendungsbereich den vorliegenden Problembereich vollständig umfaßt oder abdeckt. Im Regelfall decken Operatoren nur Teilflächen des Problembereiches ab, so daß mehrere Operatoren und Operationen zur Lösung herangezogen werden müssen. Der Anwendungsbereich des Operators „Interpretieren" dagegen ist weitflächiger als der vorliegende Problembereich und damit auch nur in Verbindung mit weiteren, wieder einschränkenden Operatoren anwendbar.

Wirkungsbreite   Sehr eng verbunden mit dieser Problematik ist auch die Eigenschaft der *Wirkungsbreite* von Operatoren. Je weniger Operatoren zur Lösung herangezogen werden müssen, um so größer ist ihre verändernde Wirkung auf die Sachverhalte des Realitätsbereiches. Wirkungsbreite und Anwendungsbereich gehen dann ineinander über bezüglich eines vorgegebenen Problembereiches, wenn zur Lösung eines Problems ein Operator oder eine Operation ausreicht. Die Konzentration auf wenig Operatoren mit breiter Wirkung sollte aber nicht dazu führen, Operatoren mit breiterem Wirkungsspektrum als nötig heranzuziehen, da deren Auswirkungen insgesamt schlecht überschaubar und damit schwer handhabbar werden. Somit sollte eine Entscheidung über die Auswahl geeigneter Operatoren bezüglich ihrer Wirkungsbreite abhängig gemacht werden von dem Grad der Vertrautheit mit dem anstehenden Problem. Bei neuartigen Problemen ist es immer sicherer, mehrere einzelne Operatoren mit geringerer Wirkungsbreite entsprechend der Abfolge von mehreren Zwischenzielen (Suchrichtung) auszuwählen und nacheinander abzuarbeiten. Bei dem Lokführer-Problem haben wir übrigens die beiden Operationen „Zuordnung" und „Ausschluß" parallel durchgeführt und auch die Zwischenziele nicht streng hierarchisch getrennt. Bei komplexen Problemen werden wir um eine selektive Abarbeitung von Operatoren und Zwischenzielen aus besagten Gründen nicht herumkommen.

Im Gegensatz zur Wirkungsbreite ist die Eigenschaft der *Wirkungssicherheit* von Operatoren eine jederzeit erwünschte Eigenschaft, die aber nicht immer zu gewährleisten ist. Natürlich erwarten wir bei Anwendung des Operators das gewünschte Ziel; dieses ist in der Regel bei analytischen Problemen mit richtiger Operatorauswahl auch der Fall. Aber es sind Situationen vorstellbar – denken Sie hierbei bitte an die dialektischen Probleme – in denen die Wirkungssicherheit von Operatoren von zusätzlichen, nicht beeinflußbaren Faktoren abhängt (siehe Kap. 5.3).

Wirkungs-sicherheit

Solange die beeinflussenden Faktoren insgesamt bekannt und abschätzbar sind, sollten sich anbietende Operatoren nach ihrer Wirkungssicherheit verglichen und entsprechend ausgewählt werden.

Die *Nebenwirkungen* von Operatoren sind nicht immer vorhersehbar und damit einkalkulierbar. Sollten Nebenwirkungen bestimmter Operatoren während der Planungsphase einschätzbar und sicher vorhersagbar sein, sind diese Wirkungen natürlich zu berücksichtigen. Handelt es sich dabei um unerwünschte Nebenwirkungen, ist von der Anwendung des Operators abzusehen. Manche Nebenwirkungen können, da sie innerhalb des Problemlöseprozesses keine direkten Auswirkungen haben, billigend in Kauf genommen werden, andere Nebenwirkungen dagegen können die Benutzung aber gerade dieser Operatoren favorisieren. Dies ist dann der Fall, wenn die Nebenwirkungen schon die Anwendung weiterer Operatoren zur Lösung des Problems reduzieren oder gar unnötig werden lassen. In diesem Verständnis erzielen die Nebenwirkungen eine höhere Wirkungsbreite des Operators, ohne daß die Auswirkungen dem Operator direkt zugesprochen werden. Wenn wir zurückdenken an die Streichholzaufgaben, so besitzt der Operator „Doppelfunktionen von Streichhölzern aufheben" implizit die Nebenwirkungen, daß isolierte Streichhölzchen nicht vorkommen können und die Quadrate gleichgroß sein müssen (siehe Übung 1.0). Diese Nebenwirkungen sind dann als positiv zu bewerten, wenn die Aufgabenstellung diese Einschränkung erfordert. Andernfalls erzielen diese Nebenwirkungen eine Einschränkung in der

Nebenwirkungen

Lösungsvielfalt und sind dann unter dem Gesichtspunkt kreativer Prozesse unerwünscht.

Unerwünschte Nebenwirkungen von Operatoren und Operationen sind der Regelfall – denken wir nur an die Nebenwirkungen bei der Einführung mancher der „Neuen Technologien", die Umweltgefährdungen und Einbußen an Lebensqualitäten mit sich bringen können und dies auch tun.

Nebenwirkungen mit diesen Konsequenzen haben uns bei den bisherigen Übungen nicht betroffen und werden uns auch erst wieder in Kap. 5.3 beschäftigen. Trotzdem soll an dieser Stelle an die soziale Verantwortung aller an Forschung und Entwicklung Beteiligten erinnert und der Bezug dieser Verantwortung zu dem Problemlöseprozeß aufgezeigt werden.

Materieller und zeitlicher Aufwand

Die letzte hier angeführte Eigenschaft des *materiellen und zeitlichen Aufwandes* von Operatoren und Operationen ist uns wieder wesentlich vertrauter, weil das Berücksichtigen ökonomischer Kriterien in unserer Gesellschaft selbstverständlicher ist als das Betrachten ökologischer oder sozialer Kriterien. Daraus soll nun aber nicht der Schluß gezogen werden, daß der materielle und zeitliche Aufwand von Operatoren nicht auch ökologische und soziale Auswirkungen haben kann. Zur Rettung des Waldes könnten beispielsweise kurzfristig greifende Operatoren angeraten sein. Wie die augenblickliche Umweltdiskussion andererseits zeigt, ist aber die Kostenfrage ein mitentscheidender Grund, warum unsere Luft weiterhin verpestet und unser Wasser weiterhin verschmutzt werden.

Jenseits dieser Dimensionen sei noch auf die Freude und Zufriedenheit des einzelnen verwiesen, wenn es ihm oder ihr gelungen ist, ein Problem mit vertretbarem materiellen und zeitlichen Aufwand gelöst zu haben.

Wieweit sich Freude und Zufriedenheit, Erfolgserlebnisse und ein stetiges Vorwärtskommen auf die Entwicklung der eigenen Problemlösefähigkeit auswirken, wird ein Teilinhalt des folgenden Kapitels 3 sein.

3 Die Entwicklung von Problemlösefähigkeit

Das Problemlösen und damit das Lernen stellen einen derartig vielschichtigen und komplizierten Prozeß dar, daß es bisher keiner theoretischen Konzeption gelungen ist, ihn vollständig zu beschreiben und abzubilden. Wie lassen sich Bewußtheit und Selbständigkeit geistiger Tätigkeiten systematisch und zielgerichtet ausrichten? Sind solche Fähigkeiten erlernbar und trainierbar? Diese Fragen beschäftigen Lern- und Denkpsychologen schon seit langer Zeit. Zumindest ein Teil der Fragen ist beantwortet, ansonsten hätte es auch keinen Sinn, dieses Buch zu schreiben, geschweige denn zu lesen. Gewisse Verfahren des Problemlösungsprozesses sind erlernbar, und damit ist eine Fortentwicklung der individuellen heuristischen Verfahren erreichbar. Beim Lösen konkreter Aufgaben müssen allgemeine Methoden des Denkens und Handelns entwickelt werden, die es erlauben, allgemeine Verfahren zur Lösung verschiedener Probleme herauszubilden (vgl. z.B. Landa 1969, Putz-Osterloh 1973, Hesse 1979).

Lernen und Handeln ist ein komplexer, kognitive und affektive Bereiche ansprechender Prozeß, bei dem Erfahrungen eine wichtige Rolle spielen. Im folgenden wird der Versuch gemacht, die Einflüsse der Lehr- und Lernforschung auf die Konzeption dieses Buches zu verdeutlichen, damit der Leser seinen Lernprozeß stetig aktiv nachzuvollziehen und zu überprüfen lernt. Dabei wird auf die Handlungstheorie (Leontjew 1966, Galperin 1967) zurückgegriffen und in Anlehnung daran die Trainingskonzeption vorgestellt. Es ist beabsichtigt - nachdem schon einige gemeinsame Erfahrungen des Erarbeitens von Problemlösungen anhand verschiedener Beispiele vorliegen -, Ihnen damit eine Überprüfung des vorgeschlagenen Ablaufes im Problemlöseprozeß zu ermöglichen.

3.1
Lernen und Handeln

Von den Gedanken Leontjews ausgehend, sieht Galperin die Grundmerkmale der geistigen Tätigkeit darin, daß sie sich an den Bedingungen des Verhaltens in der Realität orientiert und das Verhalten entsprechend diesen realen Bedingungen steuert. Dabei steht das *Subjekt* über die *Tätigkeit* in permanenter Wechselwirkung mit dem *Objekt*, welches sich jeweils spezifisch durch die Umwelt situativ und real spiegelt. Die Wechselwirkungen stellen sich als materielle oder ideelle Handlungen dar, durch die Aufgaben und Probleme zu lösen sind. Die Handlung, Grundelement der Tätigkeit, ist dabei nicht nur die zielgerichtete Überführung einer Ist-Situation in die Soll-Situation (Ausführungsteil der Handlung), sondern besitzt zusätzlich auch eine Regulations- und Steuerfunktion (Orientierungsteil der Handlung) und beinhaltet die Überprüfung und kritische Reflexion der Tätigkeit (Kontrollteil der Handlung).

Wenn wir diese Gedanken auf den Umgang mit den bisherigen Problembeispielen in diesem Buch übertragen, dann haben wir uns bisher vorwiegend im Orientierungsteil der Handlung bewegt, da die Problembeispiele so gewählt wurden, daß sich der Ausführungsteil quasi als logische Folgerung der Überlegungen des Orientierungsteiles ergaben. Später werden wir zu weiteren Problembeispielen vorstoßen, bei denen wir uns intensiver als bisher mit den Bausteinen des Ausführungsteiles der Handlung auseinandersetzen werden. Wie Abb. 2.3 zeigt, sind Teile dieser Bausteine ebenso wie der Kontrollteil noch nicht durch gemeinsame Erfahrungen belebt und daher noch nicht inhaltlich ausgefüllt.

Der Orientierungsteil der Handlung hat uns bis jetzt beschäftigt und wird uns auch in Zukunft vorwiegend beschäftigen, da dieser Teil dann besondere Bedeutung gewinnt, wenn die Problemstellungen für uns neuartig sind und eine Handlung in der gewohnten Weise nicht zum Erfolg führt. Denken Sie hierbei bitte wieder zurück an unsere Unterscheidung zwischen Problemen und Aufgaben. Wenn sich der Orientierungsteil der Handlung erübrigt, dann haben wir es nicht mehr mit einem Problem, sondern nur noch mit einer Aufgabe zu tun; die Handlung selbst läuft automatisch ab. Auch wenn es ein Ziel dieses Buches ist, für den Leser möglichst viele jetzt noch existierende Probleme zu Aufgaben zu degradieren, so ist dieses ein langfristiges Ziel, dessen Realisierung Ihre eigenen intensiven weiteren Bemühungen und Übungen voraussetzt. Die Beispiele des Buches sind so ausgewählt, daß sie im Regelfall nach dieser Definition Probleme sind. In einer solchen Situation müssen wir als Problemlöser uns mit den Elementen und Bedingungen der Umwelt (Realitätsbereich mit Sachverhalten und Operatoren und deren Eigenschaften), die mit der Handlung im Zusammenhang stehen, bewußt auseinandersetzen, diese analysieren (Visualisierung, Einführung von Bezeichnungen, Explizieren etc.) und hinterfragen (Fragetechnik).

Die Ausbildung der Handlung vollzieht sich dabei in einer spezifischen funktionalen Entwicklung, die verschiedene Stadien und Niveaus durchläuft, und erst aus den einzelnen Handlungen selbst ergibt sich hierarchisch ausdifferenziert die Tätigkeit (Operationen - Handlungen - Tätigkeit, vgl. Leontjew 1977).

Das 6-Liter-Problem möge den hierarchischen Aufbau der Tätigkeit verdeutlichen. Das Füllen und Leeren der Behälter sind die Operationen gewesen, eine Handlung (Teilhandlung) bestand in der Erreichung des 1. Zwischenzieles, hier 1 Liter abzufüllen und die Tätigkeit bestand darin, die Lösung des Problems zu finden, nämlich 6 Liter abzumessen.

Warum betreiben wir nun diese Wortklauberei, wie manche Leser jetzt meinen mögen? Der einzige Grund ist darin zu finden, daß uns diese Ausdifferenzierung der Tätigkeit dazu zwingt, die einzelnen Elemente und Ebenen der Tätigkeit in Beziehung zu setzen, so daß ein Auseinanderfallen in zusammenhanglose Einzelaktionen vermieden wird. Und das ist doch eine häufige Ursache für zielloses Problemlöseverhalten.

Genau aus diesem Grunde ist es auch wichtig für uns, uns noch einige Gedanken über das Niveau und die Eigenschaften der Handlungen zu machen. Nach Galperin (Galperin und Leontjew 1974) bildet sich das Niveau der Handlung etappenweise als Handlungsverlauf (Arbeitshandlung) aus. Im Aneignungsprozeß werden äußere, materielle Handlungen in ideelle, geistige Handlungen umgewandelt. Diese Umwandlung äußerer Handlungen durch innere, geistige Prozesse ist die wichtige Bedingung für die Herausbildung geistiger Handlungen und damit für die Entwicklung von Problemlöseverhalten. Geistige Operationen müssen wiederholt an gleichartigen und verschiedenartigen Inhalten ausgelöst und geübt werden, so daß sie sich insgesamt zu geistigen Handlungen entwickeln, die auch auf neuartige Situationen angewandt werden können.

Bezogen auf unser Trainingsprogramm sind äußere, materielle Handlungen z.B. das Einführen von Bezeichnungen und mathematischen Ausdrücken oder das Umsetzen einer Problemsituation in eine Skizze oder Zeichnung. Die vollständige Erschließung des Inhaltes der materiellen Form bedeutet die Umwandlung in die ideelle, geistige Handlung. Dies geschieht einerseits durch die *Entfaltung* der Handlung, d.h. gemäß dem Baustein „Auswahl von Operatoren" (siehe Abb. 3.1) durch die Aufgliederung der Handlung in einzelne aufeinanderfolgende Operationen, und andererseits durch die Verallgemeinerung der Handlung. Die *Verallgemeinerung* der Handlung erzielen wir in unserem Trainingskonzept durch die Anwendung geistiger Operationen an gleichartigen Problemen und deren Übertragung auf ähnliche oder andersartige Inhalte. Dabei sollen über die konkrete Erfahrung hinaus das neuerworbene Verständnis und die Bewußtheit von verarbeiteter Erfahrung mitgeteilt, ausgetauscht, verglichen und mit der Verarbeitung vergangener Erfahrungen konfrontiert werden (z.B. das Problem einem anderen verständlich machen).

Zusätzlich zu der Entfaltung und Verallgemeinerung der Handlung ist in Hinblick auf Vollständigkeit und auf den Grad der Beherrschung der Handlung eine *Verkürzung* als weiteres wichtiges Element der Umwandlung von der materiellen Form in die geistige Form der Handlung zu nennen. Durch die Verkürzung der Handlung schließt sich der Kreislauf der bewußten Auseinandersetzung mit der eigenen Handlung. Erst müssen wir diese entfalten, also aufgliedern und vereinzeln, um die Teiloperationen hierarchisch zu organisieren; die anschließende Phase der Verallgemeinerung erzwingt die bewußte Verarbeitung anhand bisheriger Erfahrungen, und erst durch den Grad der Verkürzung wird die Vollständigkeit und Beherrschung der Handlung ausgewiesen. Denn durch eine Verkürzung wird die Anzahl notwendiger Transformationsschritte bei äquivalenter Transformation vermindert. Einzelne Operatoren werden zu Metaoperatoren zusammengefaßt (Lüer 1973), bisherige Probleme werden zu Aufgaben degradiert, neue, bisher nicht anvisierte Ziele können ins Auge gefaßt werden.

Neben diesen beschriebenen Niveaustufen unserer Handlung ist eine Auseinandersetzung mit den Eigenschaften unserer Handlung im Problemlöseprozeß (Qualität der Handlung) von gleichwertiger Bedeutung.

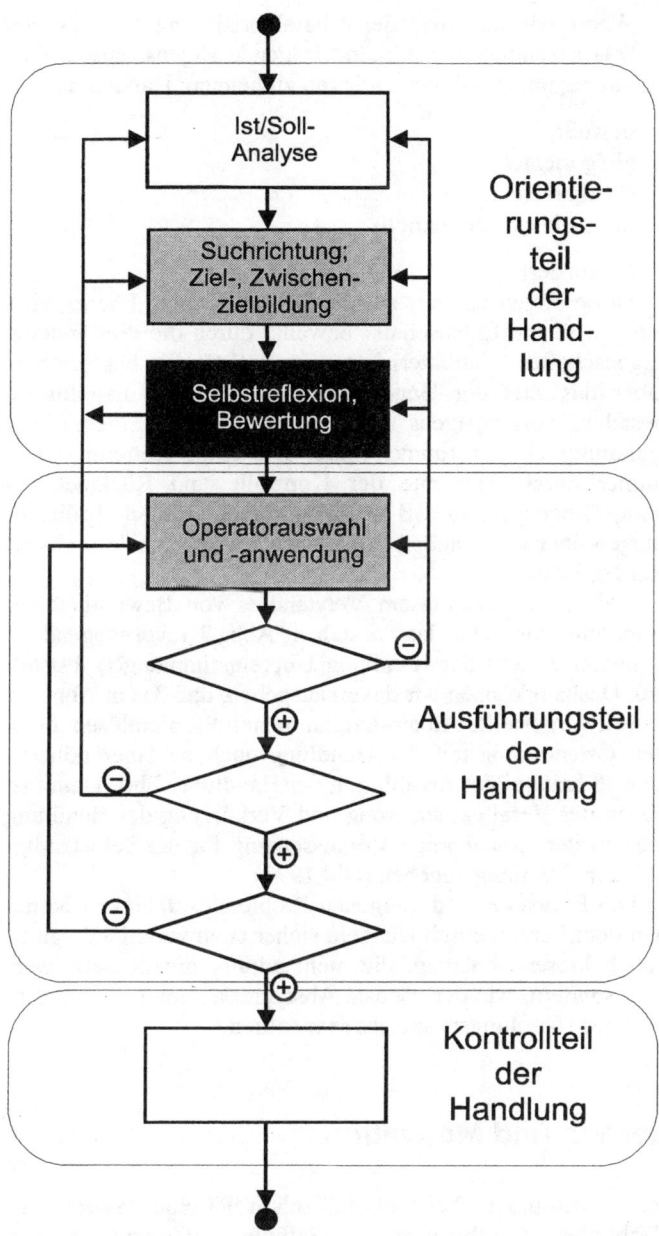

Abb. 3.1: Einteilung des Ablaufdiagramms in Orientierungs-, Ausführungs- und Kontrollteil

Wenn wir uns hier der Charakterisierung von Volpert (1974) anschließen, dann sind folgende Eigenschaften einer Handlung und damit der Tätigkeit zu nennen: Handeln ist

- bewußt,
- zielgerichtet,
- rückgemeldet,
- hierarchisch-sequentiell

organisiert.

Diese Eigenschaften stehen nicht auf einer Ebene, vielmehr wird die Eigenschaft "bewußt" durch die drei anderen Eigenschaften charakterisiert und vollständig beschrieben. Über das Ziel der Handlung müssen klare Vorstellungen bestehen, was übrigens nicht immer mit dem Ergebnis der Handlung übereinstimmen muß. Die Zielorientierung muß immer durch Elemente der Kontrolle und Rückmeldung überprüfbar sein, so daß der Weg zum Ziel durch Teilhandlungen über aufeinander aufbauende Zwischenziele realisiert werden kann.

Gehen wir von diesem Verständnis von Bewußtheit der Handlung aus, dann lassen sich in Abb. 3.1 vorwiegend im Orientierungsteil der Handlung Übereinstimmungen feststellen. Deshalb können wir davon ausgehen, daß das in Abb. 3.1 soweit dargestellte Ablaufdiagramm zum Problemlösen durch den Orientierungsteil der Handlung auch zu einer höheren Bewußtheit bei der Ausführung der Handlung führt. Damit ist neben der Verallgemeinerung und Verkürzung der Handlung eine weitere notwendige Voraussetzung für die Selbständigkeit der Handlung gegeben (Ohl 1973).

Die Entwicklung der eigenen Problemlösefähigkeit ist neben dem Lernen durch Handeln sicher auch von nichtkognitiven Faktoren abhängig, die nicht additiv hinzugesetzt werden, sondern, wie der nächste Abschnitt aufzeigt, integrierter Teil des Handlungsprozesses sein sollten.

3.2
Lernen und Motivation

Jedem von uns ist bekannt, daß schon bei einer ersten oberflächlichen Problemsichtung Gefühle produziert werden. Handelt es sich um ein Problem aus einer uns vertrauten Klasse von Problemen, die wir schon häufiger erfolgreich gelöst haben, so werden wir mit viel Spaß und Selbstvertrauen an das Problem herangehen. Das ist aber nicht der Regelfall. Viel vertrauter sind uns Situationen, in denen wir

Problemtypen mit Mißerfolgen, Antipathien und Unwohlsein verbinden. Aus dieser Gefühlslage heraus finden das erfolgreiche Lösen von Problemen und das Lernen von Problemlösungsprozeduren unter ungünstigen Bedingungen statt (Falkenhagen und Paeschel 1977). Die Rolle solcher nichtkognitiver emotionaler Faktoren sollten wir nicht unterschätzen. Dabei stellt die Wechselwirkung kognitiver und affektiver Anteile der Persönlichkeit ein wichtiges Moment dar. So wirkt z.B. im o.a. Sinne emotionale Stabilität förderlich auf die Entfaltung der intellektuellen Fähigkeiten, und intellektuelle Fähigkeiten bewirken andererseits eine gewisse emotionale Stabilität. Aber es liegen auch Untersuchungen vor, die belegen, daß kreative, geistige Prozesse gerade aus emotionalen Instabilitäten entstehen (z.B. Maddi 1973).

Nun soll es nicht das Ziel dieses Abschnittes sein, Einstellungen, Motive und andere affektive Faktoren, die für wirkungsvolles Lernen im Bereich des Problemlösens verantwortlich sind, zu analysieren, sondern die Eigenverantwortlichkeit und -aktivität für die affektiven Faktoren aufzuzeigen, um sie für jeden von uns nutzbar machen zu können. Daher stellt sich die Frage, wie wir unsere Motive und Einstellungen im Lernprozeß des Problemlösens verbessern. Eine mögliche Antwort darauf soll im folgenden in den Schwerpunkten

– Selbststeuerung des Lernprozesses,
– Entwicklung der eigenen Aufmerksamkeit und Neugier,
– Selbsteinschätzung und Identifikation,
– Schaffen von Erfolgserlebnissen

gegeben werden.

Der *Selbststeuerung des Lernprozesses* kommt dabei die überragende Rolle zu. Wie in Versuchsreihen gezeigt wurde (Niggemann 1977), wird vermittelter Stoff je nach Übermittlungsart unterschiedlich behalten, nämlich

– bei der Übermittlung von Information durch einen Vortrag – also über das Hören – ca. 20 %,
– bei der Übermittlung von Information durch Bilder und Filme – also über das Sehen – ca. 30 %,
– bei der Übermittlung von Information über Vortrag und Bilder – also über Hören und Sehen – ca. 50 %,
– bei der Erarbeitung des gleichen Sachverhaltes durch gemeinsames Lernen, durch Kooperation und durch eigenes Handeln ca. 70 % und
– bei der Erarbeitung des Sachverhaltes und Mitentscheidung über Auswahl und Inhalt des Sachverhaltes ca. 90 %.

Auch wenn diese Ergebnisse sicher nicht exakt auf jeden Lernstoff übertragen werden können, sollte doch die Bedeutung der Eigenaktivität und Lenkung im Lernprozeß deutlich geworden sein. Aktives Interesse an und aktive Auseinandersetzung mit den anstehenden Problemen bewirken initiatives Handeln als Motor in jedem Veränderungsprozeß. Dieses Wollen und dieses Engagement bewirken oft erstaunliche Resultate:

- die Müdigkeit ist verschwunden,
- die Konzentration ist wie selbstverständlich vorhanden,
- spontane und kreative Fragen und Antworten entstehen,
- forschendes Lernen drängt zu Handlungen.

Um diesem wichtigen Faktor des aktiven Einbringens zumindest teilweise Rechnung zu tragen, gibt es in diesem Buch eine Reihe von selbst zu bearbeitenden Problembeispielen, taucht immer wieder der Hinweis auf, daß jeder Leser seine eigene individuelle Heuristik erkennen und entwickeln möge, und wird häufig auf die Vielfalt von Handlungsmöglichkeiten verwiesen, denen eine rein passiv-rezeptive und damit mechanistische Anwendung von Schemata nicht entsprechen kann.

Wenn das alles zutreffend ist, warum werden wir dann so selten aktiv? Eine Antwort auf diese Frage liegt wohl in der Tatsache begründet, daß wir glauben, vieles tun zu müssen, was wir eigentlich gar nicht wollen; z.B. treffen wir vorwiegend im Grundstudium der Ingenieurausbildung manchmal auf Fächer, deren Sinnzusammenhang zu der angestrebten Berufsausbildung mit Recht in Frage gestellt werden kann. Außerdem lassen die praktizierten Lehr- und Lernformen (Vorlesungen und Übungen) und die große Hörerzahl nur ein passives Reagieren zu.

Wenn wir nun trotzdem aktives Verhalten initiieren wollen und dabei nur an das Veränderungspotential in uns selbst denken, dann bietet sich die *Entwicklung der eigenen Aufmerksamkeit und Neugier* an. In seinem Buch „Große Denker" (1980) berichtet de Bono von Meisterstücken der Aufmerksamkeit. Nach seiner Meinung wird nichts so vernachlässigt, nichts so wenig verstanden wie die Aufmerksamkeit als die wichtigste Eigenschaft des Verstandes, als eine wesentliche Erkenntnisquelle. Wenn wir uns dieser Meinung anschließen und gleichwertig dazu noch die Entwicklung der eigenen Neugier verstanden als Drang und Freude zur Entdeckung und zum Hinterfragen, anstreben, dann haben wir die Hauptauslöser aktiven und initiativen Handelns angesprochen. In dem Beispiel des Hängebrücken-Problems ist es unserer Aufmerksamkeit zu verdanken gewesen, daß wir letztendlich doch noch zu der Lösung gefunden haben. In der Selbstreflexions- und Bewertungsphase war uns aufgefallen, daß uns das scheinbar Naheliegende blockiert hatte.

Die folgende Übung soll die Bedeutung der Aufmerksamkeit ebenfalls belegen.

Kette

Übung 3.1

Aus 9 Einzelketten soll eine geschlossene Kette gebildet werden. Die 9 Einzelketten setzen sich zusammen aus 2 Ketten mit jeweils 8 Gliedern, 1 Kette mit 7 Gliedern, 3 Ketten mit jeweils 6 Gliedern und jeweils 1 Kette mit 5, 4 und 3 Gliedern. Wieviel Glieder müssen mindestens geöffnet werden, um aus den verschiedenen Teilketten eine geschlossene Kette zu fertigen?

Dieses Problem werden wir nicht anhand des Ablaufdiagrammes erarbeiten, sondern anhand eines Protokolls des lauten Denkens einer studentischen Arbeitsgruppe in einem Seminar soll die Entwicklung der Aufmerksamkeit nachvollzogen werden. Dabei gibt das Auszugsprotokoll die Ideen und Anregungen zur Problemlösung zielgeordnet wieder:

- Wir haben 9 Ketten.
- Es gibt gleichlange und unterschiedlich lange Ketten.
- Wenn wir ein Glied jeder Kette öffnen, können wir eine geschlossene Kette bilden; d.h. wir müssen 9 Glieder öffnen.
- Diese Lösung ist trivial. Es muß eine Lösung geben, bei der weniger zu öffnende Glieder zu dem gleichen Ergebnis führen.
- Wenn wir aber weniger geöffnete Glieder haben, lassen sich auch nur weniger Ketten verbinden.
- Also müssen wir die Anzahl der Ketten verkleinern.
- Das gelingt uns aber doch nur, wenn wir einzelne Ketten insgesamt auflösen und deren Einzelglieder zum Verbinden der übrigen Ketten benutzen.
- Wie erhalten wir soviele Einzelglieder wie verbleibende Ketten?
- Wenn wir eine Kette mit 8 Gliedern auflösen, können wir damit die verbleibenden 8 Ketten verbinden.
- Gibt es noch eine einfachere Lösung?

Es gibt noch eine einfachere Lösung, aber die dürfte kein Problem mehr darstellen, sondern nur noch eine Aufgabe.

An diesem Gedankenprotokoll wird eine hellwache Aufmerksamkeit besonders eindrucksvoll deutlich. Wenn die Aufmerksamkeit in diesem Beispiel ein intellektuelles Interesse und eine geistige Spannung spüren läßt, so erweitert die Neugier diese Fähigkeiten um Spontaneität und Kreativität. Probleme werden nicht mehr nur wahrgenommen (Problemlösung), sondern auch entwickelt und gefunden (Problemfindung). Damit haben wir die aktive Initiative ergriffen, mit Engagement und Ausdauer werden wir den Lernprozeß vollziehen.

Was erregt nun aber unsere Aufmerksamkeit, was erweckt unsere Neugier? Der so gestellten Frage könnte man entnehmen, daß die Verantwortung dafür bei den anderen, nur nicht bei uns selbst liege. Das genau wäre ein Irrtum. Wir sind verantwortlich für unsere Aufmerksamkeit und Neugier. Um diese Fähigkeiten zu entwickeln, müssen wir uns immer wieder über unsere Bedürfnisse und Erwartungen Klarheit verschaffen.

Selbsteinschätzung und Identifikation wollen wir diesen Bereich überschreiben, der neben der Selbststeuerung des Lernprozesses, neben der Entwicklung der eigenen Aufmerksamkeit und Neugier zu motiviertem Lernen führt (Neber, Wagner, Einsiedler 1978; Beck 1975). Wenn wir anfangen zu handeln, oder wenn wir aufhören zu handeln, so setzt dieses offensichtlich Impulse oder Anregungen voraus. Diese Impulse gründen ihre Ursache in unseren Bedürfnissen und Interessen, Wünschen und Gefühlen, Erwartungen und Sehnsüchten. Dabei sind uns diese Impulse selten bewußt, auch verlieren wir zu wenig Gedanken darüber, wie diese zu verstärken oder gegebenenfalls zu vermindern sind. Um diese Impulse zukünftig bewußt wahrnehmen und einsetzen zu können, müssen wir unsere eigenen Bedürfnisse erkennen, möglicherweise demaskieren und identifizieren. Dieses Erkennen oder gar Demaskieren von Bedürfnissen ist nicht leicht. So kann z.B. das Bedürfnis nach Macht das Bedürfnis nach Liebe demaskieren. Unzufriedenheit nach vermeintlicher Bedürfnisbefriedigung ist ein Hinweis auf eine solche Maske, da das wahre Bedürfnis nicht befriedigt ist.

Neben dem Erkennen unserer Bedürfnisse müssen wir uns unsere Erwartungen an das angestrebte Ziel und den Weg dorthin bewußt machen. Dabei spielt unsere Selbsteinschätzung und Identifikation die maßgebende Rolle. Wenn wir unseren Fähigkeiten vertrauen und Erfolg erhoffen, wird auch ein Mißerfolg nur neue Kräfte freisetzen. Wenn wir aber an unseren Fähigkeiten zweifeln und Mißlingen ins Kalkül ziehen, empfinden wir uns schnell als überfordert; Mißerfolge bestätigen unsere Befürchtungen. Somit legt nicht nur die Schwere des Problems nahe, einen Lösungsversuch zu unternehmen oder zu meiden; mitbeteiligt sind auch die Erfolgswahrscheinlichkeiten entsprechend unserem Fähigkeitsselbstbild. Und diese hängen direkt mit unserem Anspruchsniveau und unserer Identifikation zusammen. Setzen wir unser Anspruchsniveau zu tief an, so ist die geringere Gefahr im Verlust von Anreiz und Spannung zu sehen. Daneben besteht die Gefahr, daß weitere Mißerfolge zu einer weiteren Reduzierung des Anpruchsniveaus führt und so weiter. Setzen wir dagegen unser Anspruchsniveau zu hoch an, werden mit Sicherheit einsetzende Mißerfolge langfristig zum Verlust jeden Handlungsmutes führen.

Aber nicht nur von uns selbst hängt es ab, ob wir einen Erfolg oder Mißerfolg verbuchen dürfen oder müssen. Vielmehr entwickeln sich Bewertungsmaßstäbe in Bezugsgruppen (Elternhaus, Schule, Studium ...) in Abhängigkeit von geachteten und nachgeeiferten Bezugspersonen. Waren uns Erfolg oder Mißerfolg beschieden, so kann dieses Ergebnis auf unsere Begabung, Anstrengung, auf die Aufgabenschwierigkeit oder auf den Zufall zurückgeführt werden. Wir sind es gewohnt, bestimmte Gründe zu unterstellen. Wenn wir bei erfolgreicher Leistung eine gelungene Kombination von Begabung und Anstrengung, bei nicht erfolgreicher Leistung nur mangelnde Anstrengung unterstellen, so läßt es sich mit diesem Mißerfolg leben, denn unsere mangelnde Anstrengung läßt sich verändern; wir sind erfolgsorientiert.

Unterstellen wir aber unseren Erfolgen, daß sie nur zufällig sind oder daß das Problem zu leicht war, und führen Mißerfolge auf unsere mangelnde Begabung als unveränderbare Größe zurück, dann sind wir mißerfolgsorientiert.

Unser derzeitiges Anspruchsniveau, derzeitiges Fähigkeitsselbstbild und derzeitige Erfolgs- oder Mißerfolgsorientierung sind das jeweilige vorläufige Ergebnis aktiver Auseinandersetzungen mit den unterstellten Erwartungen unserer Bezugspersonen. Im Rahmen dieser Auseinandersetzungen erwerben und entwickeln wir unsere Identität, unsere eigene Art, wie wir uns mit uns und unserer Umwelt - vorläufig und veränderbar - einrichten und einen vorläufigen Standort finden und behaupten. Damit ist unsere Identität einem ständigen Entwicklungsprozeß unterworfen und nicht als statische Größe zu verstehen.

Wie die aufgezeigten Zusammenhänge belegen, spielen in diesem Entwicklungsprozeß die eigenen Erfolgserlebnisse eine große Rolle. Daher wollen wir uns in diesem Kapitel abschließend mit der Frage beschäftigen, wie uns das *Schaf-*

fen von Erfolgserlebnissen gelingt. Handlungen, auf die ein befriedigender Zustand folgt, werden gut behalten. Dieses Behalten als Ergebnis von Lernen wird zu einem starken Anreiz, diese durch Erfolg belohnte Handlung zu wiederholen. Für unseren Problemlösungsprozeß heißt das nun nicht, eine Mißerfolgsvermeidungsstrategie zu wählen, sondern aktiv Erfolgserlebnisse zu suchen.

Dazu gehört in einem ersten Schritt die realistische Einschätzung und Einordnung unserer bisherigen Problemlösefähigkeit. Nicht „Was erwarten andere von uns?", sondern die Frage „Was trauen wir uns zu?" ist vorrangig zu stellen und zu beantworten. Dabei kann es anfangs nicht schaden, seine eigenen Ansprüche lieber etwas zu tief anzusetzen. Nicht nur beim Problemlösen sind Anfangserfolge besonders wichtig. Daraus läßt sich Selbstsicherheit in dem Maße gewinnen, wie sich Mißerfolgsängste eindämmen lassen. Anfangserfolge erzielen Sie am ehesten, wenn Sie sich anfangs auf das in diesem Buch vorgeschlagene Problemlösungsschema einlassen, sich mit viel Ruhe und Zeit gründlich einarbeiten und jeden Block des Ablaufdiagramms vollständig abschließen. Lassen Sie sich nicht zu früh durch scheinbar naheliegende Lösungen oder Lösungswege faszinieren und ablenken. Haben Sie ein Problem mit Erfolg gelöst, überprüfen Sie Ihre Fähigkeiten vorerst an gleichartigen oder ähnlichen Problemen. Dazu sind die Übungsaufgaben am Ende einiger Kapitel gedacht.

Da wir Menschen nicht unbedingt das gerne tun, was wir beherrschen, wird ein Aufkommen von Langeweile für Sie das beste Zeichen dafür sein, sich andersartige Probleme herauszusuchen oder den Schwierigkeitsgrad zu steigern. Sollten Sie sich dabei überfordert fühlen, wissen Sie, daß der augenblickliche Sprung zu groß war. Setzen Sie tiefer wieder erneut an. Beachten Sie bitte bei jedem Mißerfolg, daß es sich bei Problemlösungen dieser Art um eine hohe Anforderung an Aufmerksamkeit und Denken handelt. Eine kleine Ablenkung oder Unachtsamkeit kann schon zu Mißerfolgen führen. Führen Sie deshalb innerhalb des gewählten Lösungsweges immer wieder Erfolgskontrollen durch (siehe auch Kap. 4), um damit Mißerfolge einschränken zu können. Das Erkennen solcher Detailmißerfolge ist Ansporn zu abgeänderten Lösungsversuchen und sind damit legitimer Bestandteil des Lösungsprozesses. Mißerfolg darf dabei also nicht nur als ein Nichterreichen des Zieles gesehen werden, sondern als ein Ausklammern eines Lösungsweges oder Lösungsansatzes. Damit verliert der Mißerfolg seine nur negative Bedeutung.

Im folgenden Kapitel 4 wird der Problemlösungsprozeß insgesamt zusammengefaßt, aufgearbeitet und verallgemeinert, und es wird auf die o.a. positive Bewertung von Mißerfolgen in Kap. 4.3 ausführlich eingegangen.

4 Herleitung einer allgemeinen Heuristik zum Lösen von Problemen

Die Bedeutung von Lernen und Handeln einerseits und Lernen und Motivation andererseits in der Entwicklung der individuellen Problemlösefähigkeit ist in Kap. 3 dargelegt worden. Ebenso wurde der Versuch gemacht, Rückschlüsse aus diesen Theorien auf das Konzept und den Anspruch dieses Buches zu verdeutlichen. Damit sollten wir zum konkreten Problemlösen zurückkehren, d.h. zu Plänen und Programmen für Denkabläufe und für Verfahren zum Finden von Lösungswegen.

Nach unserer Definition von Problemen (siehe Kap. 1) bietet fast jeder nichtbanale Realitätsbereich beliebig Situationen, die mit Wissen über den Realitätsbereich, also über Sachverhalte und Operatoren, alleine nicht zu bewältigen sind. Diesem Bereich des reproduktiven Denkens muß deshalb das produktive Denken übergeordnet werden. Das produktive Denken steht insofern auf einer höheren Ebene, als es das jeweilige Einzelwissen in einen geordneten Zusammenhang und Ablauf aufeinander aufbauend zielgerichtet leiten und einsetzen muß. Teilprozesse unterscheidbarer geistiger Handlungen sollten einander nicht willkürlich, zufällig oder intuitiv (letzteres zumindestens nicht als Regelfall) folgen, sondern (siehe Kap. 3.1)

– bewußt,
– zielgerichtet,
– rückgemeldet,
– hierarchisch-sequentiell.

Um die geistigen Handlungen so organisieren zu lernen, sind bestimmte Konstruktions- und Verfahrenselemente anzuwenden (Heuristik).

4.1
Das Ablaufdiagramm zum Problemlösen

Ganz allgemein und weitreichend betrachtet, besteht die Heuristik dabei in der Organisation von

- Analyse-,
- Veränderungs- und
- Prüfprozessen.

Mehr im einzelnen betrachtet kann die Heuristik vereinfacht dargestellt werden in einem offenen Schema, wie es das im diesem Buch vorgeschlagene Ablaufdiagramm zum Problemlösen versucht. Unter *Heuristik* soll dabei der Gesamtablauf des Problemlösungsprozesses verstanden werden, *Strategien* sind Teilabläufe innerhalb der Heuristik, z.B. die Überwindungsstrategie „Suchraumerweiterung", die sich aus den Eigenschaften der Sachverhalte (siehe Kap. 2.1) ableiten lassen, und unter *Taktiken und Methoden* wollen wir Einzelabläufe verstehen, wie z.B. die Methode der hierarchisch-sequentiellen Fragetechnik zum Lösen von Fixierungen (Taktik).

In der allgemeinen Form des Ablaufdiagramms (Abb. 4.1) gelten diese Konstruktions- und Verfahrenselemente unabhängig von spezifischen Problemklassen; sowohl eine analytische als auch eine synthetische und eine dialektische Organisation von Analyse-, Veränderungs- und Prüfprozessen sind durchführbar. Entsprechend diesen Prozessen und den in Kap. 3 eingeführten Begriffen werden im folgenden

- gegliedert nach dem Orientierungs-, Ausführungs- und Kontrollteil der Handlung
- die bisherigen Ergebnisse und Erfahrungen wiederholt und verfestigt (*Entfaltung*),
- eine Übertragung auf ähnliche und andersartige Inhalte geleistet (*Verallgemeinerung*),
- um die Beherrschung des vorgeschlagenen Ablaufes anzustreben (*Verkürzung*).

Zusätzlich wird in Kapitel 5 die Spezifizierung der Strategien, Taktiken und Methoden nach analytischer, synthetischer und dialektischer Organisation von Problemlösungsprozessen geleistet. Dabei wird auch schwerpunktmäßig im Rahmen der Behandlung analytischer Probleme der Übergang von doch häufig realitätsfernen Denksportaufgaben zu realitätsnahen Sachverhalten aus der Ingenieurausbildung vollzogen. Klausur- und Übungsaufgaben aus den Bereichen Elektrotechnik, Maschinenwesen und Physik sollen die

Übertragbarkeit der Heuristik auf diese speziellen Problembereiche verdeutlichen.

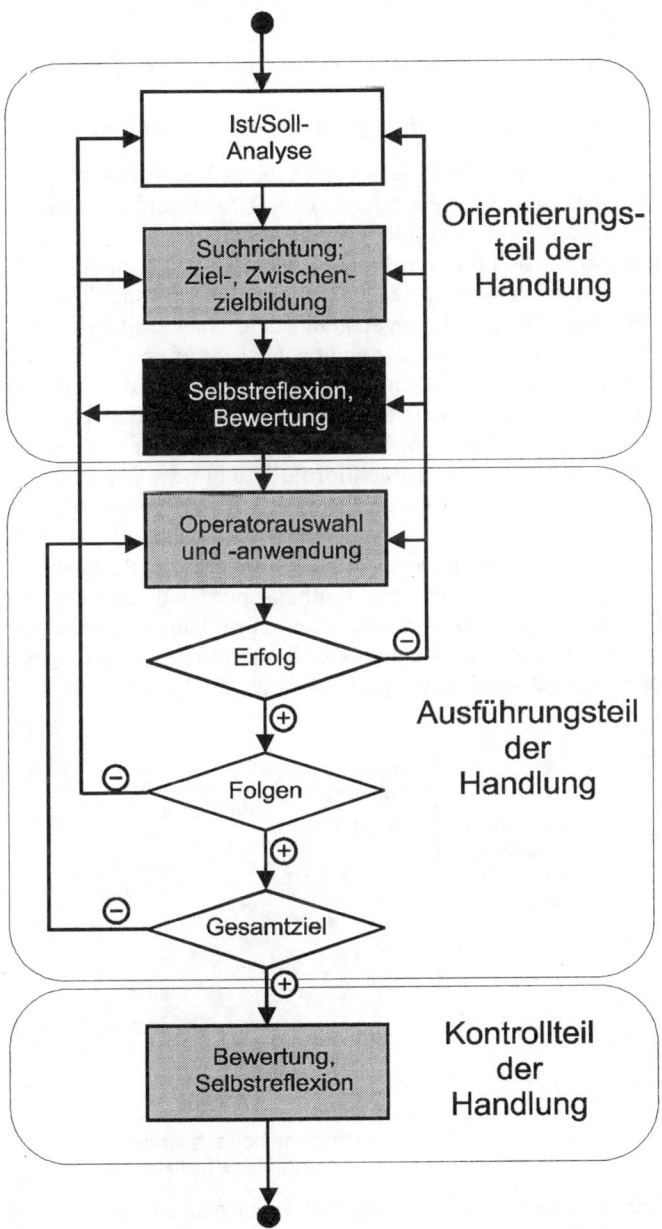

Abb. 4.1: Vollständiges Ablaufdiagramm

Zum Abschluß der einleitenden Worte zum Kapitel 4 sei noch darauf hingewiesen, daß Problemlösen hier als Einheit verstanden wird von

- Problemlösen und Problemfinden (Mackworth 1969) oder
- vertikalem und lateralem Denken (de Bono 1971) oder
- konvergentem und divergentem Denken (Guilford 1964).

Dabei sollen die Pole der jeweiligen Begriffspaare einerseits das zielgerichtete analytische Denken und andererseits das kreative intuitive Denken darstellen. Mit dem letzteren beschäftigt sich die Kreativitätsforschung, mit dem ersten die Problemlöseforschung. Eine Trennung scheint uns künstlich und unangebracht, ja sogar gefährlich. Nach Seiffge-Krenke (1974) läßt sich diese Trennung auch empirisch nicht aufrechterhalten. In diesem Buch soll künftig das kreative Denken als ein Teilelement des problemlösenden Denkens betrachtet werden, welchem dann besonderes Gewicht zukommt, wenn die Problemformulierung oder der Problemzusammenhang sich durch Neuartigkeit und Ungewöhnlichkeit auszeichnet (vgl. Newell, Shaw und Simon 1964). Insofern werden wir bezogen auf die eingeführte Problemtypisierung von analytischen, synthetischen und dialektischen Problemen bei den analytischen Problemen vorwiegend problemlösend, bei den dialektischen Problemen vorwiegend, aber nicht ausschließlich problemfindend arbeiten (Abb. 4.2).

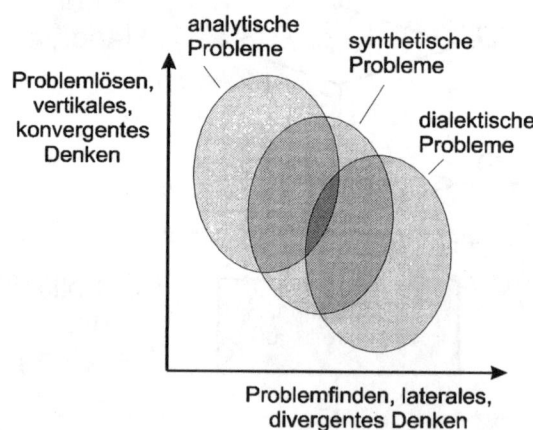

Abb. 4.2: Zusammenhang zwischen Problemlösen und Problemfinden

4.2
Orientierungsteil der Handlung

Der Orientierungsteil der Handlung besteht aus den Arbeitsschritten

– Ist/Soll-Analyse,
– Suchrichtung, Ziel- und Zwischenzielbildung sowie
– Selbstreflexion und Bewertung

und besitzt die anfänglichen Regulations- und Steuerfunk-
tionen für den Problemlöseprozeß, die einer ersten Bewertung in der Selbstreflexionsphase unterworfen werden. Mit
dieser Eingangsphase des Problemlöseprozesses wird mehr
als nur ein Einstieg geleistet. Wie die bisherigen Übungsbeispiele gezeigt haben, wurde der Hauptteil der gedanklichen
Arbeit gerade in diesem Teil des Handlungsablaufes voll-
bracht. Erst bei den Beispielen des Kapitels 5 werden Ausführungsteil und Kontrollteil der Handlung an Gewicht
gewinnen, ohne daß die Bedeutung des Orientierungsteils der
Handlung vermindert wird.

4.2.1
Ist/Soll-Analyse

Bei jeder Problemstellung ist eine möglichst vollständige Ist-
und Soll-Analyse mehr als der halbe Weg zur Problemlösung. Diesem Tatbestand wird u.E. nach häufig viel zu wenig
Rechnung getragen. Auch in unseren Seminaren zum Problemlösen zeigt sich immer wieder, daß Ist- und Soll-Analysen
so schnell abgebrochen und beendet werden, daß sie nur
unvollständig sein können. Da dieses auch noch am Ende
eines Seminars nach vielen gemeinsamen Übungen passiert,
ist die Einsicht in die Notwendigkeit der Ist/Soll-Analyse
scheinbar nicht ohne weiteres vermittelbar. Wir wollen hier
nicht die Frage beantworten, worin dieser Tatbestand begründet liegt, sondern ganz deutlich auf die Wichtigkeit
dieser Phase verweisen und handhabbare Hilfen vermitteln,
die eine solche geforderte Ist/Soll-Analyse erleichtern.

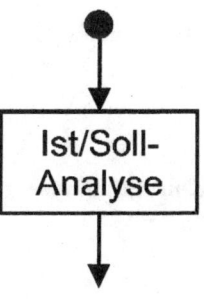

Wenn wir an das 6-Liter-Problem zurückdenken, dann werden wir uns erinnern, daß mit dieser Übung die ersten *Strukturierungshilfen* für eine Ist/Soll-Analyse eingeführt wurden:

Sachverhalte

- Eigenschaften der Sachverhalte,
- Zergliedern von Sachverhalten,
- Ordnen von Sachverhalten,
- Vergleichen von Sachverhalten (Ist/Soll).

Dabei beschreiben die Sachverhalte als ein Teil des Realitätsbereiches die Anfangs- und Endzustände einer Problemlage.

Eigenschaften der Sachverhalte

Als Katalog von möglichen Eigenschaften der Sachverhalte haben wir uns als Orientierungshilfe auf die

- Unüberschaubarkeit (Komplexität),
- Offensichtlichkeit (Plausibilität),
- Undurchsichtigkeit (Intransparenz),
- zeitliche Veränderlichkeit (Dynamik),
- Abhängigkeit der Variablen (Vernetztheit)

beschränkt.

Während die Analyse der Eigenschaften der Sachverhalte, das Zergliedern und Ordnen von Sachverhalten vorwiegend eine Materialanalyse darstellten, überwiegt beim Vergleichen von gegebenen und geforderten Sachverhalten das Moment der Konfliktanalyse (Duncker 1935). Dabei gibt die Materialanalyse Antworten auf die Frage

Materialanalyse

- Was ist gegeben?
- Was ist gesucht?

Konfliktanalyse

und die Konfliktanalyse beantwortet die Fragen

- Welche Hindernisse stellen sich entgegen?
- Was muß verändert werden?

Mit diesen Fragestellungen ist ein guter Übergang zu den *methodischen Hilfen* zur Durchführung der Ist/Soll-Analyse gegeben, da wir die Fragetechnik als eine solche schon kennengelernt haben. Der folgende Katalog faßt dabei alle bisherigen eingeführten Hilfen zusammen und bringt einige Ergänzungen:

- Auszug und Zusammenstellung aller gegebenen und gesuchten Daten,
- Anwendung struktureller und visueller Darstellungsformen,
- Zusammenhänge und Brüche festhalten,

- Annahmen explizieren,
- Fragetechnik,
- Auswahl der geeigneten Arbeitsmittel und Arbeitsform,
- Anwendung von Intuition und Kreativitätstechniken,
- Umschreibung, Beschreibung des Problems, Analogienbildung, Assoziieren.

Je komplexer und je undurchsichtiger die Sachverhalte einer Problemsituation sind, um so wichtiger wird der *Auszug und die Zusammenstellung aller gegebenen und gesuchten Daten*. Auch hier erlauben Sie uns bitte den eindringlichen Hinweis auf die Wichtigkeit dieser Maßnahme. Allzu häufig wird gerade auf diesen Punkt aus Unachtsamkeit, falscher Einschätzung und aus Zeitgründen verzichtet. Ein typisches Kennzeichen für diese Unterlassung ist nach einer langen Zeit des Problemlöseprozesses ohne Erfolg die Frage: "Was ist eigentlich gesucht?" Wie häufig haben wir solche Situationen in unseren Seminaren erlebt. Sollten tatsächlich Zeitgründe Ursache für ein Nichtherausschreiben der Daten sein, dann sollten Sie wenigsten diese Daten im Text unterstreichen oder *hell*schreiben. Ein Auszug und eine neue Zusammenstellung der gegebenen und gesuchten Daten ist allein deshalb ein Gewinn, weil durch die Form der Zusammenstellung, der Gegenüberstellung, ja allgemein durch die Anordnung wichtige Voraussetzungen für die weiteren methodischen Hilfen geschaffen werden. Hinzu kommt durch den Akt des Herausschreibens eine andere Qualität von Bewußtwerdung.

Gegebenes und Gesuchtes

Um dieses zu gewährleisten, ist die *Anwendung struktureller und visueller Darstellungsformen* unbedingte Voraussetzung. Dazu zählen das Einführen von Bezeichnungen und Hilfsgrößen, das Verwenden von Gleichungssystemen und Matrizen und das Umsetzen von Problemlagen in Skizzen und Zeichnungen. Mit Hilfe der Alfred-, Hängebrücken- und Lokführer-Probleme haben wir einige dieser Darstellungsformen schon im einzelnen erprobt und von der dadurch gewonnenen Übersichtlichkeit und Anschauung profitiert.

Strukturierung, Visualisierung

Die beiden bis hierher besprochenen methodischen Hilfen gehören zu dem notwendigen Rüstzeug der Reproduktion und sind damit unverzichtbare Vorarbeiten für den jetzt erst einsetzenden poduktiven Prozeß. Dieser beginnt damit, *Zusammenhänge und Brüche* zwischen gegebenen und gesuchten Daten festzustellen und festzuhalten. Bei der Streichholzaufgabe haben wir z.B. aus der Anzahl der Hölzer und der geforderten und gegebenen Anzahl von Quadraten nach der Gegenüberstellung von Ist- und Soll-Zustand die Bedeutung von Doppelfunktionen einzelner Hölzer herausgefunden.

Zusammenhänge, Brüche

Bei den in Kapitel 5 noch zu bearbeitenden Problemen aus dem ingenieurwissenschaftlichen Bereich wird dazu auch das Erkennen von Gesetzmäßigkeiten und Vorhandensein oder Nichtvorhandensein von Abhängigkeiten, Strukturen etc. zählen.

Explizieren

Sind in der Problemstellung noch versteckte, bisher nicht aufgespürte, aber wichtige Angaben vorhanden? Haben wir wirklich alle gegebenen Daten herausgeschrieben, oder zeigen uns vorhandene Brüche, daß wir zur Lösung noch weitere Angaben benötigen? Probleme zeichnen sich im Regelfall gerade dadurch aus, daß nicht alles wie auf einem Verkaufsstand präsentiert wird; ganz im Gegenteil, wichtige Angaben und Annahmen sind versteckt, stehen „zwischen den Zeilen", sind implizit vorhanden und müssen erkannt, *expliziert* werden. Wenn wir mit solchen versteckten Daten rechnen und uns fehlende Zusammenhänge und Brüche auf die Existenz dieser Daten hinweisen, dann ist es gar nicht mehr so schwer, diese auch explizit zu benennen (siehe Übung 1.9).

Fragetechnik

Gelingt uns das nicht sofort, ist die *Fragetechnik* auch hier eine gute Möglichkeit zum Vorwärtskommen. Ist es nicht erstaunlich, daß wir uns deshalb mit Antworten auf Problemsituationen so schwer tun, weil wir nicht gelernt haben, Fragen zu stellen? Durch das Stellen der richtigen Fragen werden wir auf Antworten geführt, die uns bekannt sind, aber auf deren Relevanz wir ohne die Fragestellung nicht gekommen wären. Durch systematisches Hinterfragen wird jede Situation konkreter und präziser, mit jeder neuen Frage dringen wir tiefer in die uns beschäftigende Problemlage ein (Kochen, Badre 1974; Richter 1977). Damit beinhalten Fragen die Aufforderung, über bestimmte Sachverhalte nachzudenken, Beziehungen herzustellen, Hindernisse zu lokalisieren – kurz gesagt: die Aufmerksamkeit zu erhöhen, um Denken zu initiieren und planvoll ausrichten zu können. Auf die Bedeutung der Entwicklung der Aufmerksamkeit sind wir in Kapitel 3.2 eingegangen; nehmen wir hiermit zur Kenntnis, daß uns das Stellen von Fragen bei der Entwicklung von Aufmerksamkeit unterstützen kann. Jetzt drängt sich natürlich die Frage auf, wie wir denn das Fragestellen lernen oder trainieren können. Einen guten Einstieg dazu bietet das „laute Denken"; diese Methode erfordert, alle Gedanken und Überlegungen laut auszusprechen, auch dann, wenn wir allein sind. Dadurch werden uns Fragen, die wir sowieso schon haben, bewußt und damit eher beantwortbar. Wer für sich beim lauten Denken nur wenig Ansätze zu Fragen findet, der sollte sich zur Anregung den folgenden Fragenkatalog durchlesen:

- Was ist gegeben, welche Situation, welche Sachverhalte, welche Eigenschaften dieser Sachverhalte liegen vor?
- Lassen sich die Sachverhalte gliedern oder ordnen?
- Was ist gesucht, welches Ziel, welches Ergebnis ist angestrebt?
- Wie kommen wir zum Ziel, wo sind Hindernisse zu erwarten etc.?

Sie werden feststellen, daß dieser Fragenkatalog nur die Strukturierungshilfen hinterfragt, die in diesem Kapitel zur Ist- und Soll-Analyse angegeben wurden. Beliebig läßt sich dieser Fragenkatalog dadurch fortführen, daß wir die aufgelisteten methodischen Hilfen hinterfragen:

- Haben wir alle gegebenen und gesuchten Daten herausgefunden?
- Haben wir geeignete strukturelle und visuelle Darstellungsformen gewählt?
- Wo gibt es Zusammenhänge, wo liegen Brüche vor?
- Welche zusätzlichen Annahmen sind implizit vorhanden?
- Haben wir genügend und die richtigen Fragen gestellt?
- Haben wir eine adäquate Arbeitsform gewählt?

Die letzte Frage leitet nicht nur zu der Besprechung der nächsten methodischen Hilfe über, nämlich der *Auswahl der geeigneten Arbeitsmittel und Arbeitsform*, sondern soll auch noch eine Hilfe zum Entwickeln des eigenen Frageverhaltens aufzeigen. Wählen Sie sich innerhalb des Problemlöseprozesses einen Partner, der die Rolle des Erfragers übernimmt, um sicherzustellen, daß alle Gedanken und Fragen laut ausgesprochen werden. Innerhalb des Problemlöseprozesses beinhaltet die Auswahl der geeigneten Arbeitsmittel und Arbeitsform z.B. die Beantwortung der folgenden Fragen:

Arbeitsmittel, Arbeitsform

- Welche Hilfsmittel werden gebraucht (Rechner, Bücher, Lexika, Modelle, Wandzeitungen etc.), und welcher Zugriff dazu besteht?
- Welcher Arbeitsplatz eignet sich?
- Wieviel Bearbeitungszeit wird voraussichtlich benötigt?
- Bietet sich Teamarbeit und/oder Einzelarbeit zur Bearbeitung des Problems an?

An dieser Stelle sei weiterhin kurz auf den letzten Spiegelstrich eingegangen. Eine Wahlmöglichkeit zwischen Einzelarbeit und Teamarbeit ist natürlich nicht immer gegeben. In Tests, Klausuren und jeder anderen Form von Prüfung wird heute noch überwiegend die Leistung des einzelnen im Umgang mit Problemen bewertet. Dies ist deshalb umso erstaunlicher, als die Arbeitswelt immer mehr durch Teamarbeit geprägt wird. Sollten wir in Problemsituationen über eine Wahlmöglichkeit von Einzelarbeit oder Teamarbeit verfügen, dann sollten wir diese Entscheidung bewußt treffen. Teamarbeit ist der Einzelarbeit immer dann überlegen, wenn es um Ideenvielfalt und kreative Suchraumerweiterung geht. Daher sollten bestimmte Probleme oder Teile von Problembearbeitungen immer in Teamarbeit angegangen werden; näheres dazu folgt in Kapitel 5.3.

Kreativität;
Intuition

Mit der Teamarbeit ist der Begriff der Kreativität eingeführt. Im Rahmen der Diskussion der Eigenschaften der Sachverhalte haben wir in Kapitel 2.1 eine denkbare Überwindungstaktik für undurchsichtige Sachverhalte im Erkennen funktionaler Gebundenheiten gefunden. Das Aufweichen von strengen analytischen Zwängen durch *Intuition und Kreativitätstechniken* erleichtert das Durchbrechen von gedanklichen Barrieren. Bevor wir im folgenden einige Methoden zur Kreativitätsförderung vorstellen, möchten wir vorab den Begriff der Kreativität etwas eingehender beschreiben sowie einige Grundprinzipien nennen, auf denen die nachstehend aufgeführten Methoden beruhen.

Wir wollen keine allgemeinverbindliche Begriffsdefinition zur Kreativität geben, sondern nur versuchen, die Aspekte von Kreativität zu erläutern, die uns für das Problemlösen wichtig erscheinen. So verstehen wir unter Kreativität die Fähigkeit des Menschen, Lösungen zu ersinnen, die im wesentlichen neu sind und demjenigen, der sie hervorgebracht hat, vorher unbekannt waren. Kreativ sein kann heißen, bekannte Informationen zu neuen Kombinationen zu verbinden, zu bekannten Problemen neue Lösungen zu erdenken oder neue Probleme mit bekannten Lösungsstrategien anzugehen. Eine kreative Tätigkeit, so absurd und unlogisch sie auch aussehen mag, wird immer absichtlich und zielgerichtet sein, nicht nutzlos und phantastisch, obwohl ihr Produkt nicht unmittelbar praktisch anwendbar, nicht perfekt oder vollendet sein muß.

Ausgehend von dieser Einschätzung der Kreativität seien hier drei Prinzipien genannt, die den „Methoden zur Kreativitätsförderung" zu Grunde liegen (Sikora 1976):

– Prinzip der Verfremdung,
– Prinzip der verzögerten Bewertung,
– Prinzip des spielerischen Experimentierens.

Unter dem „Prinzip der Verfremdung" versteht man den Versuch, ein Problem aus seinem ursprünglichen Sinnzusammenhang zu lösen und ihm mit vollkommen „fremden" Begriffen zu begegnen. So kann man ungewohnte Assoziationen verfolgen, aus gewohnten Denkstrukturen ausbrechen und gänzlich neue Betrachtungsweisen ermöglichen. Durch bewußt eingesetzte methodische Hilfen werden scheinbare Eingrenzungen und gewohnte Einordnungen aufgehoben; so erhält man die Möglichkeit, wirklich neuartige Ansätze zu finden.

Verfremdung

Das „Prinzip der verzögerten Bewertung" geht davon aus, daß eine frühzeitige Bewertung die gedankliche Freiheit und die Ideenvielfalt einengt auf das, was den anderen oder mir selbst plausibel erscheint. Um aber wirklich neuartige Ideen und Ideenkombinationen zu ermöglichen, müssen auch verrückte Gedanken geäußert und unbewertet stehen gelassen werden können.

verzögerte Bewertung

In erster Linie fordert dieses Prinzip die Unterlassung negativer Bewertungen, aber auch auf Lob und die positive Hervorhebung bestimmter Ideen sollte in der Anfangsphase des kreativen Prozesses verzichtet werden. Die notwendige Bewertung wird dann später erfolgen, wenn alle noch so phantastisch klingenden Ideen gesammelt sind.

Das „Prinzip des spielerischen Experimentierens" will dem Zufall eine Chance geben, es will durch spielerischen Umgang mit Begriffen und durch die Erstellung zufälliger Kombinationen neue Entdeckungen ermöglichen. Problemlösungen, die durch analytisches, strikt logisches Denken nie zu finden wären, ergeben sich durch spielerisches, scheinbar zielloses Experimentieren manchmal plötzlich ganz von selbst. So gelingt es oft, eine Sache zu finden, während man eigentlich eine ganz andere sucht. Beim spielerischen Experimentieren wird gerne mit scheinbar unmöglichen Assoziationen gearbeitet, die dann oft zu „genialen" Lösungen führen.

spielerisches Experimentieren

Die drei hier aufgeführten Methoden zur Kreativitätsförderung bauen auf diesen Prinzipien auf und sind für das kreative Problemlösen in einer Gruppe besonders gut geeignet (vgl. Rohr 1975; Sikora 1976). Sie werden in Kap. 5.2.3 als Überwindungsstrategien für synthetische Probleme empfohlen.

Die Gedanken und Einfälle der Gruppenmitglieder oder der Einzelperson zu einer Problemlösung sollen sich frei entfalten und gegenseitig vorwärts treiben können. Eine geeignete Technik dafür ist das *Brainstorming*, was sich mit „Sturm der Gedanken" übersetzen läßt.

Brainstorming

Um eine solche Sammlung von Ideen und Einfällen erfolgreich zu gestalten, müssen folgende Regeln beachtet werden:

- Das Problem soll genau formuliert werden (exakte Zielformulierung ohne Einengung von Lösungsmöglichkeiten).
- Jede Idee ist erlaubt.
- Jeder soll soviel Ideen wie möglich entwickeln.
- Geäußerte Ideen sollen (dürfen) aufgegriffen und weiterentwickelt werden.
- Jede Idee ist als Leistung der Gruppe, nicht eines einzelnen zu betrachten.
- Kritik an geäußerten Ideen ist zunächst, während des Brainstormings, nicht zulässig und wird auf später verschoben (oder kann im Anschluß eingebracht werden).
- Jede Idee muß schriftlich festgehalten werden.

Während das Brainstorming nach einiger Übung unter besonderer Beachtung des schriftlichen Festhaltens aller Ideen und Gedanken auch und gerade für Einzelpersonen eine gute Technik zur Entwicklung von Kreativität und Intuition ist, eignet sich das Brainwriting vorwiegend für ein Team.

Brainwriting

Unter *Brainwriting* versteht man das Niederschreiben von Ideen. Dabei besteht das Team in der Regel aus drei bis sechs Personen. Jedes Teammitglied hat jeweils drei Ideen in fünf Minuten zu erdenken und auf ein Lösungsblatt zu schreiben. Anschließend gibt jeder das Blatt so lange an seinen Nachbarn weiter, bis er sein ursprüngliches Blatt zurück bekommt. In den weiteren Durchgängen haben die Teilnehmer durch die jeweiligen Eintragungen der Vorgänger die Möglichkeit, diese Ideen insgesamt neu zu verknüpfen; auf diese Art und Weise entsteht eine Vielzahl von Ideen und Lösungsmöglichkeiten.

Forced Relationship

Die Methode des *Forced Relationship* (erzwungene Beziehung) besteht darin, scheinbar zusammenhanglose Dinge in Beziehung zu setzen. Nach der Klärung der Problemstellung (beispielsweise der Verbesserung einer Bremse) werden nach dem Zufallsprinzip bunt zusammengewürfelte Begriffe oder Dinge zu Hilfe genommen, die zu dem Problem, hier der Bremse, vordergründig in keinem Zusammenhang stehen. Man kann z.B. wahllos eine Begriffsliste aus einem Wörterbuch zusammenstellen: Baumwolle, Granit, Hühnerfeder, Kaffeepflanze, Musiktruhe, Mülltonne, Schreibmaschine, Waschbär ... . Wenn so ca. zehn Begriffe zur Verfügung stehen, die auf den ersten Blick nichts mit dem Problem, der Verbesserung einer Bremse, zu tun haben, dann werden diese Begriffe der Reihe nach von allen Seiten betrachtet und auf mögliche Assoziationen zur Problemstellung hin untersucht. Vielleicht gibt es ja bestimmte Eigenschaften der zufällig bereitgestellten Begriffe, die bei der Problemlösung hilfreich sein können. Bei der Musiktruhe würde man vielleicht die Lagerung eines Plattenspielers als Anregung nehmen, bei der Schreibmaschine vielleicht darauf kommen, mehrere nach Bedarf zuzuschaltende Bremselemente vorzusehen, die Hühnerfeder würde einen vielleicht nach weiteren Assoziationen mit der Tierwelt suchen lassen und die Mülltonne den Abfall- und Umweltaspekt hervorheben.

Manche Begriffe lassen gar keine Assoziationen zu, manche Assoziationen erweisen sich bald als unbrauchbar, aber der Versuch hat sich schon gelohnt, wenn nur ein ganz vager, aber vollkommen neuer Gedanke zur Problemlösung auftaucht. In Kap. 5.2.2 werden wir diese Methode an einem weiteren konkreten Beispiel erläutern.

Wenn wir uns an dieser Stelle etwas intensiver mit der methodischen Hilfe der Anwendung von Intuition und Kreativität auseinandergesetzt haben, so soll damit einerseits auf die Bedeutung und Wichtigkeit dieser Elemente hingewiesen, andererseits in Erinnerung gerufen werden, daß wir das intuitive und kreative Denken als Teil des problemlösenden Denkens betrachten wollen.

Haben alle methodischen Hilfen, die bis hierher erläutert worden sind, nicht zu der gewünschten vollständigen Ist- und Soll-Analyse geführt – Vollständigkeit sollten wir frühestens dann unterstellen, wenn schon vage Vorstellungen über einen oder mehrere Lösungswege in unserem Kopf existieren –, dann finden wir in der *Umschreibung oder Beschreibung des Problems*, in der *Bildung von Analogien* und im *Assoziieren* einen weiteren Zugang zu der Problemsituation. Dadurch werden uns Mißverständnisse oder Defekte bewußt: Wo haben wir etwas gar nicht richtig verstanden? Bei verbal formulierten Problemen kann das an unserer Unfähigkeit des Zuhörens liegen, bei schriftlich fixierten Problemen an der Unfähigkeit, richtig zu lesen. Beiden gemeinsam ist das Umgehen mit oder das Verarbeiten von Informationen. Nicht nur wegen dieser Unfähigkeiten ist eine Verständniskontrolle so wichtig. Haben wir Worte, Sätze und deren Beziehungszusammenhang verstanden, haben wir die zentrale Problemsituation verstanden? Sollten bei der Beantwortung dieser Frage in uns Zweifel aufkommen, sollten wir noch einmal nachlesen oder nachfragen. Die verbale Beschreibung der Problemsituation mit eigenen Worten an einen Unbeteiligten oder gar nicht anwesenden Dritten kann ein potentielles Unverständnis so leicht demaskieren. Andererseits beinhaltet die verbale

**Umschreibung,
Beschreibung,
Analogien,
Assoziationen**

Beschreibung des Problems bei richtigem Verständnis einen weiteren Zugang zur Analyse. Dazu zählt auch das Herstellen von Analogien. Welche Situation, welches Ziel ist vergleichbar mit der gegebenen Problemlage? Auf diese Art und Weise sichern und festigen wir unser Verständnis. Eine Verständniskontrolle in diesem Sinne darf aber auch nicht wieder so einengend wirken, daß eine einseitige Fixierung die Folge ist.

Damit wollen wir die Beschreibung der methodischen Hilfen abbrechen. Zum Schluß sei noch erwähnt, daß diese methodischen Hilfen nicht nur innerhalb der Ist- und Soll-Analyse Anwendung finden, sondern immer wieder im Problemlöseprozeß präsent sein sollten. Wenn wir sie an dieser Stelle zusammengefaßt haben, dann hängt das mit der Bedeutung und Folgewirkung einer vollständigen, aber möglichst offenen Ist- und Soll-Analyse zusammen.

In diesem Kontext sei auch noch einmal, wie schon in Kap. 2.1 beschrieben, auf die anzustrebende gegenseitige Bedingtheit von Eigenschaften von Sachverhalten und zur Anwendung gelangender methodischer Hilfen hingewiesen. Die schwerpunktmäßige Anwendung spezifischer Methoden in Abhängigkeit der vorherrschenden Eigenschaften von Sachverhalten führt über taktische Elemente zu gesamten Überwindungsstrategien von Transformationsbarrieren als Funktion dieser vorherrschenden Eigenschaften. In Abb. 4.3 sind diese Zusammenhänge noch einmal in kurzer und überschaubarer Form dargestellt. Die gegenseitige Zuordnung beschränkt sich dabei auf die Schwerpunkte unter der Voraussetzung jeweils eindeutig vorherrschender Eigenschaften. In realen Problemsituationen treten diese Eigenschaften selten isoliert auf.

Daher sollte sich die Benutzung dieser Tabelle neben ihrem Anregungscharakter darauf beschränken, im Falle von unbefriedigenden Ist/Soll-Analysen – d.h. wir wissen momentan nicht, wie es mit der Problemlösung weitergehen soll – als Checkliste von angewandten Methoden, Taktiken und Strategien in Abhängigkeit der erkannten Eigenschaften der Sachverhalte zu dienen.

Überwindungs-strategien	Überwindungs-taktiken	Überwindungs-methoden	Eigenschaften von Sachverhalten
Reduktion	Konkretisierung	Auszug und Zusammenstellung aller gegebenen und gesuchten Daten	Unüber-schaubarkeit (Komplexität)
	Abstraktion	Anwendung struktu-reller und visueller Darstellungsformen	
Suchraum-erweiterung	Perspektiven-wechsel / Lösen von Fixierungen	Fragetechnik	Offen-sichtlichkeit (Plausibilität)
	Erkennen funktionaler Gebundenheiten	Anwendung von Intuition und Kreativitätstechniken	Undurch-sichtigkeit (Intransparenz)
	Analogienbildung	Umschreibung des Problems, assoziieren	
Wirkungs- und Nebenwirkungs-analyse	Entwicklungs-abschätzung	Annahmen explizieren	zeitliche Veränderlichkeit (Dynamik)
	Beschränkung	Auswahl geeigneter Arbeitsmittel und Arbeitsformen	
	Aufhebung oder Verlagerung von Abhängigkeiten	Festhalten von Zusammenhängen und Brüchen	Abhängigkeit der Variablen (Vernetztheit)

Abb. 4.3: Überwindungsstrategien als Funktion der Eigenschaften von Sachverhalten

Wenn wir in diesem Zusammenhang vom Erkennen der Eigenschaften der Sachverhalte reden, so kann diese Festlegung durch eine rein individuelle Wirkung getroffen worden sein. Während die Eigenschaften *Dynamik* und *Vernetztheit* unabhängig vom Problemlöser gesehen werden können, sind die Eigenschaften *Komplexität*, *Plausibilität* und *Intranspa-renz* in starkem Maß von den Vorerfahrungen und dem Vorwissen des Problemlösers abhängig. Zeichnet sich das Alfred-Problem für den einen durch einen hohen Grad an Komplexität aus, so gibt es für den anderen gar keine Schwierigkeiten im Überblick. Er „sieht" die Lösung sofort. Somit sind wir als Problemlöser als handelndes Subjekt Teilelement der Problemsituation mit wechselseitigen Beziehungen. Dieses wird besonders deutlich an den *Überwindungstaktiken* (Abb. 4.3)

– Perspektivenwechsel,
– Lösen von Fixierungen,
– Erkennen funktionaler Gebundenheiten und
– Analogienbildung.

Wir als handelnde Subjekte in und mit unserer Umwelt stellen die Situation dar (Tomaszewski 1978). Deshalb müssen wir bei der Ist/Soll-Analyse neben den objektiven Gegebenheiten immer wieder unsere individuellen Wahrnehmungen, Empfindungen, unser Verständnis der Situation ergründen und berücksichtigen. Diesen Gesichtspunkt werden wir in Kap. 4.2.3 vor dem Ausführungsteil der Handlung verstärkt aufgreifen. Deshalb verlassen wir jetzt die Ebene der individuellen Wahrnehmung der Situation und wenden uns wieder den mehr objektiven Gegebenheiten der Situation zu.

Problemtyp   Dabei haben wir schon in Kap. 1.2 bei Einführung der Problemtypen festgestellt, daß die Problemsituation gut oder schlecht definiert sein kann und sich die Problemtypen unter anderem dadurch unterscheiden. Im Rahmen der Ist/Soll-Analyse ist das natürlich von besonderer Bedeutung, da ein Erkennen von Definitionsgrenzen oder -breiten wesentliche Konsequenzen für den Problemlöseprozeß beinhaltet. Deshalb haben wir uns im Laufe der bisherigen Übungen daran gewöhnt, am Ende der Ist/Soll-Analyse eine Festlegung des Problemtypes zu treffen.

Um die Kriterien der Unterscheidung von Problemtypen noch einmal präsent zu haben, sind in Abb. 4.4 in einer vollständigeren Darstellung als in Abb. 1.12 die Problemtypen als Funktion der Ist/Soll-Definition und der Bekanntheit der Operatoren dargestellt. Bei der Interpretation der Abb. 4.4 gilt das unter Kap. 1.2 Gesagte: die Bereichsgrenzen sind fließend und unscharf, die Problemtypen treten auch kombiniert auf. Je nach Ausbildung der eigenen Wissensstruktur ist die Einordnung von Problemen in dieser Tabelle eine individuelle Entscheidung. Der Vorteil im Festlegen des Problemtyps liegt in der damit verbundenen Fokussierung und Favorisierung adäquater Heuristiken und Strategien, d.h. solcher

Strategien, denen wir für diese Problemsituation eine hohe Zielsicherheit und Folgenhaftigkeit unterstellen.

Problemtyp	Ist-Kriterien		Lösungs-operatoren		Soll-Kriterien	
	bekannt	un-bekannt	bekannt	un-bekannt	bekannt	un-bekannt
analytisch	●		●		●	
synthetisch	●			●	●	
dialektisch	●		●			●
	●			●		●
		●	●		●	
		●	●			●
		●		●	●	
		●		●		●

Abb. 4.4: Problemtypen als Funktion der Ist/Soll-Definition und der Bekanntheit der Operatoren

Da wir Strategien in der Anwendung methodischer Elemente unter taktischen Gesichtspunkten als Funktion der Eigenschaften der Sachverhalte sehen (Abb. 4.3), steht es noch aus, Eigenschaften der Sachverhalte als Funktion von den Problemtypen festzuhalten, um dem o.a. Anspruch genügen zu können. Dies ist in Abb. 4.5 versucht, wobei die jeweilige Zuordnung nur die vorherrschenden Eigenschaften der Problemtypen festlegt. Mit Abb. 4.3 lassen sich dann dem Problem adäquate methodische und taktische Hilfen entnehmen.

So wie das Resultat der Soll-Analyse einen nur vorläufig antizipierten, erstrebten Zustand beschreibt – in Kap. 4.4 werden wir das angestrebte Ziel mit dem tatsächlich erreichten Ergebnis der Problembearbeitung vergleichen –, so stellt das im folgenden Kapitel entworfene Programm zur Problemlösung den beabsichtigten und geplanten Tätigkeitsverlauf dar; der tatsächliche Prozeß der Tätigkeit vollzieht sich dann während des Ausführungsteils der Handlung, hier in Kap. 4.3.

Eigenschaften der Sachverhalte	Problemtyp
Komplexität / Vernetztheit	analytisch
Plausibilität / Intransparenz	synthetisch
Dynamik / Vernetztheit	dialektisch

Abb. 4.5: Vorherrschende Eigenschaften der Sachverhalte als Funktion des Problemtyps

4.2.2
Suchrichtung, Ziel- und Zwischenzielbildung

Suchrichtung; Ziel-, Zwischen- zielbildung

Nach Abschluß der Ist- und Soll-Analyse müssen wir uns nun Gedanken über das Vorgehen zur Lösung des Problems machen. Das Vorgehen beinhaltet dabei das Aufstellen eines Programmes oder Planes, das oder der wenigstens in groben Umrissen den Weg zum Ziel aufzeigt, ohne daß dieser Weg in Einzelschritten schon vollzogen wird. Aufbauend auf den Ergebnissen der Ist/Soll-Analyse soll dieser Plan die Suchrichtung einschränken und zielgerichtet lenken. Dieses wird uns zukünftig gelingen durch die Auswahl und Festlegung der anzuwendenden Transformationsmethode mit integrierten Organisationsprinzipien. Voraussetzung dafür sind die Kenntnis verschiedener Transformationsmethoden und Erfahrung im Umgang mit diesen in den verschiedensten Problemsituationen. Deshalb werden wir im folgenden die *Transformationsmethoden*

**Transformations-
methoden**

– Versuch und Irrtum,
– Induktion,
– Deduktion,
– Klassifikation und
– Modellbildung

anhand von Beispielen erläutern.

Wenn diese Erklärungen auch lösgelöst voneinander und nacheinander versucht werden, treten diese Transformationsmethoden in Problemlöseprozeduren nur selten isoliert auf. Überschneidungen und Kombinationen werden auch hier wie bei den Eigenschaften der Sachverhalte den Regelfall ausmachen. Ebenso sei an dieser Stelle schon darauf verwiesen, daß die Auswahl und Entscheidung für eine oder mehrere Transformationsmethoden eine Entscheidung für in Frage kommende Operatoren (4. Block im Ablaufdiagramm der Abb. 4.1) präjudiziert.

Daß *Versuch und Irrtum* eine Transformationsmethode zur Festlegung der Suchrichtung sein soll, könnte an dieser Stelle auf Unverständnis stoßen. Haben wir nicht immer wieder Wert darauf gelegt, nicht planlos oder ziellos an die Lösung von Problemen heranzugehen? Dieser Widerspruch läßt sich dann aufheben, wenn die Methode „Versuch und Irrtum" ganz bewußt eingesetzt wird (Klaus 1972). Nicht planlos und ziellos, sondern systematisch können Hypothesen und Annahmen aufgestellt, überprüft und damit verifiziert oder falsifiziert werden. Durch die Aussonderung erfolgloser und Weiterverfolgung erfolgreicher Versuche wird die Suchrichtung zugespitzt. Ansatzweise haben wir diesen Weg bei dem Hängebrücken-Problem (Übung 1.8) beschritten. Mit der selbsterstellten Prämisse, der Schnellste sei für den Rücktransport der Lampe gerade gut, haben wir eine Startkombination zufällig ausgewählt, diesen Ansatz auf Erfolg überprüft und Mißerfolg festgestellt. Dieser Mißerfolg hat uns dann im weiteren zur richtigen Lösung geführt. Damit ist „Versuch und Irrtum", zumindest als Teilelement der festzulegenden Suchrichtung, eine legitime Transformationsmethode.

Versuch und Irrtum

Im Mützenspiel (Übung 1.9) haben wir die *Induktion* als Transformationsmethode kennengelernt. Durch die Befragung der Frauen haben wir nacheinander alle Informationen gesammelt, diese aufbauend in Zusammenhang gebracht, kontrolliert und damit die erforderliche Widerspruchsbeseitigung geleistet. Das induktive Denken verläuft vom Einzelnen zum Ganzen, vom Besonderen zum Allgemeinen, vom Konkreten zum Abstrakten; aus der Vielfalt einzelner Tatsachen läßt sich ein allgemeingültiges Gesetz ableiten. Während induktive Schlüsse – aus konkreten Erfahrungen allgemeine Urteile und Gesetze abzuleiten – uns sehr vertraut sind, wird der umgekehrte Weg – aus abstraktem Wissen Konkretisierungen abzuleiten – seltener beschritten.

Induktion

Deduktion

Das *deduktive Denken* verläuft vom Ganzen zum Einzelnen, vom Allgemeinen zum Besonderen, vom Abstrakten zum Konkreten. Eine deduktive Ausrichtung des Erkenntnisweges setzt somit natürlich die Kenntnis und Beherrschung abstrakter Regeln und Schemata voraus. Vielleicht liegt darin die Ursache begründet, daß wir allgemeine Prinzipien selten auf konkrete Einzelfälle anwenden. Um zu zeigen, daß die Kenntnis abstrakter Regeln und Schemata nicht nur die Beherrschung wissenschaftlicher Naturgesetze und anderer höherer Weisheiten beinhaltet, sei auf die folgende Übung verwiesen.

Übung 4.1

Labyrinth (Zeit-Magazin 1983)

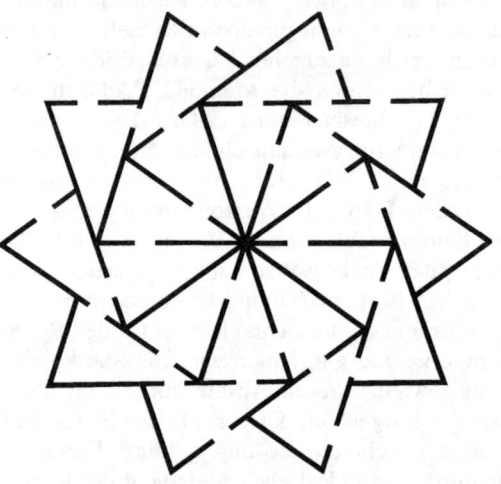

Nach dem Start in einem beliebigen Dreieck führt der Weg kreuzungsfrei durch alle übrigen Dreiecke zurück zum Ausgangspunkt.

Welche allgemeinen Prinzipien, Regeln oder Schemata kennen wir, die sich zur Lösung dieses Problems anwenden lassen? Wenn wir das Wort Labyrinth lesen, denken wir möglicherweise an einen Bindfaden (Finden des Rückweges) oder an die Festlegung des Startpunktes im Labyrinthzentrum, wenn der richtige Ausgang von mehreren Möglichkeiten gesucht wird (typische Labyrinthaufgabe). Das allgemeine Prinzip besteht darin, in einem Weg ohne Verirrungen und Sackgassen den Ausgang zu finden. Sehen wir uns die Problemstellung der Übung 4.1 genauer an, so stellen wir fest, daß das vorgegebene Labyrinth eigentlich gar keines ist. Unser Start- und Endpunkt ist beliebig, nur muß er identisch sein, und wir sollen durch alle Felder gehen, ohne daß unser Weg sich dabei kreuzt. Die Problemlage besteht damit in der richtigen zeitlichen und damit räumlichen Folge der durchquerten Dreiecke. Also wird ein allgemeines Prinzip zur Durchquerung von Räumen gesucht, wenn wir die Lösung deduktiv angehen wollen. Natürlich läßt sich dieses Problem auch induktiv oder durch Versuch und Irrtum oder durch die weiter hinten beschriebenen Transformationsmethoden lösen.

Ohne weitere Schwierigkeiten läßt sich festhalten, daß das allgemeine Prinzip zur Durchquerung von Räumen darin besteht, zur einen Tür einzutreten und den Raum zur anderen Tür wieder zu verlassen. Dieses Prinzip, auch ohne besondere spezielle Bildung oder Allgemeinbildung bekannt, wollen wir auf die Problemlage anwenden. Es funktioniert ohne Komplikationen dort, wo tatsächlich nur zwei Türen existieren (Ist/Soll-Analyse), und das ist doch tatsächlich bei zehn Dreiecken so vorgegeben (Abb. 4.6). Somit legen wir in einem ersten Schritt die Teilwege nach diesem allgemeinen Prinzip fest:

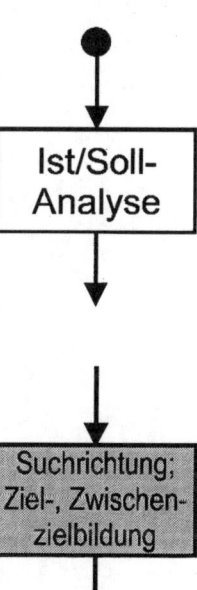

Ist/Soll-Analyse

Suchrichtung; Ziel-, Zwischenzielbildung

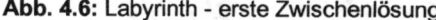

Abb. 4.6: Labyrinth - erste Zwischenlösung

Nach Fertigstellung dieser Teillösung drängt sich die Konkretisierung des allgemeinen Prinzips direkt auf. Sich anbietende Verbindungen werden vollzogen. Dabei entstehen Räume, die bereits einmal durchquert sind und noch eine unbenutzte Tür haben. Diese Türen dürfen natürlich nicht benutzt werden, da der Weg kreuzungsfrei sein soll. Wir können also verbotene Türen markieren (Abb. 4.7).

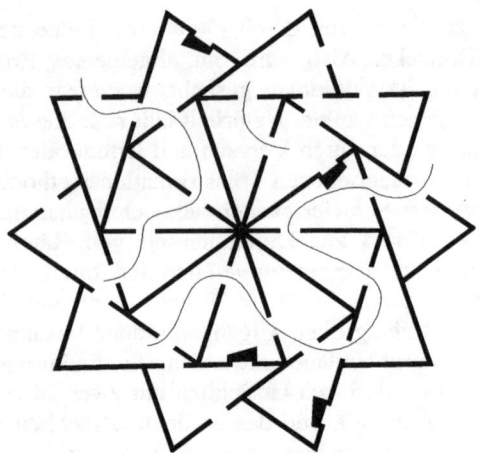

Abb. 4.7: Labyrinth - zweite Zwischenlösung

Dadurch entstehen wieder Dreiecke mit zwei Türen, für die es nur eine Durchquerungsmöglichkeit (gepunktete Linien in Abb. 4.8) gibt.

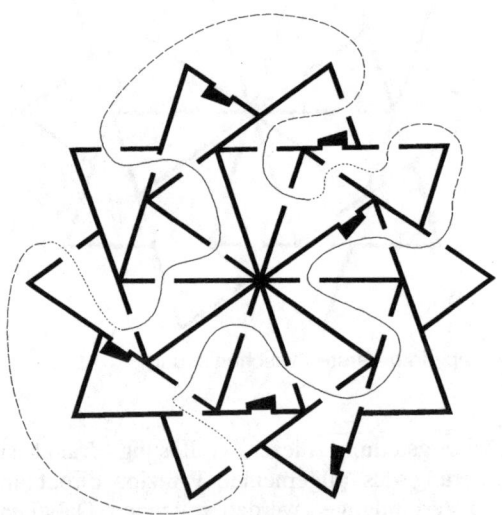

Abb. 4.8: Labyrinth - Gesamtlösung

Es entstehen neue verbotene Türen, so daß sich die Gesamtlösung zwangsläufig mit den gestrichelten Außenverbindungen ergibt (Abb. 4.8).

So wie bei der Deduktion die Kenntnis abstrakter Regeln oder Prinzipien Anwendung findet, ist auch die *Klassifikation* eine Form der Abstraktion. Die typischen Merkmale der Klassifikation bestehen im Sammeln und Ordnen, im Gliedern und Systematisieren. Ein Beispiel dafür stellt das Periodensystem der Elemente dar, in dem die chemischen Elemente nach ihren Eigenschaften und ihren Beziehungen untereinander klassifiziert sind. In diesem Buch haben wir mit der Einführung und Unterscheidung von analytischen, synthetischen und dialektischen Problemen eine Klassifikation getroffen, aus der heraus wir die jeweils vorherrschenden Eigenschaften der Sachverhalte hergeleitet haben. Als Transformationsmethode erfordert die Klassifikation von Problemen aber mehr als die Festlegung des Problemtyps; dieses leisten wir ja auch schon am Ende der Ist/Soll-Analyse. Klassifizieren bedeutet im einzelnen:

Klassifikation

- Erkennen der wesentlichen Merkmale, der wichtigsten Informationen des vorliegenden Sachverhaltes,
- Ordnen und Gliedern der Merkmale,
- Abstraktion der Merkmale,
- Vergleich mit ähnlichen, bereits gelösten Problemen,
- Zuordnung zu Problemklassen innerhalb der Problemtypen.

Wenn uns dieses gelungen ist, lassen sich Strategien, Taktiken und Methoden aus bekannten Zusammenhängen auf unbekannte Strukturen übertragen.

Die letzte anzusprechende Transformationsmethode, die *Modellbildung*, übersetzt die Problemlage in eine andere Darstellungsform, die überschaubarer und handhabbarer sein sollte, ohne wesentliche Eigenschaften der Problemlage zu verfälschen. Voraussetzung dafür ist, wie bei der Deduktion und der Klassifikation, die Abstraktion von der konkreten Problemsituation. Durch die Übertragung dieser Erkenntnisse in ein Modell wird der Übergang zur Konkretisierung wieder vollzogen. Handelt es sich dabei um ein materielles Modell, so wird es in der Regel in dem gleichen Realitätsbereich entwickelt. Bei gedanklichen Modellen bewegen wir uns eher in anderen Realitätsbereichen. In der Literatur findet man dazu als Beispiel häufig die Analogiebildung (z.B. Treiber, Weinert 1982). Wir haben das Bilden von Analogien in Kap. 4.2.1 schon als methodische Hilfe im Zusammenhang mit der Umschreibung des Problems und dem Assoziieren zur Ist/Soll-Analyse kennengelernt. In diesem Zusammenhang ist die Analogiebildung als Modellbildung eine Transformationsmethode, die uns bei der Festlegung der Suchrichtung,

Modellbildung

beim vorläufigen Planen des Lösungsweges behilflich ist. Auch wenn in diesem Buch immer wieder der Versuch gemacht wird, Begriffe, die üblicherweise in der Literatur wenig geordnet aufzufinden sind, in eine nachvollziehbare und einleuchtende Struktur und Ordnung einzubetten, lassen sich solche Überschneidungen nicht vermeiden; sie zeigen vielmehr die Vernetztheit und Komplexität des behandelten Realitätsbereiches, nämlich des Problemlösens auf.

Die Teilschritte der Analogiebildung als wichtigste und vorherrschende Art der gedanklichen Modellbildung beim Problemlösen vollziehen sich in den ersten drei Phasen wie bei der Klassifikation:

– Erkennen der wesentlichen Merkmale, der wichtigsten Information des vorliegenden Sachverhaltes,
– Ordnen und Gliedern der Merkmale,
– Abstraktion der Merkmale.

Die Analogienbildung unterscheidet sich in den weiteren Teilschritten von der Klassifikation durch den Grad der Bildlichkeit und Anschauung (Dörner 1976):

– Suche nach einem Modell, das eine andere Konkretisierung des vorliegenden Sachverhaltes beschreibt,
– Übertragung der Merkmale dieses Modells auf den vorliegenden Sachverhalt.

Voraussetzungen dafür sind die Anwendung von Intuition und Kreativitätstechniken (Kap. 4.2.1) sowie ein breiter Erfahrungshintergrund und Fachkenntnisse in ähnlichen Realitätsbereichen.

Organisations-prinzipien

Mit der Auswahl der Transformationsmethode ist die Suchrichtung vorläufig fixiert; ausgerichtet auf das Ziel wird sie erst mit der Integration von *Organisationsprinzipien*, die ihre Gültigkeit für alle Transformationsmethoden besitzen:

– experimenteller Zugang - gedanklicher Zugang,
– Vorwärtssuche - Rückwärtssuche,
– Aufteilung in Teilprobleme, Zwischenzielbildung,
– Abschätzung von Hindernissen und Lücken.

experimenteller Zugang, gedanklicher Zugang

Die Organisationsprinzipien sollten sich nicht ausschließen, sondern sich im Regelfall gegenseitig ergänzen.

Die zuletzt besprochene Transformationsmethode, die Modellbildung, legt, wenn wir uns für ein materielles Modell entschieden haben, einen *experimentellen Zugang* nahe. Mit dem Modell werden Experimente durchgeführt und die dabei gewonnenen Beobachtungen und Untersuchungsergebnisse zur Lösung des Problems herangezogen. Das Anker-Problem

(Übung 1.14) läßt sich z.B. sehr gut experimentell in der Badewanne oder in der Abwaschschüssel klären. Archimedes soll auf diese Art und Weise die Bestimmung von Rauminhalten gefunden haben.

Mit der Analogiebildung werden wir im Regelfall einen *gedanklichen Zugang* wählen. Für welchen Zugang wir uns entscheiden, hängt von der Problemlage ab. Der Bau eines Modells kann so zeitaufwendig sein, daß wir alleine aus diesem Grund darauf verzichten. Bei der Konstruktion von Fahrzeugen jeder Art ist die Verwendung eines Modells z.B. zur Feststellung der Luftwiderstandsbeiwerte unumgänglich. Häufig werden wir wohl einen experimentellen und gedanklichen Zugang wählen, denn auch schon das Anfertigen einer Skizze oder Zeichnung zur Verständniserleichterung besitzt experimentellen, modellhaften Charakter.

Normalerweise bewegen wir uns bei der Problemlösung auf das Ziel zu. Bei dieser *Vorwärtssuche* gehen wir schrittweise und zielgerichtet vor. Eine Entscheidung über dieses Vorgehen wird nicht getroffen, vielmehr schlagen wir diese Form des Vorwärtssuchens intuitiv, ja geradezu automatisch ein. Dabei ist dieses Vorgehen nicht die einzige Möglichkeit, auch nicht immer die beste und geeignetste. Eine überzogene Zielfixierung z.B. kann sich nachteilig auf kreative Prozesse der Ideenfindung auswirken. Warum also nicht auch einmal andersherum? Die *Rückwärtssuche* haben wir gemeinsam bereits bei dem 6-Liter-Problem praktiziert. Wie auch schon erwähnt, ist die Rückwärtssuche bei typischen Labyrinth-Aufgaben häufig wesentlich zeitsparender. Dieses Vorgehen bietet sich aber nur bei Problemen mit gut definierten Ist- und Sollkriterien an. Auch wenn das Rückwärtssuchen häufig ökonomischer ist, hat es den Nachteil der unkritischen Übernahme von Zielzuständen. Typisch war dieses im Mittelalter, als jeder Erkenntnisdrang von durch Dogmen und Autoritäten festgelegten Zielen immer nur rückwärts das erkunden und belegen konnte, was zugelassen, Vorurteil oder Aberglauben war. Deshalb sollten wir nur dann die Rückwärtssuche einschlagen, wenn wir uns mit den vorgegebenen Zielen identifizieren, wenn wir sie vertreten können. Auch sollten bei Anwendung der Rückwärtssuche vorher aufgestellte Hypothesen oder formulierte Ziele noch diskutierbar und widerrufbar sein, wenn neue Erkenntnisse im Lösungsweg auch nur den geringsten Anlaß dazu geben.

Wie wir ein Problem auch angehen mögen, ob experimentell oder gedanklich, durch Vorwärts- oder durch Rückwärtssuche, eine *Aufteilung* des Lösungsweges in *Teilprobleme* mit entsprechender *Zwischenzielbildung* wird immer dann nötig

Vorwärtssuche, Rückwärtssuche

Teilprobleme, Zwischenzielbildung

sein, wenn der Lösungsweg über mehrere Etappen zum Gesamtziel führt. Deswegen haben wir auch bei dem 6-Liter- und dem Lokführer-Problem Zwischenziele eingeführt. Wenn wir Zwischenziele bilden, so sollten diese die Etappen auf dem Lösungsweg abschließen und damit in ihrer Rangfolge bezüglich der Bedingungen und Abhängigkeiten aufeinander aufbauend organisiert werden. Sollte im Rahmen der Gesamtzielsetzung eine Entscheidungsmöglichkeit über den Grad der Vollständigkeit der Lösung bestehen, so lassen sich Teilziele auch mit Prioritäten versehen. Wenn der Termin- oder Zeitplan droht, nicht eingehalten werden zu können, lassen sich Teilziele mit geringerer Priorität zeitlich verschieben.

Hindernisse, Lücken

Eine Verschiebung oder Verlagerung von Teilzielen kann unter den o.a. Bedingungen auch dann ratsam sein, wenn sich auf dem Weg dorthin hemmende Ereignisse abzeichnen. Um diese Sackgasse nicht immer erst dann zu bemerken, wenn wir sie bereits betreten haben, ist ein vorläufiges *Abschätzen von Hindernissen und Lücken* von großem Vorteil. Durch ein rechtzeitiges Erkennen oder auch nur Erahnen von Hindernissen und Lücken lassen sich einerseits entsprechende Gegenmaßnahmen ergreifen und andererseits neue Lösungswege beschreiten, bei denen mit keinen vergleichbaren Schwierigkeiten zu rechnen ist.

Mit diesen Organisationsprinzipien der besprochenen Transformationsmethoden können wir diesen Abschnitt zwar beenden, uns allerdings noch nicht an die Durchführung des Lösungsweges begeben. Schon mit dem Hängebrückenproblem haben wir den Vorteil einer Selbstreflexions- und Bewertungsphase kennengelernt. Erst mit der Besprechung dieser Phase werden wir den Orientierungsteil der Handlung abschließen können.

4.2.3
Selbstreflexion und Bewertung

Nach Abschluß der Ist- und Soll-Analyse, nach Festlegung der Suchrichtung einschließlich Zwischenzielbildung ist genau der richtige Zeitpunkt erreicht, um den auf die anzustrebende Lösung gerichteten Denkablauf kurzzeitig zu unterbrechen. Nicht erst nach den ersten Mißerfolgen oder dem Nichterreichen von Zwischenzielen sollten wir unsere bisherige Planung des Problemlöseprozesses kritisch überprüfen. In der Regel fällt uns das zu diesem Zeitpunkt nicht leicht, da das Ziel doch so nahe scheint und damit unsere Aufmerksamkeit und Neugier einseitig fixiert ist. Wie gefährlich das sein kann, haben wir in Kap. 1.2 beim Hängebrücken-Problem erfahren. Deshalb sollten wir vorübergehend alle Aufmerksamkeit und Neugier auf uns als handelnde Subjekte im Problemlöseprozeß richten, uns als Teil des Prozesses verstehen. Um dieses zu erleichtern, sollen die *Kontrollprozesse* (Flavell 1976, Resnick 1976)

Kontrollprozesse

– Identifikation,
– Prüfung,
– Bewertung und
– Prognose

an dieser Stelle eingeführt werden.

Im Prozeß der *Identifikation* führen wir die Selbstreflexion durch, d.h. wir machen uns die bisherigen Denkschritte bewußt. Ein gutes Hilfsmittel dazu stellt die Selbstbefragung in folgender oder ähnlicher Form dar:

Identifikation

– Was haben wir bisher getan, gedacht, geplant, vorbereitet etc.?
– Wie haben wir die Situation verstanden?
– Haben wir das Ziel verstanden?
– Wie sind unsere Wahrnehmungen?
– Wie ist unsere Problemformulierung?
– Welche Rollen spielen wir im vorläufig fixierten Lösungsweg?

In dieser Phase hinterfragen wir also vorrangig Beziehungen und Abhängigkeiten, die zwischen der Problemlage an sich und uns als Problemlöser inzwischen aufgebaut, verwoben und vernetzt sein können. Wenn Sie sich schon mit dem 9-Punkte-Problem (Übung 1.15) auseinandergesetzt haben, haben Sie vielleicht auch die Erfahrung gemacht, die die meisten von uns bei der Lösung dieses Problems gewinnen. Alle anfänglichen Versuche der Linienführung bewegen sich innerhalb der durch die 9 Punkte gebildeten Fläche. Die Darstellungsweise hält uns irgendwie davon ab, die Grenzen dieser Fläche zu überschreiten. Somit sind wir Teil der Problemlage, da wir unausgesprochen Grenzen setzen, die die Problemsituation gar nicht vorschreibt, auch wenn sie dazu verleitet. Kommen wir auf diesem Wege nicht zum Erfolg, sollten wir das Gemeinsame aller bisherigen Ansätze feststellen (hier z.B. das Bewegen in der begrenzten Fläche) und dieses bewußt ausschalten (siehe Überwindungstaktiken in Kap. 5.2.3).

Prüfung

Der nächste Schritt innerhalb der Kontrollprozesse stellt die *Prüfung* dar, die einerseits durch die Fragen

– Haben wir alle Daten und Angaben benutzt?
– Haben wir Informationen übersehen, hinzugefügt oder falsch verstanden?
– Sind Bedingungen unzureichend, überbestimmt oder widersprüchlich?

bezüglich der Sachverhalte sowie andererseits durch Fragen und Aufforderungen wie

– Gibt es irgendwelche Zweifel oder Unsicherheiten?
– Höre in Dich hinein!
– Höre auf andere!

bezüglich des handelnden Subjektes eingeleitet werden kann. Eine solche Prüfung setzt selbstverständlich ein übersichtliches und vollständiges Protokoll aller bisherigen Gedanken und Vorarbeiten voraus. Deshalb sei an dieser Stelle nochmals auf das in Kap. 4.2.1 unter Strukturierungshilfen Gesagte verwiesen.

Bevor wir zur nächsten Phase übergehen, soll noch auf ein Phänomen eingegangen werden, das uns allen wohl bekannt, aber leider wenig planbar ist. Hatten wir schon einen plötzlichen Einfall, die überzeugende Idee oder das Aha-Erlebnis? Wer kennt es nicht, dieses wunderbare Gefühl, wenn nach langer Zeit der vergeblichen Suche plötzlich und unerwartet die Idee ins Blickfeld springt, die das anstehende Problem löst. Häufig kommt dieser plötzliche Einfall in Phasen der Entspannung und Abschaltung von Auseinandersetzungen mit der Problemlösung, z.B. kurz vor dem Einschlafen. Deshalb sollten wir auch Papier und Bleistift immer in der Nähe unseres Bettes haben, da sonst manche gute Idee am Morgen wieder im Unterbewußten verschwunden ist.

Voraussetzung für den plötzlichen Einfall ist natürlich eine intensive gedankliche Auseinandersetzung mit der Problemlage. Warum entstehen dann aber plötzlich Einfälle und Ideen in Phasen der Entspannung und Abschaltung? Nach Poincaré (1973) und Dörner (1976) liegt eine Antwort darin, daß wir vergessen, d.h. daß bestimmte Verknüpfungen von Gedächtnisinhalten sich auflösen. Wenn diese Verknüpfungen falsche Fixierungen beinhalten, bleibt der plötzliche Einfall im Dunkeln verborgen. Lösen sich diese Fixierungen durch Vergessen oder andere Auslöser (Analogiebildung), kann der plötzliche Einfall an die Oberfläche dringen. Natürlich gelingt dieses nur, wenn er schon in mehr oder weniger verschwommener Form in der gedanklichen Vorstellung vorhanden war.

Eine gute Schulung zur kreativen und spielerischen Auseinandersetzung mit Aha-Erlebnissen und plötzlichen Einfällen
stellen die Kreuzworträtsel „Um die Ecke gedacht" der Wo-
chenzeitung „DIE ZEIT" dar. Die folgende Übung möge dies
verdeutlichen.

Um die Ecke gedacht (ZEIT-Magazin 1986)   **Übung 4.2**

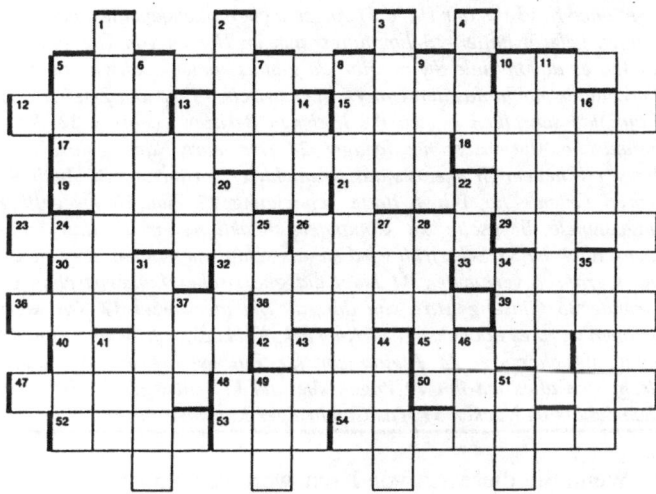

Waagerecht:
5 Hintergründige Orientierungshilfe bei der Zeitansage 10 Kubani-
sches Tanzdrittel, ziert Autos am Regen 12 Bleibt Tom dem Glücksspiel
fern, mag ihm manch guter Wurf gelingen 13 Heimat aristokratischer
Katzen 15 Sein Herz schlägt für höhere Ziele 17 Das Feuer vom Fuße
des Kronushügels loderte im Sommer 1984 dort 18 Er und seinesglei-
chen war's, der nächtlich am Busento schippte 19 Wo 47 waagerecht
ins rechte Licht gesetzt wird 21 Ab Tobolsk fließt der so als Ob 23 Ihr
Inneres gelangt als Presseerzeugnis an die kulinarische Öffentlichkeit
26 Wird ohne Vorwurf aufs Butterbrot geschmiert 29 Gabe der
Aufrichtigen für die Wahrheit 30 Bescheidene Poetenlabe quillt aus
ihm 32 Ungeräucherter Bückling 33 Der drückt die Preise beim
Katzenverkauf 36 Wickelkind der Elektroindustrie 38 Machen Sie sich
hier paarweise einen Reim darauf, was Winzer tun 39 Solch Raum ist
in der kleinsten Hütte, wo er als halber Pilz gedeiht 40 Im Falle eines
Falles besagt dieses Fremdwort alles 42 Was ein Mucksmäuschen
werden will, bewahrt sie beizeiten 45 Beim Handel mit Flüssigem
schwimmen ihr die Felle weg 47 Paßt vor Jünger und Dünger 48 Zur
23 waagerecht pflegt zu greifen, wer ihn so richtig anmachen will 50
Die gelten kaum als zarte Bande 52 Was unter diesem liegt, das ist fein
raus 53 Nur in Kreuzworträtseln erblickt er das Tageslicht 54 Mäd-
chenname des Kongo

Senkrecht:
1 Der Bruder macht beim Tonfilm die Geräusche - bildsynchron 2 Manchmal meldet sie sich au Backe 3 Was einst die Obergefreiten der Armee waren, ist heutzutage das Rückgrat der Bundestrainer - nämlich der 4 Schiffsseil, hält den Mast und bringt die Nation zum Stillstand 5 Na, na, Sie werden doch diesen Franzosen kennen? 6 Fadenscheiniges - wo es fehlt, bleibt der Zustand splitternackt 7 Grimms Schwester 8 Er hatte keine Angst vorm Fliegen 9 Sich hierbei als Kreuzelschreiber zu betätigen, verschafft Jungmedizinern Zutritt zum Hörsaal 10 Briten tun es mit der Klinke in der Hand 11 Angstmacher, nachdem die Bilder das Laufen gelernt hatten 13 Empfangsraum im Herzen von Thessaloniki 14 Wo es davon viele Steine gibt, da gibt es später auch viel Brot 16 Im Zeugnis macht das den Unterschied zwischen Eins und Zwei aus 20 Kaufleute schreiben es, wo Wechsel den Besitzer wechseln 22 Weltmännische Alternative für Jasager 24 Der teure Name rührte jede Brust mit neuem Grame, als das Kranichheer vorüberzog 25 Auch sie waren Gründe für Witwe Boltes Zuneigung 27 Zum Hangsegelflug ungeeignete Bergseite 28 Computers Reaktion darauf, daß Irren menschlich ist 31 Sehr früh wird sie als schön empfunden, dieweil sie mit Geräusch verbunden 34 Liegt eidgenössischer Landwirtschaft zu Grunde 35 Ginseng wäre von dort die Wunderwurzel 37 Karl dem Kühnen ward es nachgesagt 41 Kuckuck, Kuckuck, ruft er vom Rind 43 Zungenbrecherstadt 44 Kleintresor für Einzelstücke 46 Auf Erden dreht sich alles um ihn 49 Vogel, sitzt auf Felsenbergen - oder eben dem Schalk im Nacken 51 Was Cambridger Kutscher putzen

Wenn Sie diese Art von Kreuzworträtseln noch nicht kennengelernt haben, so lassen Sie sich bitte durch den ersten Überblick nicht abschrecken. Auch wenn alles noch so abwegig, undurchsichtig und unverständlich erscheint, so liegen doch immer wiederkehrende Strukturen und „Ecken" zugrunde. Übrigens sind auch einige Fragen wie bei herkömmlichen Kreuzworträtseln und durchschnittlicher Allgemeinbildung nur mit Lexika und Atlanten lösbar. Aber diese Fragen vermitteln auch nicht das Erlebnis von plötzlichen Einfällen. Deshalb sollen im folgenden an einigen Beispielen solche Fragen ausgewählt werden, die auf unterschiedliche Weise durch die Entwicklung von Kreativität und durch das Aufbrechen von Fixierungen und Verknüpfungen zu plötzlichen Einfällen führen können. Hilfreich dafür ist natürlich jedes gefundene Wort, da so immer weniger unbekannte Buchstaben verbleiben. Wir sollten übrigens auch nicht verschweigen, daß das „um die Ecke denken" mit großem Spaß verbunden sein kann. Wenn wir uns z.B. einmal 7 senkrecht betrachten:

Grimms Schwester,

so wird kein Kenner der Materie darauf verfallen, im Lexikon nach einer Schwester der Gebrüder Grimm zu suchen,

so es überhaupt eine gegeben haben mag. Nein, gemeint ist
eine feminine Entsprechung zu „*der* Grimm", und da fällt uns
nach einiger Zeit vermutlich zunächst „*die* Wut" – die aber
zu wenig Buchstaben hat – und dann „*die* Rage" ein. Dieses
Wort hat 4 Buchstaben und entspricht damit dem vorgegebenen Raster. Also tragen wir, vielleicht noch vorläufig (Bleistift), die Rage unter 7 senkrecht in die entsprechenden Felder ein.

Wir fahren fort mit 13 senkrecht:

Empfangsraum im Herzen von Thessaloniki.

Was könnte damit gemeint sein – die Bahnhofshalle, der
Flugplatz, ein Hotelraum, ein Raum im Rathaus, auf dem
Marktplatz? Haben wir vielleicht im Griechisch-Unterricht zu
wenig aufgepaßt? Aber bisher haben wir eigentlich noch gar
nicht um die Ecke gedacht. Es muß ein Raum im Herzen der
Stadt sein – ob das wohl örtlich, räumlich gemeint ist? Bisher
haben wir alle Überlegungen nur auf den Ort Thessaloniki
bezogen, aber noch nicht auf das Wort:

Thes*SALON*iki.

Tatsächlich, im Herzen des Wortes finden wir das Wort
Salon, die Buchstabenanzahl entspricht dem gesuchten Wort,
wir tragen Salon also unter 13 senkrecht in das Rätsel ein.
Nun versuchen wir einmal, dieses Wort als Ausgangspunkt
für weitere Nachforschungen zu betrachten, z.B. 13 waagerecht oder 23 waagerecht usw.

Gemeinsam wollen wir zum Abschluß noch 32 waagerecht:

ungeräucherter Bückling

betrachten, weil auch diese Frage im besonderen Maße das
„um die Ecke denken" deutlich macht, da sie besondere
Einfälle und Ideen erfordert. Inzwischen schon etwas vertrauter mit der Welt solcher Kreuzworträtsel, wollen wir uns mit
der Gattung Fisch gar nicht erst intensiver beschäftigen.
Welche Bücklinge anderer Art oder Gattung sind uns noch
vertraut, die nicht geräuchert werden? Mit Hilfe des Brainstormings fassen wir alles zusammen, was uns einfällt,
unabhängig von der Buchstabenlänge, egal ob Verb oder
Substantiv: Kriecher, Schleimer, Fahrradfahrer, Untertan,
sich verbeugen, unterwürfig, altmodisch, Thron, Unterdrü-
ckung, Page, Diener ... Die Liste ließe sich beliebig fortsetzen, aber wir haben ein Wort mit sechs Buchstaben gefunden,
Diener, das wir ohne weiteres als vorläufige Lösung eintra-
gen können.

Die übrigen Rätsel seien Ihnen überlassen. Wenn Sie den plötzlichen Einfall nicht sofort haben, denken Sie an das oben Gesagte. Legen Sie das Rätsel aus der Hand. Wenn Ihnen auch die Lösung nicht noch vor dem Einschlafen kommt, am nächsten Tag sind Sie auch zu ganz anderen Kombinationen, Ideen und Einfällen fähig. Verweilen Sie nicht zulange bei der Suche nach einem Wort, spielen Sie mit den Buchstaben. Wo ein S steht, folgt häufig ein ch oder ein t, nach einem Konsonanten folgt häufig ein Vokal und umgekehrt. Sind Ihnen Wortteile bekannt, sprechen Sie diese laut aus, verbinden Sie sie mit anderen Wortteilen, versuchen Sie, das Wortende zu identifizieren. Aber vor allem: Machen Sie das Spiel nur solange, wie es Ihnen Spaß macht! Es soll übrigens einige geben, die schon seit langer Zeit viel Spaß daran haben.

Lassen Sie uns nun diesen Exkurs zum plötzlichen Einfall wieder abschließen, um den Prozeß der Prüfung zu beenden und uns dem nächsten Kontrollprozeß zuzuwenden.

Bewertung

Nach der Identifikation und nach der Prüfung soll der Prozeß der Bewertung folgen. Bewertet werden sollen die Ergebnisse der beiden vorhergehenden Phasen. Vielleicht ist es nicht schlecht, jetzt eine Pause zu machen, um Distanz zu den Problemen und den Vorarbeiten zu gewinnen. Kochen Sie sich eine Tasse Kaffee oder Tee, bewegen Sie sich etwas (z.B. Gymnastik) und entspannen Sie sich. Auch wenn Sie glauben, dazu keine Zeit zu haben, diesen scheinbaren Zeitverlust werden Sie schnell wieder herausgewirtschaftet haben.

Der Schwerpunkt der Bewertungsphase liegt in einer kritischen Bilanz der bisherigen Handlungen. Das Gegenüberstellen und Abwägen der Ideen, Faktoren und Argumente können wir wieder mit Hilfe einer Selbstbefragung durchführen:

- Haben wir konsequent zwischen Daten und Folgerungen (Schlüssen) getrennt?
- Sind (scheinen) alle identifizierten Schwachpunkte und Hindernisse überwindbar?
- Sind die Prioritäten folgerichtig verteilt?
- Haben wir Präferenzen, eigene Stärken und Vorlieben optimal eingeplant?
- Inwieweit haben wir die Meinungen und Ansichten anderer aufgegriffen?
- Lassen sich andere Lösungsansätze oder -wege denken?
- Bietet sich Teamarbeit oder Einzelarbeit an?
- Gibt es gesellschaftliche, moralische oder ethische Bedenken?

Gerade die letzte Frage ist dann von besonderer Bedeutung, wenn Problemlösen das Feld von Denksportaufgaben und ähnlichen Spielereien überschreitet. Wir werden auf diesen Punkt intensiv im Kontrollteil der Handlungen (Kap. 4.4) eingehen. Unabhängig davon sollte und muß aber auch schon in dieser ersten Bewertungsphase dieser Gesichtspunkt besondere Berücksichtigung finden. Je früher gesellschaftliche Wirkungen von Problemlöseprozessen erkannt werden, um so eher ist das Blickfeld für korrigierende und regulierende Eingriffe geweitet.

Darauf zielt u.a. auch der folgende letzte Schritt in der Selbstreflexions- und Bewertungsphase.

Die *Prognose* wirkt über das Feststellen gesellschaftlicher Bedenken hinaus; sie unterstellt, antizipiert und schätzt konkrete Auswirkungen im Vorgriff ab: | **Prognose**

– Was wäre, wenn...?
– Wie verhielte sich, wenn...?
– Was könnte wie sein?

Eine Folgenabschätzung in diesem Sinn ist ein Sensibilisierungs- und Bewußtwerdungsprozeß. Sie kann immer nur ein unvollkommener Versuch sein, da eine bestimmte Ungewißheit wegen der Zukunftsbezogenheit der Betrachtung nicht ausgeschaltet werden kann. Um so mehr Ernsthaftigkeit und Engagement ist von uns in dieser Phase gefordert. Daß die Prognose auch eine Abschätzung über

– den zu erwartenden Aufwand (zeitlich und materiell) und
– die verfügbaren Mittel

beinhaltet, ist dem einen oder anderen sicherlich schon wieder etwas vertrauter und selbstverständlicher.

Der Arbeitsschritt Selbstreflexion und Bewertung stellt also am Ende des Orientierungsteils der Handlung eine erste kritische Kontrolle des geplanten Problemlöseweges dar. Sollten in dieser Phase im Rahmen der Identifikation, Prüfung, Bewertung und Prognose neue Anstöße und Ideen entwickelt, Widersprüche und Unzulänglichkeiten aufgedeckt werden, so ist es noch nicht zu spät, geplante Denk- und Handlungsabläufe neu zu organisieren, bisher Unterlassenes nachzuholen, im Einzelfall völlig neu zu beginnen oder auch unter bestimmten Umständen gar nicht erst weiterzumachen. Unabhängig von dieser Phase bleibt der Hinweis von Bedeutung, daß eine Bewertung parallel zum Problemlöseprozeß auch außerhalb dieses Bewertungs- und Selbstreflexionsschrittes kontinuierlich und begleitend vollzogen werden muß.

Im folgenden Kapitel, dem Ausführungsteil der Handlung, wird sich dabei die durchzuführende Bewertung vorrangig auf die fachinhaltliche, zielorientierte Komponente (Erfolgskontrolle) beschränken, um sich im Kontrollteil der Handlung wieder auf den ganzheitlichen Zusammenhang zu beziehen.

4.3
Ausführungsteil der Handlung

Schon in Abb. 4.1 ist der Ausführungsteil der Handlung vollständig dargestellt. Nun werden wir uns um eine detaillierte Erklärung der Arbeitsschritte und Abfragemechanismen bemühen. Zur besseren Übersicht und zur Einprägung ist dazu in Abb. 4.9 nochmals das gesamte Ablaufdiagramm mit erläuternden Fragestellungen dargestellt. Wie wir dieser Abbildung entnehmen können, besteht der Ausführungsteil der Handlung in den Arbeitsschritten

– Operatorauswahl und -anwendung und
– Erfolgskontrolle.

4.3.1
Operatorenauswahl und -anwendung

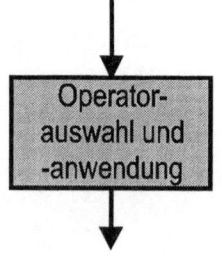

Operatoren

Um überhaupt eine Auswahl von *Operatoren* treffen zu können, sollte über ein gewisses Repertoire an Operatoren verfügt werden. Wenn wir aus diesem Grunde im folgenden eine Liste an denkbaren Operatoren angeben, so werden Sie feststellen, daß Ihnen diese Operatoren hinlänglich bekannt sind und in den bisherigen Übungen schon ein Großteil von ihnen Anwendung fanden:

– logisches Schließen, Ausschließen, Auswerten
– Analogieschluß, Modellbildung
– Abstrahieren, Hypothesenbildung, Komplexbildung, Verallgemeinern
– Konkretisieren, Differenzieren
– Vergleichen, Assoziieren, Umformulieren
– Reduzieren, Approximieren
– Klassifizieren, Ordnen, Systematisieren, Formalisieren
– Interpretieren, Bewerten, Kombinieren
– Versuchen, Ausprobieren

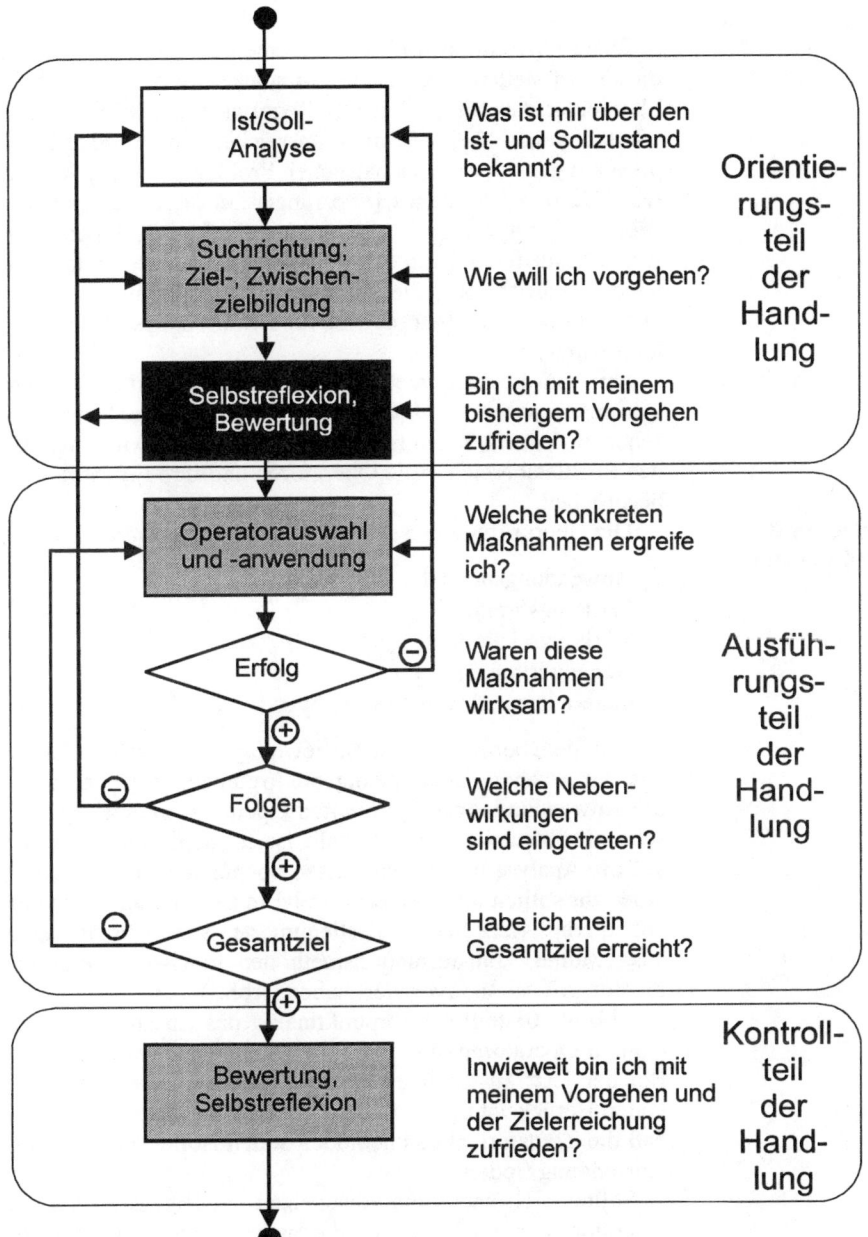

Abb. 4.9: Vollständiges Ablaufdiagramm mit Zuordnung der Abfragemechanismen

Diese Operatoren sind sehr allgemeiner Natur. Operatoren dieser Art stellen aber unsere Grundausstattung für alle Problemfelder dar. Sie sind in der Regel ausreichend für Denksportaufgaben, aber z.B. nicht ausreichend zur Lösung komplexer ingenieurwissenschaftlicher Probleme. Daher werden wir in Kap. 5.1, in dem wir vorrangig auf die Lösung solcher Probleme eingehen, die Liste der denkbaren Operatoren weiter ausdifferenzieren. Auch bei diesen Operatoren tauchen wieder Begriffe auf, die wir schon als methodische Hilfen und Taktiken innerhalb der Ist- und Soll-Analyse kennengelernt haben.

Auswahlkriterien

Um nun die adäquaten Operatoren auswählen zu können, benötigen wir *Auswahlkriterien*. Ein Kriterium haben wir schon in Kap. 2.2 kennengelernt. Dort haben wir innerhalb des Realitätsbereiches die Operatoren und ihre Eigenschaften besprochen.

Eigenschaften der Operatoren

Die Überprüfung dieser *Eigenschaften der Operatoren*

– Anwendungsbereich,
– Wirkungsbreite,
– Wirkungssicherheit,
– Nebenwirkungen,
– materieller und zeitlicher Aufwand

und die Übertragung auf das jeweilige Problemfeld liefern, wie wir gesehen haben, genügend Argumente für oder wider die Anwendung eines bestimmten Operators in einer spezifischen Problemsituation. Deshalb ist es nicht nötig, daß wir auf die Analyse der Eigenschaften nochmals näher eingehen. Aber wir sollten uns an dieser Stelle in Erinnerung rufen, daß wir in Kap. 4.2.2 bei der Festlegung der Suchrichtung durch ausgewählte Transformationsmethoden gewisse Operatoren im Vorgriff schon favorisiert haben (Abb. 4.10).

Abb. 4.10 stellt schwerpunktmäßig das Zusammenwirken einiger Operatoren mit den Transformationsmethoden dar. Bei der jetzt anstehenden Auswahl sollten diese Abhängigkeiten Berücksichtigung finden. Denken Sie bitte auch daran, daß die Transformationsmethoden selten isoliert voneinander Anwendung finden.

Sollten sich nach dem Abschätzen der Eigenschaften der Operatoren in Hinblick auf die ausgewählte Transformationsmethode mehrere gleichartige Operatoren als gleichwertig herausstellen, gelten als weitere Auswahlkriterien persönliche *Präferenzen* und *Vorlieben*.

Transformations-methoden	Operatoren
Versuch und Irrtum	Versuchen und Ausprobieren Hypothesenbildung Interpretieren Bewerten
Induktion	vom Konkreten zum Abstrakten logisches Schließen Ausschließen Auswerten Differenzieren Kombinieren
Deduktion	vom Abstrakten zum Konkreten Analogieschluß Komplexbildung Verallgemeinern
Klassifikation	Abstrahieren Klassifizieren Ordnen Systematisieren Formalisieren Vergleichen Kombinieren
Modellbildung	vom Abstrakten zum Konkreten Modellbildung Analogieschluß Vergleichen Assoziieren Umformulieren Reduzieren Approximieren

Abb. 4.10: Zusammenwirken der Operatoren mit den Transformationsmethoden

Natürlich werden die Operatoren zur Anwendung gelangen, mit denen wir schon positive Erfahrungen gesammelt haben, die unserer Art zu denken entsprechen, die durch uns also leichter handhabbar und damit erfolgreicher sind. Dabei sollte auch der Faktor Spaß und Freude an der Durchführung der Operation entsprechende Berücksichtigung finden.

Das folgende Beispiel möge dies verdeutlichen.

Präferenzen, Vorlieben

Übung 4.3

Kreuzformfirma (Zeit-Magazin 1982)

Neulich saß mir in der Eisenbahn eine etwas redselige junge Frau gegenüber. Sie erzählte unaufhörlich von der Firma, in der sie arbeitet. Diese befindet sich, wie ich erfuhr, in einem jener häßlichen, in Kreuzform gebauten Bürobungalows. Offenbar ist besagte Dame mit vier Mitarbeiterinnen besonders eng befreundet. „In der Firma", sagte sie, „meinen die Kollegen, es läge wohl an der Namensähnlichkeit." Die ist tatsächlich verblüffend. Die Damen heißen Ackenbach, Eckenberg, Ickenbrink, Ockendorf und Uckenburg. Eine von ihnen arbeitet im Nordflügel des Gebäudes, eine im Ostflügel, eine im Südflügel, eine im Westflügel und eine in der Mitte, im „Zentralbüro".

Die Dame sagte: „Wir besuchen einander oft während der Arbeitszeit, wobei der Weg von einem Flügel zu einem anderen stets durch das Zentralbüro führt. Bevor Frau Ackenbach und ich Anfang dieses Jahres unsere Arbeitsplätze getauscht haben, lag mein Raum nördlich von dem der Frau Ockendorf, die östlich von Frau Uckenburgs Raum arbeitet, der westlich von Frau Eckenbergs Raum liegt."

Ich erfuhr zudem, daß Frau Ackenbach im vorigen Jahr östlich von Frau Ickenbrink gearbeitet hat. „Zu jener Zeit", rief mir die Dame noch beim Aussteigen zu, „mußte Kollegin Ackenbach im Zentralbüro in den rechten Gang einbiegen, wenn sie Kollegin Eckenberg besuchen wollte. Ich hingegen ging geradeaus, wenn ich Frau Ackenbach besuchte."

Endlich war ich allein. Aber ich konnte die Ruhe nicht genießen. Denn mich ließ die Frage nicht mehr los, welche der Damen wo im Gebäude arbeitet und wie die Frau hieß, die so lange auf mich eingeredet hatte.

Da einerseits diese Übung wieder etwas umfangreicher ist und andererseits die letzten drei Übungen nur zur Besprechung von Detailschritten zur Lösung herangezogen worden sind, sollten wir diese Übung wieder mit Hilfe des gesamten Ablaufdiagramms erarbeiten, auch wenn wir den Schwerpunkt auf die Auswahl des oder der Operatoren legen werden.

Für die Ist/Soll-Analyse wenden wir wieder die Strukturierungshilfen an.

Eigenschaften der Sachverhalte

Es handelt sich um ein statisches Problem, auch wenn zwei Personen zu einem bestimmten Zeitpunkt ihre Arbeitsplätze getauscht haben (zwei Zeitzustände!). Die Sachverhalte sind gekennzeichnet von einander abhängenden Einzelaussagen, die beim ersten Eindruck etwas unüberschaubar und versteckt erscheinen. Durch entsprechende Hilfsmittel sollten wir diese Unüberschaubarkeit eliminieren. Dazu bieten sich besonders folgende methodische Hilfen an:

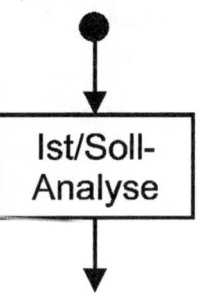

Ist/Soll-Analyse

– Auszug und Zusammenstellung aller gegebener und gesuchter Daten,
– Anwendung struktureller und visueller Darstellungsformen,
– Zusammenhänge und Brüche festhalten,
– Annahmen explizieren,
– Fragetechnik.

Zergliedern und Ordnen der Sachverhalte

Die Aussagen beziehen sich auf

– 5 Namen und
– 5 Arbeitsplätze (Gebäudeflügel),

und jeder Arbeitsplatz ist mit jeweils einem Namen gekoppelt.

Wenn wir die Namen mit ihren Anfangsbuchstaben

A, E, I, O, U

versehen, die Himmelsrichtungen mit

Ⓝ, Ⓞ, Ⓢ, Ⓦ und das Zentralbüro mit Ⓩ bezeichnen, läßt sich die Firma grafisch darstellen (Abb. 4.11):

**Einführung
von
Bezeichnungen**

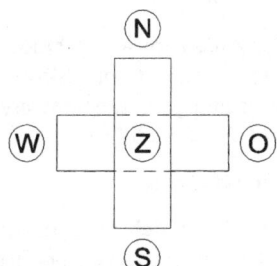

Abb. 4.11: Kreuzformfirma

Gesuchtes

Gesucht ist nun die Zuordnung der Buchstaben A, E, I, O, U in die fünf Quadrate; d.h. wer arbeitet jetzt (zwei Zeitzustände!) an welchem Arbeitsplatz. Außerdem soll die Frage beantwortet werden, wer die erzählende Person ist:

„ich" = ?

Nach den eingeführten Bezeichnungen bietet sich innerhalb des Zergliederns und Ordnens der Sachverhalte auch schon eine Übersetzung der Aussagesätze der erzählenden Person in überschaubarer Kurzform an, wie es folgendermaßen denkbar ist (bezogen auf o.a. Bezeichnungen und Skizze).

Gegebenes

- 2. Abschnitt, 1. Satz:

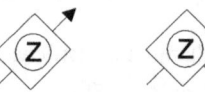

- 2. Abschnitt, 2. Satz:

$$A \leftrightarrow \text{„ich"}$$
$$\begin{array}{l} \text{„ich"} \\ | \\ O \end{array} \quad , U - O, U - E$$

- 3. Abschnitt, 1. Satz:

$$I - A$$

- 3. Abschnitt, 2. Satz:

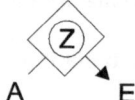

A   E

- 3. Abschnitt, 3. Satz:

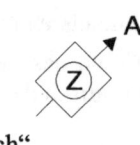

„ich"

Die Kurzform der Aussagen in Verbindung mit dem Zentralbüro sind deshalb verdreht zur Skizze dargestellt, um falsche spontane Zuordnungen zu erschweren (z.B. von links nach rechts, oder von West nach Ost).

Vergleichen der Sachverhalte

Ein oberflächlicher Vergleich der Aussagen läßt die Hoffnung aufkommen, daß die Aussagen noch mehr Informationen beinhalten als nur die räumliche Beziehung zwischen jeweils zwei beteiligten Personen.

Ebenso ist festzustellen, daß z.B. die Aussage

„nördlich des Südflügels" (grauer Bereich in Abb. 4.12)

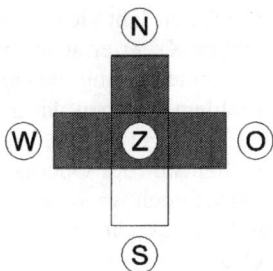

Abb. 4.12: Kreuzformfirma - visualisierte Vorüberlegung

alle übrigen Arbeitsplätze umfaßt, da eine andere Regelung trivial wäre und auch sofort zu Widersprüchen führen würde.

Mit den ausgewählten Überwindungsstrategien, -taktiken und -methoden (siehe auch Abb. 4.3)

– Reduktion durch
  - Konkretisierung mittels
    – Auszug und Zusammenstellung aller gegebenen und gesuchten Daten,
  - Abstraktion mittels
    – Anwendung struktureller und visueller Darstellungsformen,
– Wirkungs- und Nebenwirkungsanalyse durch
  - Aufhebung oder Verlängerung von Abhängigkeiten mittels
    – Festhalten von Zusammenhängen und Brüchen

lassen sich die Barrieren durch die Eigenschaften der Sachverhalte

– Unüberschaubarkeit (Komplexität),
– Abhängigkeit der Variablen (Vernetztheit)

möglicherweise leicht überwinden.

Problemtyp

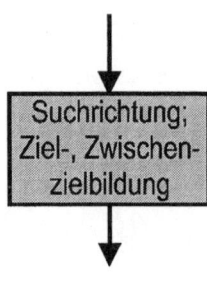

**Transformations-
methoden**

**Organisations-
prinzip**

Identifikation

Anhand der bisherigen Analyse und mit Hilfe der Abb. 4.5 (vorherrschende Eigenschaften von Problemtypen) liegt wohl für die meisten von uns mit diesem Problemfeld ein rein analytisches Problem vor. Die Ist/Soll-Kriterien scheinen eindeutig definiert (natürlich läßt sich jetzt noch nicht übersehen, ob eventuell einige Kriterien widersprüchlich sind und damit möglicherweise keine Lösung existiert), und Erfahrungen mit ähnlichen Problemen haben wir schon mit der Lokführer-Übung (Übung 2.2) gewonnen. Auch wenn wir uns bisher noch nicht explizit mit der Operatorauswahl beschäftigt haben, können wir es doch wagen zu behaupten, daß uns inzwischen beliebige Operationen zur Verarbeitung versteckter Informationen geläufig sind.

Im folgenden Arbeitsschritt sollen wir aufbauend auf die bisherige Analyse die Suchrichtung fixieren. Als Transformationsmethoden, also die Methoden zur Überführung des Ist-Zustandes in den Soll-Zustand, lassen sich aus dem Katalog des Kap. 4.2.2

– Versuch und Irrtum und
– Induktion

denken. Bei Versuch und Irrtum können wir systematisch Hypothesen und Annahmen aufstellen und diese auf Richtigkeit überprüfen. Im Rahmen der Induktion würden wir die Aussagen nacheinander ausdeuten und so alle denkbaren Möglichkeiten bis auf die Lösung ausschließen.

Unabhängig von der Entscheidung für die eine oder andere Transformationsmethode sollten wir als erstes Zwischenziel die Zuordnung für den alten Zustand festlegen. Durch das Vertauschen der Arbeitsplätze von „ich" und „A" wird anschließend die endgültige Lösung erreicht. Bis hierher haben wir recht ausführlich die Situation und das Ziel analysiert. Wir haben Bezeichnungen eingeführt und eine Skizze angefertigt, Gegebenes und Gesuchtes in prägnanter und überschaubarer Form herausgestellt, die Richtungsangaben (z.B. nördlich von ...) expliziert und damit für uns präzisiert und das Problem typisiert.

Innerhalb der Suchrichtung haben wir zwei Transformationsmethoden favorisiert, die jede für sich alleine zum Ziel führen sollte. Unabhängig von der zur Anwendung gelangenden Transformationsmethode haben wir ein Zwischenziel festgelegt (alter Zustand). Die Entscheidung über die Transformationsmethode steht noch aus. Wir werden diese im Zusammenhang mit der Operatorauswahl treffen.

Durch ein nochmaliges Lesen der Problembeschreibung und Vergleichen mit unserer Analyse überprüfen wir, ob wir alle Angaben und Daten benutzt haben, ob wir Informationen falsch verstanden oder hinzugefügt haben. Im Laufe dieser Prüfung können wir z.B. feststellen, daß es sich bei den von uns bisher identifizierten Personen ausschließlich um Frauen handelt. Wenn auch diese zusätzliche Feststellung bezogen auf die Aufgabenlösung keine direkten neuartigen Perspektiven eröffnet, abgesehen von der Tatsache, daß sich Männer wahrscheinlich nicht während der Arbeitszeit besuchen (warum sind es sonst Frauen, die in dieser „Logelei" benannt sind), so wird der eine oder andere vielleicht in dieser Arbeitsphase schon eine neue Information aus dem zweiten Satz des zweiten Absatzes herausfinden, die möglicherweise eine angestrebte Lösung beinhaltet. Die erzählende Person („ich") stellt in diesem Satz ihren Arbeitsplatz in Relation zu den Arbeitsplätzen von

Prüfung

O, U und E

dar. Da sie ("ich") auch nicht Frau Ackenbach sein kann,

„ich" ≠ A,

verbleibt doch nur

„ich" = I,

wenn wir davon ausgehen, daß es unüblich ist, über sich selbst in der dritten Person zu sprechen.

Annahme

Dieser Schluß scheint naheliegend, aber doch ist Vorsicht geboten. Denn woher wissen wir, daß in der Problemstellung alles nach dem „Üblichen" verläuft? Dieser Einschätzung entspricht zwar das dieser Problemstellung entspringende Frauenbild - redselig, erzählt unaufhörlich, Kolleginnenbesuche...- als typisch und üblich. Ebenso wie wir solche oder andersartige Vorurteile wahrnehmen lernen sollten, um sie zu vermeiden, sollten wir eigene Folgerungen, Hypothesen und Prämissen als solche betrachten und dies entsprechend immer berücksichtigen. Damit haben wir auch schon einen gesellschaftlichen Bezug und moralische Bedenken geäußert, Bedenken gegen ein Frauenbild, wie es diese Problemstellung ganz nebenbei vermittelt. Aber wenn wir trotzdem das Problem weiter bearbeiten und zu lösen versuchen, steht das in keinem Widerspruch zum oben Gesagten. Außerdem haben wir die Problemlage insofern schon versachlicht, indem wir von Personen reden und Vokale als Kurzbezeichnungen eingeführt haben. Die Frage nach der Berücksichtigung eigener Stärken und Vorlieben wollen wir in Verbindung mit der

Bewertung

Entscheidung über die anzuwendende Transformationsmethode in dem Arbeitsschritt „Operatorauswahl" klären.

Prognose

Als letzter Schritt in der Selbstreflexions- und Bewertungsphase verbleibt die Prognose. Auch hier bietet sich wieder bei der vorläufigen Festlegung von zwei Transformationsmethoden eine Abschätzung auf Zielsicherheit und Folgenhaftigkeit an. Weiterhin unabhängig von eigenen Präferenzen läßt sich für uns alle möglicherweise folgendes mit einem hohen Maß an Aussagekraft prognostizieren:

Bei Versuch und Irrtum als Transformationsmethode sind Nebenwirkungen nicht direkt überschaubar, Sackgassen sind wahrscheinlich. Durch eine gute Protokollierung der Arbeitsschritte und eine Reduzierung von wiederkehrenden Fehlschritten werden wir irgendwann das Ziel erreichen. Dieses kann unter Umständen, nach der Zufälligkeit der zeitlichen Folge von Annahmen, auch sehr schnell geschehen.

Die Induktion führt zwangsläufig zum Ergebnis: Nebenwirkungen und Sackgassen sind ein Zeichen für unzureichende oder fehlerhafte Ausdeutungen und Schlüsse. Ein überschaubares Protokoll und Erfahrungen in induktiven Schlüssen werden sehr hilfreich sein. Möglicherweise wird eine Mischform beider Transformationsmethoden unter Berücksichtigung momentaner Lücken und Barrieren eine sinnvolle Herangehensweise bedeuten.

Wenn wir vorläufig davon ausgehen, daß beide Transformationsmethoden zur Anwendung gelangen, dann lassen sich nach den bisherigen Vorarbeiten aus Abb. 4.10 für Versuch und Irrtum

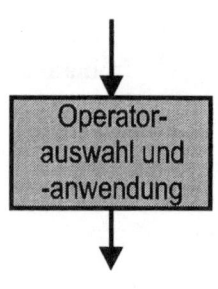

Operatorauswahl und -anwendung

– Hypothesenbildung,
– das Versuchen, das Ausprobieren und

für die Induktion

– logisches Schließen,
– Ausschließen

als vorrangig anzuwendende Operatoren ablesen.

Auswahlkriterien

Als ein erstes Auswahlkriterium könnten wir dabei diesen Operatoren gemäß unseren bisherigen Erfahrungen jeweils den Transformationsmethoden adäquate Wirkungssicherheit und Wirkungsbreite unterstellen.

Präferenzen

Das zweite Kriterium stellt unsere individuellen Stärken und Vorlieben dar. Mit welchem Operator haben wir schon häufiger positive Erfahrungen gesammelt, welcher Operator bereitet uns Schwierigkeiten? Wenn wir dabei zu der Entscheidung gelangen, daß wir trotz der wenig kalkulierbaren

Nebenwirkungen eher zu den Operatoren von Versuch und Irrtum tendieren, dann wäre es unsinnig, die Induktion als Transformationsmethode auszuwählen (oder umgekehrt).

Im folgenden werden wir zur Klarheit beide Methoden getrennt voneinander durchführen, um die Unterschiedlichkeit der Operatoren zu verdeutlichen. Beginnen wollen wir dabei mit Versuch und Irrtum.

Die ausgewählten Operatoren

– Hypothesenbildung,
– das Versuchen und das Ausprobieren

werden nun nacheinander zur Anwendung gelangen. Aus der Aussage

„ich"
|
O

schließen wir hypothetisch, daß „ich" nur im liegen kann, während für O alle anderen Räume möglich bleiben sollen (Abb. 4.13).

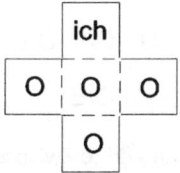

Abb. 4.13: Kreuzformfirma - erste Zwischenlösung

Wenn das so ist, dann folgt aus

U — O,

daß U nur in Ⓦ, Ⓩ oder Ⓢ liegen kann, aber O nicht mehr in Ⓦ (Abb. 4.14).

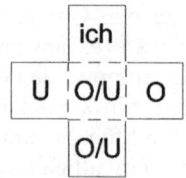

Abb. 4.14: Kreuzformfirma - zweite Zwischenlösung

Die Aussage

U — E

führt uns darauf, daß die letzte Zuordnung

U in Ⓦ, Ⓩ und Ⓢ

nur zum Teil bestätigt werden kann. Da sowohl O und E östlich von U arbeiten sollen, verbleibt für U nur der Westen Ⓦ (Abb. 4.15).

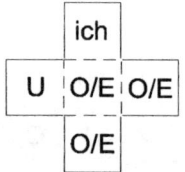

Abb. 4.15: Kreuzformfirma - dritte Zwischenlösung

Mit

I — A

ergeben sich folgende verbleibende Zustände und Möglichkeiten (Abb. 4.16):

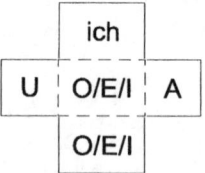

Abb. 4.16: Kreuzformfirma - vierte Zwischenlösung

Die nächste Aussage

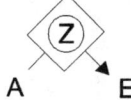

A   E

schafft erneut mehr Klarheit. Unsere Ausgangshypothese

„ich" im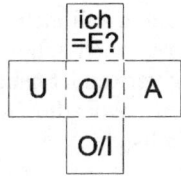

ist nur dann richtig, wenn

„ich" = E

gilt (Abb. 4.17).

	ich =E?	
U	O/I	A
	O/I	

Abb. 4.17 Kreuzformfirma - fünfte Zwischenlösung

Diese Zweifel beseitigt die letzte Aussage

ich — (Z) ► A

so daß

„ich" ≠ E

ist, und es verbleibt die Lösung mit weiterhin gültiger Aussage

ich
|
O

Damit ist unsere frühere Annahme

„ich" = I

bestätigt, und das Vertauschen von I („ich") und A führt zum abschließenden Ergebnis (Abb. 4.18).

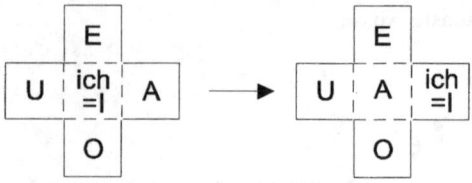

Abb. 4.18: Kreuzformfirma - Lösung

Ein nochmaliges Überprüfen der Einzelaussagen auf Gültigkeit wird die Richtigkeit der gefundenen Lösung herausstellen.

Wir wollen die Kontrolle dadurch herbeiführen, daß wir nun im zweiten Schritt die Transformationsmethode „Induktion" mit den Operatoren „logisches Schließen" und „Ausschließen" anwenden. Dabei soll nicht verschwiegen werden, daß wir diese Operatoren auch schon ansatzweise bei dem vorherigen Lösungsweg verwendet haben. In Tabelle 4.1 sind die bekannten Aussagen sowie die sich daraus ergebenden Schlußfolgerungen aufgelistet.

Tabelle 4.1: Folgerungen durch logisches Schließen und Ausschließen

Aussage	Folgerung	weitergehende Folgerung
A ↔ „ich"	„ich" ≠ A	
„ich" | O	„ich" ≠ O „ich" ≠ Ⓢ O ≠ Ⓝ	
U — O	U ≠ Ⓞ O ≠ Ⓦ	} U = Ⓦ
U — E	U ≠ Ⓞ E ≠ Ⓦ	

Der Schluß U = Ⓦ folgt daraus, daß O und E nicht gleichzeitig in Ⓞ arbeiten können.

Die bisherigen Ergebnisse fassen wir z.B. in einer Tabelle (Tabelle 4.2) zusammen.

Tabelle 4.2: Zuordnung von Personen und Räumen – erste Lösungsannäherung

	Ⓦ	Ⓝ	Ⓞ	Ⓢ	Ⓩ	„ich"
A	▓▓					—
E	—					
I	▓▓					
O	—	—				—
U	+	▓▓	—	▓▓	▓▓	
„ich"				—		

Mit

I — A folgt A = Ⓞ ,

da der Westflügel Ⓦ für U vergeben ist und damit I nur im Ⓝ, Ⓩ oder Ⓢ sein kann (vgl. Tabelle 4.3).

Tabelle 4.3: Zuordnung von Personen und Räumen – zweite Lösungsannäherung

	Ⓦ	Ⓝ	Ⓞ	Ⓢ	Ⓩ	„ich"
A	▓▓	▓▓	+	▓▓	▓▓	—
E	▓▓		▓▓			
I	▓▓		▓▓			
O	▓▓	—	▓▓			—
U	+	▓▓	▓▓	▓▓	▓▓	
„ich"				—		

Die nächste Aussage

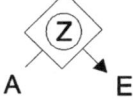

führt zu E = Ⓝ und

$$\text{ich} - \boxed{Z} \blacktriangleright A$$

zu „ich" $\neq$ (N) ,(S), (O); „ich" $\neq$ E (vgl. Tabelle 4.4)

Tabelle 4.4 Zuordnung von Personen und Räumen – dritte Lösungsannäherung

	(W)	(N)	(O)	(S)	(Z)	„ich"
A	▨	▨	+	▨	▨	—
E	▨	+	▨	▨	▨	—
I	▨	▨	▨			
O	▨	▨	▨			—
U	+	▨	▨	▨	▨	
„ich"		—	—	—		

Wie wir dem augenblicklichen Zustand der Tabelle 4.4 entnehmen können, sind folgende Möglichkeiten noch offen:

- „ich" = I oder U
- „ich" in (W) oder (Z) und
- I, O = (S) oder (Z)

Da aber weiterhin gilt

$$\text{ich}$$
$$|$$
$$O$$

folgt O = (S), I = (Z)

Damit sind alle Arbeitsplätze belegt, nur die erzählende Person ist nicht eindeutig zugeordnet. Sowohl I als auch U kommen in Betracht. Wenn wir uns jetzt an unsere erste Annahme erinnern, daß die erzählende Person nicht über sich selbst in der dritten Person spricht, dann gilt

„ich" = (Z) = I.

Wenn aber aus

$$\text{ich} - \boxed{Z} \blacktriangleright A$$

folgt, daß geradeaus *durch* das Zentrum gemeint ist, dann gilt

„ich" = Ⓦ = U.

Je nach Ausdeutung muß abschließend dann mit A getauscht werden, um zum endgültigen (gesuchten) Ergebnis zu gelangen.

Unsere im ersten Schritt so eindeutig erscheinende Lösung hat sich nur zum Teil als eindeutig herausgestellt. Als positives Ergebnis läßt sich festhalten, daß durch unterschiedliche Operatoren und Transformationsmethoden nicht nur eigene Vorlieben befriedigt, sondern auch neue Sichtweisen und Problembereiche eröffnet werden können.

In der soeben durchgeführten Übung wurden die ausgewählten Operatoren immer wieder bis zum Vorliegen des Gesamtergebnisses angewandt; dann erst wurde die Erfolgskontrolle durchgeführt. Bei umfangreicheren Problemstellungen, in denen das Ziel hierarchisch durch Zwischenziele aufgebaut ist, muß eine Erfolgskontrolle möglicherweise sofort nach der Anwendung eines Operators durchgeführt werden. Diese Thematik ist Inhalt des folgenden Kapitels.

4.3.2
Erfolgsprüfung

Schon in Kapitel 3.2 ist auf eine positive Bewertung von Mißerfolgen hingewiesen worden. Wir wollen zukünftig Mißerfolge deshalb auch positiv bewerten, weil sich nur durch Mißerfolge beschrittene Lösungswege ausklammern lassen und sich dadurch eine Zuspitzung von Lösungsansätzen ergibt. Häufig müssen wir auch einmal etwas riskieren und dadurch natürlich Fehler in Kauf nehmen. Wenn dieses Kapitel trotzdem die Überschrift „Erfolgsprüfung" trägt, so berücksichtigen wir damit die Tatsache, daß der Regelfall zu diesem Zeitpunkt der Problemlöseprozedur entsprechend der geplanten Vorüberlegungen der Erfolg ist und nicht der Mißerfolg. Zur Überprüfung von Erfolg oder Mißerfolg ist in Abb. 4.19 nochmals der Abfragemechanismus als Teilelement des Ablaufdiagramms dargestellt, der im folgenden im einzelnen erläutert werden soll.

Haben wir einen Operator entsprechend unserer Pläne angewandt und damit eine Teiloperation des Lösungsweges abgeschlossen, so lassen sich in einem ersten Schritt Ergebnisse dieser Handlung überprüfen. Hat die Anwendung des Operators dabei zum Erfolg geführt, so bewegen wir uns weiter im Ablaufdiagramm nach unten entlang des mit ⊕ bezeichneten

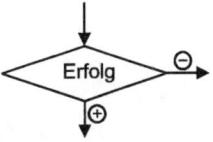

Weges. Hat sich kein Erfolg eingestellt, so müssen wir auf dem mit $\ominus$ bezeichneten Weg erneut von vorne beginnen. Auf die Rückkopplungsschleifen insgesamt soll erst am Ende dieses Kapitels eingegangen werden. Erfolg hat sich dann eingestellt, wenn die Anwendung des Operators zu einem Ergebnis geführt hat, das zumindestens auf den ersten Blick vernünftig und sinnvoll erscheint, und damit das weitere geplante Vorgehen nicht in Frage gestellt wird.

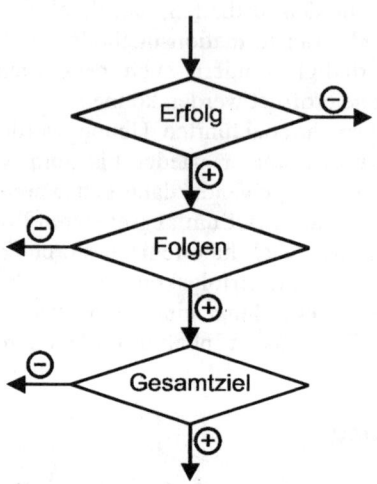

Abb. 4.19: Erfolgsprüfung

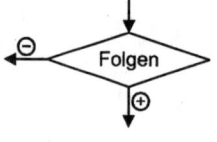

Im Falle des Erfolges soll nun im folgenden Schritt überprüft werden, ob die Operatoranwendung denn auch folgenreich für die Lösungsprozedur ist. Verstanden werden soll darunter die Überprüfung, ob das erreichte Zwischenziel identisch ist mit dem gesteckten Zwischenziel. Und das ist nicht so selbstverständlich, wie es auf den ersten Blick erscheint. Bei der Streichholzaufgabe der Übung 1.1 ist möglicherweise schnell die Lösung mit vier unterschiedlich großen Quadraten gefunden. Sind aber gleichgroße Quadrate gefordert gewesen, ist ein derartiges Umlegen der Streichhölzer eben für diese Aufgabenstellung nicht folgenreich gewesen. Der augenscheinliche Erfolg soll uns von dieser Erkenntnis nicht ablenken. Auch ist denkbar, daß sich das gesteckte und tatsächlich erreichte Zwischenziel inzwischen als nicht folgenreich für die Lösungsprozedur herausstellt. Je weiter wir uns in die Problemsituation hineingearbeitet haben, um so deutlicher werden uns Zusammenhänge und

Widersprüche. Insofern beinhaltet die Erfolgskontrolle auch permanent und unterschwellig Wertungs- und Kontrollprozesse. Mittlerweile sind wir auf dem Weg zur Lösung klüger geworden und können daher bisher gültige Meinungen und Vorhaben revidieren und korrigieren.

Sollten wir nach einer solchen Überprüfung der Ansicht sein, daß unsere bisherige Operatorenanwendung auch folgenreich für die Problemlösung ist, so bewegen wir uns auf dem senkrechten Ast ⊕ weiter zur folgenden Abfrage.

Ist das erreichte Ziel ein Zwischenziel, so haben wir das Gesamtziel noch nicht erreicht und müssen nochmals die Rückschleife durchlaufen. Erst dann, wenn das erreichte Ziel kein Zwischenziel ist, muß es sich um das Gesamtziel handeln. Damit ist das Problem gelöst.

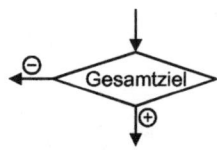

Da wir bisher vorwiegend den geraden, erfolgreichen Weg beschrieben haben, sollten zum Abschluß nicht einige Bemerkungen zur Umorientierung bei Mißerfolg fehlen.

Die Rückkopplungen in Abb. 4.9 zeigen, daß bei Mißerfolg entsprechend den vielschichtigen Ursachen auch beliebige Neueinstiege denkbar sind. Entsprechend Abb. 4.9 sind nach mangelndem Erfolg alle Rückschleifen zu den vorhergehenden Arbeitsblöcken denkbar. Vielleicht sind Versäumnisse bei der Ist/Soll-Analyse nachzuholen. Haben wir eventuell den Problemtyp nicht richtig erkannt und damit die nicht relevanten Methoden, Taktiken und Strategien ausgewählt? Durch Ziel- oder Zwischenzielwechsel läßt sich der Startpunkt verändern oder der gesamte fixierte Lösungsweg revidieren.

Umorientierung

Denkbar sind aber auch Mängel in der Selbstreflexions- und Bewertungsphase. Manche Probleme lösen sich im Team sofort, während Einzelarbeit nicht weiter führt. Möglicherweise ist aber auch der falsche Operator zur Anwendung gelangt. Sollte die Operatoranwendung erfolgreich, aber nicht folgenreich gewesen sein, so scheint wohl eher ein Zurückgehen in die Grundüberlegungen der Ist/Soll-Analyse oder in die Betrachtungen zur Suchrichtung und Zwischenzielbildung angeraten zu sein. Möglicherweise liegen grundsätzliche Irrtümer oder Fehleinschätzungen vor. Vergessen Sie bitte nicht, daß ein dialektisches Problem eben Überlegungen und Betrachtungen benötigt, die über ein rein analytisches Problem hinausgehen.

Selbstverständlicher ist dagegen die letzte Rückschleife, falls das Ziel noch nicht erreicht ist. Wir haben dann noch nicht alle Zwischenziele abgearbeitet und steigen deshalb erneut bei der Operatoranwendung ein. Sollte es vorkommen, daß auch ein häufiger Wiedereinstieg zu keinem konkreten

Vorwärtskommen geführt hat, ist es auch erlaubt, auf die Idee zu kommen, daß es vielleicht gar keine Lösung gibt. Oder versuchen Sie einmal, folgendes Problem zu lösen.

Übung 4.4

16 Türen

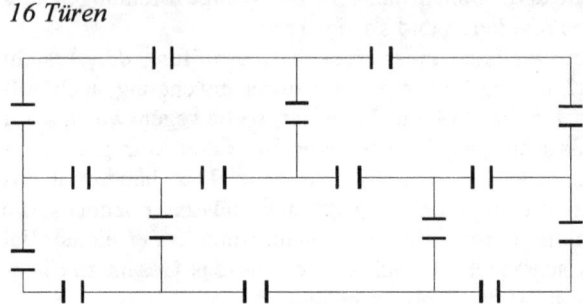

Jede der 16 Türen soll auf einem fortlaufenden Weg nur einmal durchschritten werden, ohne daß der Weg sich kreuzt.

Umorientierung kann aber auch heißen, wieder einmal Distanz zu dem anstehenden Problem aufzubauen. Genau wie in der Selbstreflexions- und Bewertungsphase schon gefordert, kann es auch jetzt sinnvoll sein, das Problem eine Zeit ruhen zu lassen und etwas völlig anderes zu tun.

Denken Sie auch jetzt an die Existenz von plötzlichen Einfällen und Aha-Erlebnissen, und schaffen Sie dafür ein gutes Klima. Wie ein solches Klima vorbereitet werden kann, haben wir schon in Kapitel 4.2.3 beschrieben. Das Kapitel 4.2.3 hat zudem insgesamt die Selbstreflexions- und Bewertungsphase beschrieben. Dieses zu einem Zeitpunkt, zu dem korrigierende Eingriffe in den Problemlöseweg noch machbar und damit folgenreich waren. Inzwischen haben wir mit der Beschreibung des Ablaufdiagramms das Gesamtziel erreicht und sind dennoch nicht am Ende des Problemlöseprozesses. Möglicherweise werden erst durch Lösungen von Problemen auch die Auswirkungen dieser erkennbar, so daß wir zukünftig die Lösung eines Problems erst dann als vollständig betrachten sollten, wenn wir auch den Kontrollteil der Handlung abgeschlossen haben.

4.4
Kontrollteil der Handlung

Zur Durchführung der abschließenden Kontrolle der Handlung greifen wir wieder auf die in Kapitel 4.2.3 eingeführten Kontrollprozesse zurück, lediglich die Reihenfolge ändern wir aus Gründen der inneren Logik und gegenseitiger Bedingtheit zum Ende der Problemlösehandlung wie folgt ab:

- Prüfung,
- Bewertung,
- Identifikation und
- Prognose.

Bei dieser Veränderung der Reihenfolge hat sich lediglich der Prozeß der Identifikation von der ersten auf die dritte Stelle verschoben. Damit wird der Tatsache Rechnung getragen, daß zur abschließenden Kontrolle der direkte Zusammenhang zwischen der Prognose und der Identifikation von besonderer Bedeutung ist.

Schon in Kapitel 3.1 ist angedeutet worden, daß das jetzt vorliegende Gesamtziel, also das Ergebnis unserer jeweiligen Handlungen, nicht immer identisch mit dem angestrebten Ziel aus der Ist/Soll-Analyse ist. Das muß auch nicht immer so sein, aber wenn es eine Differenz gibt, so müssen wir diese bewußt zur Kenntnis nehmen. Dazu dient die jetzige Arbeitsphase, die abschließende Bewertungs- und Selbstreflexionsphase.

Sollten wir bei der abschließenden Kontrolle feststellen, daß das Ergebnis identisch ist mit dem angestrebten Ziel aus der Ist/Soll-Analyse, sind wir aber noch lange nicht aus der Verantwortung entlassen. Vielmehr liegt das Schwergewicht der abschließenden Kontrolle auf der Einschätzung von Auswirkungen des Ergebnisses, wobei sich Auswirkungen dabei häufiger auf breitere Kreise beziehen, als wir zu denken pflegen und als eine oberflächliche Betrachtungsweise vorläufig meinen läßt. Die augenblickliche Praxis der nahezu rasanten Technologieentwicklung macht das Problem deutlich. Neue Technologien werden eingesetzt, und erst aufgeschreckt durch Akzeptanzschwierigkeiten werden Folgenabschätzungen betrieben, die nur das beschreiben, was als Problem schon existiert. Gerade bei großtechnologischen Systemen (z.B. Kernenergie) wurde in der nahen Vergangenheit der Kreislauf Realisierung – Folgenfeststellung – Anwendungsbeschränkung – soziale Regulationsmechanismen gemeinsam erfahren und brachte enorme soziale und materielle Kosten mit sich. Deshalb ist es ratsam, diesen Kreislauf aufzubrechen und rechtzeitig, d.h. vor der Realisierung, Auswirkungen durch Folgenabschätzung zu antizipieren, wie es z.B. durch frühzeitiges Einbeziehen von interdisziplinären Ideen und Zielvorstellungen möglich ist. Auch wenn eine bestimmte Ungewißheit wegen der Zukunftsbezogenheit solcher Abschätzungen nicht ausgeschlossen werden kann, ist Tech-

nikfolgenabschätzung als Sensibilisierungs- und Bewußtwerdungsprozeß zur sozial- und naturverträglichen Technikge-
staltung unumgänglich. Und da es uns in der Vergangenheit
schon immer geläufig war, ökonomische Risiken abzuschätzen, wird es uns zukünftig auch gelingen, soziale und ökologische Risiken abzuschätzen.

Wenn wir nun wieder zu unseren bisherigen Handlungen
in den Problemlöseprozessen der einzelnen Übungen zurückkommen, so fällt eine Übertragung des oben Gesagten sicherlich nicht jedem leicht. Oder sehen Sie gesellschaftliche Auswirkungen von Streichholzaufgaben? Oder welche Auswirkung hat das Ergebnis der Kreuzformfirma jenseits der Tatsache, daß wir nun wissen, wer wo arbeitet? Sicherlich keine,
aber wir haben gerade bei dieser Übung gemeinsam festgestellt, daß wir durch Kontrollprozesse sowohl das Frauenbild
der Aufgabenstellung erkannt als auch festgestellt haben, daß
das Ergebnis nicht eindeutig ist. In Kap. 5.3 werden wir zu
komplexen Problemfeldern vordringen, in denen eine Folgenabschätzung unumgänglich ist.

Kontrollprozesse   Wie wir es schon in der ersten Selbstreflexions- und Bewertungsphase getan haben, so werden wir auch hier die
Kontrollprozesse durch Fragestellungen erläutern und damit
gleichzeitig ein Handwerkszeug zur zukünftigen Gestaltung
liefern.

Prüfung   Im ersten Schritt soll im Rahmen der *Prüfung* nach

– Tätigkeitsabweichungen und
– Zielabweichungen

gesucht werden (Tomaszewski 1978). Entsprechend der
Abb. 4.20 können durch Gegenüberstellung des erreichten
Ergebnisses und der Soll-Definition der Ist/Soll-Analyse
Abweichungen festgestellt werden. Dies ist bei komplexen
Problemstellungen fast immer der Fall. Unsere angestrebten
Ziele decken sich fast nie mit den tatsächlich erreichten
Ergebnissen, ebenso weicht die durchgeführte Tätigkeit häufig vom geplanten Programm ab, ohne daß es uns bewußt
wird. Eine Tätigkeitsabweichung führt nicht unbedingt zu
einer Zielabweichung, und eine Zielabweichung beinhaltet
nicht automatisch auch eine Tätigkeitsabweichung. In dem
letzten Fall kann der geplante Problemlöseweg exakt eingehalten worden sein, er stellt sich im nachhinein aber als
nicht optimal zielgerichtet heraus.

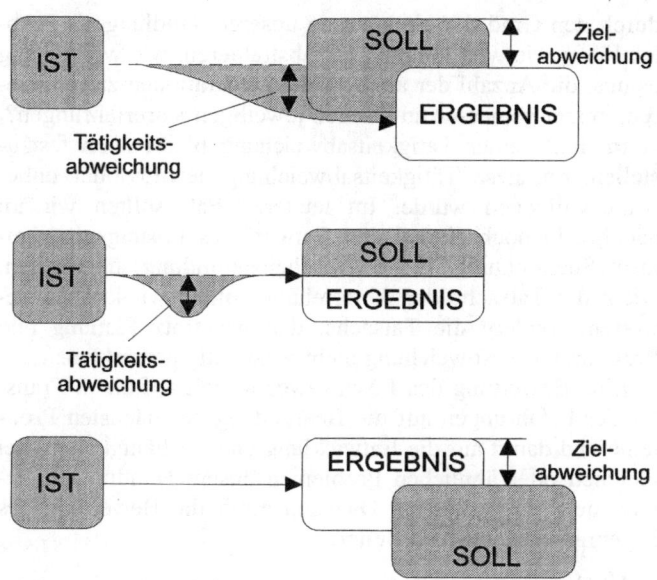

Abb. 4.20: Tätigkeits- und Zielabweichungen

Ausgehend von der Feststellung von Tätigkeits- und Zielabweichungen lassen sich dann im Rahmen der Prüfung die Fragen

– Ist das Ergebnis vollständig?
– Ist das Ergebnis eindeutig?

und, wo es überprüfbar ist, die Frage

– Ist das Ergebnis richtig?

beantworten. Dabei beschränkt sich zu diesem Zeitpunkt die Überprüfung der Richtigkeit auf Rechen-, Systematik- und logische Fehler, also unter Ausschluß von Wert- und Moralfragen.

Die Ergebnisse des Prüfungsprozesses sollen anschließend einer *Bewertung* unterworfen werden. Bezogen auf den Lösungsweg sind folgende Fragen zu betrachten: **Bewertung**

– Welcher materielle und zeitliche Aufwand wurde benötigt?
– Existieren effektivere Lösungswege?

Effektivere Lösungswege sollen solche sein, die mit einfacheren Mitteln zum Ergebnis führen. Neben dem materiellen Aufwand wird der zeitliche Aufwand vorwiegend bestimmt durch den Grad der Verkürzung unserer Handlung als Problemlöser; wie weit konnten wir abstrahieren, wie weit gelang es uns, die Anzahl der angewandten Operationen zu reduzieren, immer gemessen an unseren jeweiligen Vorerfahrungen?

Im Falle einer Tätigkeitsabweichung bleibt noch festzustellen, ob diese Tätigkeitsabweichung bewußt oder unbewußt vollzogen wurde. Im letzteren Fall sollten wir im nachhinein noch einmal den Entwurf des Lösungsprogrammes (Suchrichtung, Ziel-, Zwischenzielbildung) überprüfen. Nicht die Tatsache der Abweichung sollten wir kritisch bewerten, sondern die Tatsache, daß wir trotz Planung und Programm die Abweichung nicht rechtzeitig bemerkten.

Eine Bewertung des Lösungsweges zielt auf einen Transfer der Erfahrungen auf die Bearbeitung der nächsten Probleme und damit auf die Entwicklung unserer Fähigkeiten, bei gleichen oder ähnlichen Problemen unsere Handlungen immer mehr zu verkürzen. Dagegen greift die Bewertung des Ergebnisses wesentlich weiter:

– Ist das Ergebnis angemessen, d.h. wirtschaftlich, sozial- und naturverträglich?
– Sind andere Lösungen denkbar?

Mit diesen Fragestellungen werden gesellschaftliche, moralische und ethische Fragen aufgeworfen. Neben Denksportaufgaben, die uns bisher beschäftigt haben, bietet die Praxis in der alltäglichen Wirklichkeit vorwiegend komplexe Situationen, Tätigkeiten und Ziele, die alle mehr als nur eine Lösung haben. Hier sind wir also gemäß den einleitenden Worten zu diesem Kapitel als Teil unserer Gesellschaft verantwortlich gefordert.

Identifikation   Hilfreich bei dieser Entscheidung kann der Prozeß der *Identifikation* sein, in dem wir unsere eigene Person sowohl als Teil des Lösungsweges als auch des Ergebnisses sehen:

– Warum kommen wir gerade zu dieser Lösung?
– Können wir die Lösung mittragen, sie persönlich akzeptieren?
– Wollen wir diese Lösung?

Die erste Frage hinterfragt vorrangig die Beziehungen und Abhängigkeiten zwischen uns und dem erreichten Ergebnis. Daß es solche gibt, steht wohl außerhalb jeder Diskussion, im Bewußtwerden liegt wieder die Herausforderung. Denken Sie bitte zurück an die Ahmed-Episode in Kap. 1.2, durch die wir erfahren haben, welche Auswirkungen unterschiedliche Werte, Normen und Kulturen auf Problemlösungen haben. Ebenso wirken sich augenblickliche Stimmungen, Wünsche und beliebig andere Randbedingungen auf den jeweiligen Problemlöseprozeß aus. Sollten wir uns bei dieser Analyse schwer tun, so versuchen wir unsere Rolle im Auswahl- und Entscheidungsprozeß über die zweite und dritte Frage herauszukristallisieren. Wir stellen uns vor, daß wir persönlich dieses Ergebnis mittragen und akzeptieren müßten, und fragen uns, ob wir dann die Lösung auch noch wollen.

Damit kommen wir in die zukunftsbezogene Betrachtung unter Einbeziehung unserer eigenen Person. Die Gesichtspunkte der Prüfung, Bewertung und Identifikation sind festgehalten, die *Prognose* unterstellt, antizipiert und schätzt konkrete Auswirkungen im Vorgriff ab und beinhaltet damit eine langfristige Folgenabschätzung:

Prognose

- Wie wirkt die Lösung im gesellschaftlichen, ganzheitlichen Kontext?
- Wie ist der Grad der Gebundenheit und endgültigen Festlegung?

Während der erste Komplex das Zusammenspiel der gefundenen Lösung oder des angestrebten Zieles mit den gesellschaftlichen Realitäten und Entwicklungen betrachtet – Fragen der Rückkopplung, des Sich-bedingens, des Sichergänzen-und-austauschen, also insgesamt des flexiblen Zusammenwirkens –, so wird im zweiten Komplex das gegenseitige und gemeinsame Veränderungspotential geprüft, sind Gestaltungsspielräume, Alternativen oder auch Kompensationsmaßnahmen denkbar.

Wird die Prognose verantwortlich gemäß diesem Vorschlag durchgeführt, so stellen sich dabei nahezu zwangsläufig neue Problemformulierungen, da zukunftsbezogene Betrachtungen wegen ihres unsicheren Charakters immer wieder auf neue Fragestellungen stoßen. Wenn wir trotzdem an dieser Stelle von einem Abschluß der Prognose sprechen wollen, dann nur, um damit den Kontrollteil der Handlung in diesem Buch zu beenden.

Im folgenden Kapitel soll der Versuch gemacht werden, den

- Orientierungsteil der Handlung,
- Ausführungsteil der Handlung und
- Kontrollteil der Handlung

nochmals in kurzer prägnanter Form als Handlungsplan zusammenzufassen.

4.5
Handlungsplan für das Problemlösen

Die Absicht dieses Buches besteht, wie wir wissen, in einer konkreten Handlungsanweisung zum Lösen von Problemen. Um diesem Ziel näher zu kommen, ist es ratsam, die wesentlichen Aussagen des bisher in Kap. 4 Beschriebenen abschließend überschaubar und nachvollziehbar zusammenzustellen, so daß daraus ein Handlungsplan für das Problemlösen ersichtlich wird. Derjenige Leser, der das Buch bisher gründlich durcharbeitet und das Wesentliche des Kap. 4 exzerpiert hat, wird jetzt auf nichts Neues stoßen. Aber wie in Kap. 3 schon dargestellt ist, wird gerade durch die Fähigkeit zur Verkürzung einer Handlung die Beherrschung derselben erreicht. Dieses soll durch den folgenden Handlungsplan unterstützt und erleichtert werden. Dabei ist der vorgestellte Handlungsplan ausreichend für Probleme allgemeinerer Art, wie wir sie bisher behandelt haben, aber nur eine Voraussetzung für Handlungspläne, die sich auch inhaltlich bezüglich eines Fachgebietes als erfolgreich erweisen sollen. Für diesen Fall werden wir in Kap. 5.1.3 diesen allgemeinen Handlungsplan ausdifferenzieren und für die jeweilige Problemsituation adaptieren. Langfristig wird nur mit der Fähigkeit zum Aufstellen eines individuellen, jeweils angepaßten Handlungsplans eine Voraussetzung für das Problemlösen gegeben sein. Hierfür werden in Kapitel 6 drei Beispiele aus unserer Beratungspraxis gegeben.

Orientierungsteil der Handlung

Strukturierungshilfen:

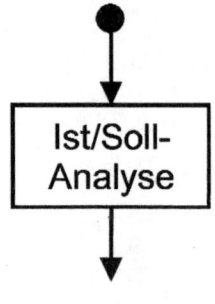

Ist/Soll-Analyse

– Eigenschaften der Sachverhalte
  - Unüberschaubarkeit (Komplexität)
  - Offensichtlichkeit (Plausibilität)
  - Undurchsichtigkeit (Intransparenz)
  - zeitliche Veränderlichkeit (Dynamik)
  - Abhängigkeit der Variablen (Vernetztheit)
– Zergliedern von Sachverhalten

    Material-analyse

– Ordnen von Sachverhalten
– Vergleichen von Sachverhalten

    Konflikt-analyse

Methodische Hilfen:

– Auszug und Zusammenstellung aller gegebenen und ge-
  suchten Daten
– Anwendung struktureller und visueller Darstellungsformen
– Fragetechnik
– Anwendung von Intuition und Kreativitätstechniken
– Umschreibung des Problems, assoziieren
– Annahmen explizieren
– Auswahl geeigneter Arbeitsmittel und Arbeitsformen
– Festhalten von Zusammenhängen und Brüchen

Taktiken:

– Konkretisierung
– Abstraktion
– Perspektivenwechsel
– Lösen von Fixierungen
– Erkennen funktionaler Gebundenheiten
– Analogienbildung
– Entwicklungsabschätzung
– Beschränkung
– Aufhebung oder Verlagerung von Abhängigkeiten

Strategien:

Die ausgewählten Taktiken mit den zur Anwendung gelangenden methodischen Hilfen ergeben die Überwindungsstrategien, die als Funktion der Eigenschaften von Sachverhalten in Abb. 4.3 dargestellt sind.

– Reduktion
– Suchraumerweiterung
– Wirkungs- und Nebenwirkungsanalyse

Problemtyp:

– als Funktion der Ist/Soll-Definition und Bekanntheit der
  Operatoren (Abb. 4.4)
– als Funktion der vorherrschenden Eigenschaften der Sachverhalte (Abb. 4.5)

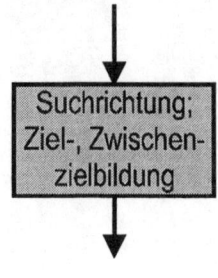

Transformationsmethoden:

– Versuch und Irrtum
– Induktion
– Deduktion
– Klassifikation
– Modellbildung

Organisationsprinzipien:

– experimenteller – gedanklicher Zugang
– Vorwärtssuche – Rückwärtssuche
– Aufteilung in Teilprobleme, Zwischenzielbildung
– Abschätzung von Hindernissen und Lücken

Kontrollprozesse:

– Identifikation:
  • Was haben wir bisher getan, gedacht, geplant, vorbereitet etc.?
  • Wie haben wir die Situation verstanden?
  • Haben wir das Ziel verstanden?
  • Wie sind unsere Wahrnehmungen?
  • Wie ist unsere Problemformulierung?
  • Welche Rollen spielen wir selbst im vorläufig fixierten Lösungsweg?
– Prüfung:
  • Haben wir alle Daten und Angaben benutzt?
  • Haben wir Informationen übersehen, hinzugefügt oder falsch verstanden?
  • Sind Bedingungen unzureichend, widersprüchlich oder schließen einander gar aus?
  • Gibt es irgendwelche Zweifel oder Unsicherheiten?
  • Höre in dich hinein!
  • Höre auf andere!
  • Hatten wir einen plötzlichen Einfall?
– Bewertung:
  • Haben wir konsequent zwischen Daten und Folgerungen (Schlüssen) getrennt?
  • Sind (scheinen) alle identifizierten Schwachpunkte und Hindernisse überwindbar?
  • Sind die Prioritäten folgerichtig verteilt?
  • Haben wir Präferenzen, eigene Stärken und Vorlieben optimal eingeplant?

- Inwieweit haben wir Meinungen und Ansichten anderer aufgegriffen?
- Lassen sich noch andere Lösungsansätze oder -wege denken?
- Bietet sich Teamarbeit oder Einzelarbeit an?
- Gibt es gesellschaftliche, moralische oder ethische Bedenken?

– Prognose:
  - Was wäre, wenn...?
  - Wie verhielte sich, wenn...?
  - Was könnte wie sein?
  - der zu erwartende Aufwand?
  - die verfügbaren Mittel?

Ausführungsteil der Handlung

Operatoren:

– logisches Schließen, Ausschließen, Auswerten
– Analogieschluß
– Abstrahierung, Hypothesenbildung, Komplexbildung, Verallgemeinern
– Konkretisieren, Differenzieren
– Vergleichen, Assoziieren, Formulieren
– Reduzieren, Approximieren
– Klassifizieren, Ordnen, Systematisieren, Formalisieren
– Interpretieren, Bewerten, Kombinieren
– Versuchen, Ausprobieren

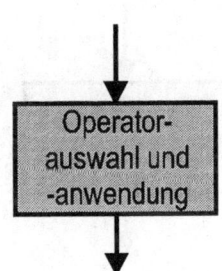

Operator- auswahl und -anwendung

Zuordnung von Operatoren zu Transformationsmethoden:

Das Zusammenwirken der Operatoren mit den Transformationsmethoden ist aus Gründen der Übersichtlichkeit Abb. 4.10 zu entnehmen.

Auswahlkriterien:

– Eigenschaften der Operatoren:
  - Anwendungsbereich
  - Wirkungsbreite
  - Wirkungssicherheit
  - Nebenwirkungen
  - materieller und zeitlicher Aufwand
– Präferenzen und Vorlieben

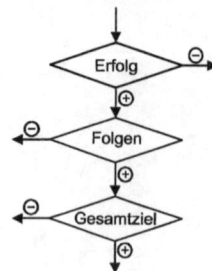

Erfolgsprüfung:

- Operatoranwendung erfolgreich
- Operatoranwendung folgenreich
- Gesamtziel erreicht
- Umorientierung bei Mißerfolg:
  - Startpunktwechsel
  - Problemtypwechsel
  - Zielwechsel
  - Suchrichtungswechsel (z.B. Teamarbeit oder Einzelarbeit)
  - erneute Operatorauswahl
  - Lösungsexistenz hinterfragen
  - Distanz schaffen, Problem ruhen lassen, Abbau von Barrieren (plötzliche Einfälle)

Kontrollteil der Handlung

Kontrollprozesse:

- Prüfung:
  - Tätigkeitsabweichung
  - Zielabweichung
  - Ergebnis vollständig, eindeutig, richtig?
- Bewertung:
  - materieller, zeitlicher Aufwand?
  - Existieren andere, effektivere Lösungswege?
  - Ist das Ergebnis angemessen, d.h. wirtschaftlich, sozial- und naturverträglich?
  - Sind andere Lösungen denkbar?
- Identifikation:
  - Warum kommen wir gerade zu dieser Lösung?
  - Können wir die Lösung mittragen, sie persönlich akzeptieren?
  - Wollen wir diese Lösung?
- Prognose:
  - Wie wirkt die Lösung im gesellschaftlichen, ganzheitlichen Kontext?
  - Wie ist der Grad der Gebundenheit und endgültigen Festlegung?
  - Welche Problemformulierungen stellen sich neu?

Damit sind die Stichpunkte des Kap. 4 als Handlungsplan zum Problemlösen zusammengefaßt. Um diesen Leitfaden zu vervollständigen, sei an dieser Stelle auch noch das Wesentliche des Kap. 3 in Erinnerung gerufen, das uns aufzeigte, wie wir unsere individuelle Problemlösefähigkeit entwickeln können:

Lernen und Handeln

- Entfaltung der Handlung
- Verallgemeinerung der Handlung
- Verkürzung der Handlung

Eigenschaften der Handlung:

- bewußt
- zielgerichtet
- rückgemeldet
- hierarchisch-sequentiell

Lernen und Motivation

- Selbststeuerung des Lernprozesses
- Entwicklung der eigenen Aufmerksamkeit und Neugier
- Selbsteinschätzung und Identifikation
- Schaffen von Erfolgserlebnissen

Damit liegen detaillierte Handlungsanweisungen zum Problemlösen vor, sowohl was das Problemlösen an sich als auch die Entwicklung der eigenen Problemlösefähigkeit betrifft. Dem folgenden Kapitel verbleibt es, dieses insgesamt an weiteren konkreten Beispielen zu üben.

5 Anwendung der Heuristik auf verschiedene Problemtypen

Dieses Kapitel hat Übungsfunktion und Transferfunktion. Im Rahmen der Übung und des Trainings werden dabei die folgenden Probleme gemäß des vorgeschlagenen Ablaufdiagramms zum Problemlösen und des im letzten Kapitel zusammengefaßten Handlungsplanes in die einzelnen Arbeitsschritte zerlegt und detailliert bearbeitet (Entfaltung). Soweit Sie bezogen auf einzelne Problemstellungen Ihren Grad an Beherrschung des Problemlöseverhaltens (Verallgemeinerung und Verkürzung) testen möchten, so versuchen Sie diese Übungen selbständig zu lösen. Dazu bietet sich Kap. 5.1.1 an, in dem weitere „Logeleien" vorgestellt werden.

In Kap. 5.1.2 werden dagegen Klausur- und Übungsaufgaben aus dem Bereich Physik, Elektrotechnik und Maschinenwesen bearbeitet. Diesem Kapitel kommt zu dem Übungscharakter noch die Transferfunktion zu. Dort soll gemeinsam erfahren werden, wieweit sich der entwickelte Handlungsplan auf andere spezielle Problembereiche übertragen läßt, welche neuen Perspektiven sich daraus ergeben und welche Konsequenzen das für adäquate Handlungspläne hat.

Dabei wird in Kap. 5.1 insgesamt die analytische Organisation von Analyse-, Veränderungs- und Prüfprozessen angewandt, d.h. es liegen in diesem Kapitel analytische Probleme zur Bearbeitung vor. Dem Kap. 5.2 sind dagegen synthetische Probleme gewidmet, und in Kap. 5.3 werden wir uns mit dem Lösen dialektischer Probleme befassen.

5.1
Das Lösen von analytischen Problemen

Die Untergliederung dieses Kapitels soll den unterstellten unterschiedlichen Erwartungen der Leser entgegenkommen. Auch wenn die Inhalte dieses Buches als Grundlage zum Problemlösen für die Hauptzielgruppe der Ingenieurinnen und Ingenieure geschrieben wurde, war alles bisher Vorgestellte und Geübte wohl für jeden, der zielgerichtet und kritisch denken und handeln möchte, eine sinnvolle Anregung und Anleitung. Wenn Sie nun nicht zu den Ingenieuren gehören, so überschlagen Sie einfach die Kap. 5.1.2 und 5.1.3, alles andere ist hoffentlich auch für Sie von Interesse. Beschäftigen Sie sich aber mit ingenieurwissenschaftlichen Problemen, so sind für Sie die Kap. 5.1.2 und 5.1.3 von besonderer Bedeutung. Dort wird der Versuch gemacht aufzuzeigen, wieweit Handlungspläne zum Problemlösen auch beim Verstehen ingenieurwissenschaftlicher Fragestellungen hilfreich sind. Natürlich ist, wie wir sehen werden, Faktenwissen auch weiterhin unumgängliche Voraussetzung zur Lösung solcher Probleme, aber die Handlungspläne zwingen zu einer gezielten Herangehensweise und eröffnen damit eine neue Perspektive des Verstehens und Lösens.

5.1.1
„Logeleien" zum individuellen Training

Übung 5.1

Händeschütteln (Zeitmagazin 1984)

Meine Frau und ich hatten unlängst acht Bekannte zum Essen eingeladen. Unsere Gäste waren Herr und Frau Appendraps, das Ehepaar Enkeldurp, Herr Irpelmeier nebst Gattin und Frau Ontenbratt mit Ehemann.

Früher gab man sich bei solchem Anlaß zur Begrüßung die Hand. Heute wird dies nicht mehr so genau genommen. Desto interessanter ist es zu erfahren, wer wem die Hand gibt. Darum fragte ich im Laufe des Abends unsere Gäste und meine Frau, wieviele Anwesende sie mit Handschlag begrüßt hatten.

Das Ergebnis: Jede befragte Person hatte eine andere Zahl genannt. Selbstverständlich hatte niemand seinem Ehepartner oder gar sich selbst die Hand geschüttelt, und natürlich hatte niemand derselben Person mehr als einmal die Hand gegeben. Die fünf Frauen hatten insgesamt ebenso viele Hände geschüttelt wie die vier Männer, die ich gefragt hatte.

Ich selbst hatte von den Damen nur Frau Enkeldurp die Hand gegeben.
Wem hatte meine Frau die Hand gegeben? Und wie vielen Personen hatte Frau Enkeldurp die Hand geschüttelt?

Eigenschaften der Sachverhalte

Wie immer beginnen wir die Ist/Soll-Analyse mit den Strukturierungshilfen, zuerst mit den Eigenschaften der Sachverhalte.

Die vorliegenden Sachverhalte sind abgeschlossen, damit liegt ein statisches und kein dynamisches Problem vor. Mehrere Personen haben sich zum Essen getroffen und sich zur Begrüßung die Hand gegeben oder auch nicht. Wer alles wem die Hand gegeben hat, ist uns in inzwischen hinlänglich bekannter, nämlich versteckter Form präsentiert. Damit sind die Einzelaussagen auf den ersten Blick unüberschaubar und undurchsichtig. Wie wir aber inzwischen auch wissen, bieten sich zur Überwindung dieser Eigenschaften besonders folgende methodische Hilfen an:

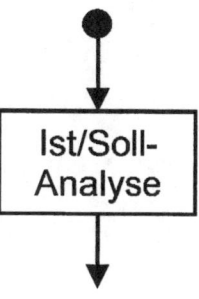

Ist/Soll-Analyse

– Auszug und Zusammenstellung aller gegebener und gesuchter Daten,
– Anwendung struktureller und visueller Darstellungsformen,
– Zusammenhänge und Brüche festhalten.

Zergliedern der Sachverhalte

Zum Essen trafen sich 10 Personen, darunter 5 Herren (H) und 5 Frauen (F). Wenn wir die Namen mit den Anfangsbuchstaben versehen,

– A, E, I, O und
– U

als verbleibenden Vokal für die Gastgeber vergeben, so lassen sich die Sachverhalte folgendermaßen in Matrixform (Tabelle 5.1) zergliedert darstellen, wenn wir mit x zusätzlich den jeweiligen Handschlag bezeichnen.

Einführung von Bezeichnungen

Matrix

Tabelle 5.1: Matrix zum Händeschütteln-Problem

wer / mit wie vielen	HA	FA	HE	FE	HI	FI	HO	FO	HU	FU
0 x										
1 x										
2 x										
3 x										
4 x										
5 x										
6 x										
7 x										
8 x										

Gegebenes

Dabei haben wir in der ersten Spalte schon berücksichtigt, daß 9 befragte Personen jeweils eine andere Zahl genannt und weder sich noch dem Ehepartner die Hand gegeben haben. Damit haben wir schon begonnen, die Einzelaussagen der Problemstellung herauszugreifen, was wir im folgenden fortsetzen wollen.

– 10 Personen (HA, ..., FU)
– 5 Ehepaare
– 1 Befrager = HU
– 9 Befragte
– 9 unterschiedliche Zahlen (0, 1, ..., 8)
  • kein Handschlag mit dem Ehepartner
  • kein Handschlag mit sich selbst,
  • derselben Person nur einmal die Hand gegeben.
– 5 F = 5 M - HU = HA + HE + HI + HO
– HU von F nur FE

Gesuchtes

Mit diesen Angaben sollen folgende Fragen beantwortet werden:

– FU hat wem die Hand gegeben?
– FE hat wie vielen Personen die Hand gegeben?

Ordnen der Sachverhalte

Das Ordnen der Sachverhalte wollen wir diesmal ganz wörtlich nehmen und uns vorstellen, wie Gäste und Gastgeber sich zur Begrüßung gegenüberstehen, z.B. in Kreisform, und wie dabei der Gastgeber alle seine Gäste mit Handschlag

Hypothese

begrüßt. Eine durchgezogene Linie zwischen zwei Personen repräsentiert den jeweiligen Handschlag (Abb. 5.1).

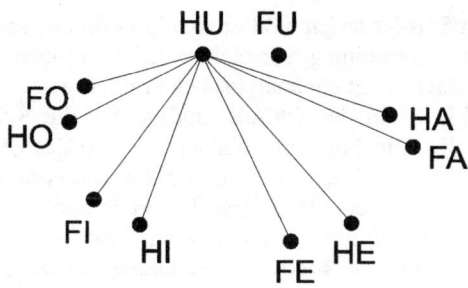

Abb. 5.1: Handschläge - Skizze 1

Methode
Visualisierung

Vergleichen der Sachverhalte

Ein erster Vergleich der Sachverhalte im Hinblick auf versteckte Informationen führt vielleicht schon jetzt zu der Festellung, daß die Addition aller Handschläge

$$\sum x = 36$$

ist, und die Skizze zur Verdeutlichung der Begrüßung führt zu dem Ergebnis, daß die Gastgeberin (FU) keine Hand geschüttelt hat, wenn, wie wir angenommen haben, der Gastgeber 8 Hände geschüttelt hat. Für diesen Fall haben nämlich alle übrigen Gäste mindestens schon eine Hand geschüttelt, so daß nur FU verbleibt, welche die Angabe, keine Hand geschüttelt zu haben, gemacht haben kann.

Wie wir schon aus diesen zwei Tatsachen erkennen können, beinhaltet das Gegebene – wie immer – mehr an Informationen, als auf den ersten Blick zu erkennen ist. Diese zusätzlichen Informationen zu gewinnen, ist sicherlich die Lösung dieser „Logelei". Wie wir gerade gesehen haben, hat uns auf diesem Weg schon die Visualisierung des Sachverhaltes teilweise geholfen; ob daraus noch weitere Informationen zu erzielen sind, damit werden wir uns später befassen. Die Komplexität und die Vernetztheit der vorliegenden Sachverhalte haben wir also durch methodische Hilfen schon teilweise aufgehoben und werden sie durch die Taktiken

– Erkennen und Aufheben von Abhängigkeiten,
– Konkretisierung und Abstraktion

weiterhin vereinfachen.

Nicht zu vergessen ist am Ende der Ist/Soll-Analyse die Problemtypisierung. „Logeleien" der vorliegenden Art haben uns inzwischen mehrmals beschäftigt, und wir haben schon einige Erfahrungen damit gesammelt.

Explizieren

Problemtyp

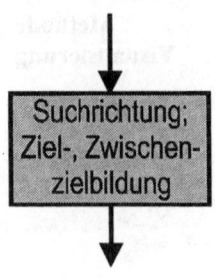

**Transformations-
methode**

**Organisations-
prinzip**

Identifikation

Prüfung

Die Ist/Soll-Kriterien sind eindeutig definiert, und Operatoren zur Verarbeitung versteckter Informationen sind uns bekannt. Damit liegt ein analytisches Problem vor.

Obwohl wir in der Ist/Soll-Analyse für die Skizze beispielhaft die Annahme getroffen haben, der Gastgeber habe acht Hände geschüttelt, wollen wir im weiteren nicht die Transformationsmethode „Versuch und Irrtum" durch Aufstellen weiterer Hypothesen und deren Verifikation oder Falsifikation anwenden, sondern entscheiden uns aufbauend auf unserer Erfahrung für das induktive Vorgehen.

Dazu werden wir das Gegebene weiter untersuchen und überprüfen, sowohl gedanklich als auch experimentell, indem wir uns durch Skizzen unübersichtliche Tatbestände verdeutlichen. Zwischenergebnisse und Teilziele werden wir in einer Tabelle überschaubar sammeln.

Wie weit sind wir inzwischen im Problemlöseprozeß vorgedrungen? Wir haben die Ist/Soll-Analyse beendet, dabei Gegebenes und Gesuchtes festgehalten und eine Tabelle und eine Skizze zur Verdeutlichung herangezogen. Diese Strukturierungs- und Visualisierungshilfen wollen wir induktiv auswerten und ergänzen.

Beim Aufstellen der Tabelle haben wir alle beteiligten Personen berücksichtigt. Gesucht sind aber nur Aussagen über FU und FE sowie die Namen der Personen, denen FU die Hand gegeben hat. Vielleicht wird sich herausstellen, daß die Tabelle in der Komplettheit gar nicht benötigt wird. Da sich das jetzt noch nicht überschauen läßt, wollen wir lieber eine möglichst vollständige Darstellung benutzen, als aufgrund von Vermutungen das Risiko von voreiligen Schlüssen einzugehen.

In der Ist/Soll-Analyse haben wir eine Hypothese gewagt, um uns das Händeschütteln optisch zu verdeutlichen. Deshalb sollten wir schnell wieder vergessen, daß etwa HU acht Hände geschüttelt habe und FU gar keine, aber als wesentliches und allgemeingültiges Ergebnis bleibt festzuhalten, daß die Person, die acht Hände geschüttelt hat, verheiratet sein muß mit der Person, die keine Hände geschüttelt hat.

Bevor wir diese Aussage weiter bewerten, sollten wir im Rahmen der Prüfung die „Logelei" nochmals insgesamt durchlesen und besonders das Gegebene und Gesuchte überprüfen. Wenn wir davon ausgehen, daß wir diesen Bereich korrekt bearbeitet haben, wollen wir im folgenden wieder belegen, daß die Selbstreflexions- und Bewertungsphase alles andere als ein unliebsamer Zeitverlust auf dem Weg zur Lösung ist.

Kommen wir zurück zu der Feststellung, daß die Perso- **Bewertung**
nen, die acht und keine Hände geschüttelt haben, verheiratet
sein müssen. Wenn wir nun in der Skizze eine weitere beliebige Person, z.B. FO auswählen, die ihrerseits sieben Hände
geschüttelt hat, so verbleibt zwangsläufig unter den gegebenen Rahmenbedingungen, daß HO nur eine Hand geschüttelt
hat (Abb. 5.2).

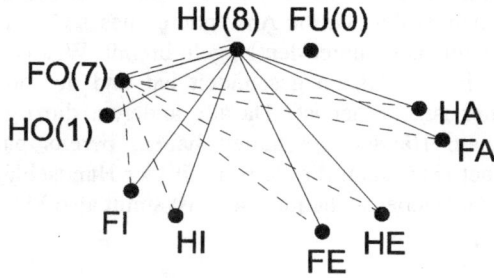

Abb. 5.2: Handschläge - Skizze 2

Daraus läßt sich allgemein ableiten, daß

- 8 und 0
- 7 und 1
- 6 und 2
- 5 und 3

verheiratet sein müssen.

Damit haben wir doch schon eine wesentliche neue Information gewonnen. Wenn wir nun auch weiterhin so aufmerk-   **Prognose**
sam bleiben, stellen wir sofort fest, daß die Person mit vier
Handschlägen gar nicht dabei ist. Das scheint doch ein guter
Ausgangspunkt für weitere Überlegungen zu sein, die wir uns
gerne als Einstieg zur Operatoranwendung aufheben. So haben wir schon im Vorgriff weiterführende Ideen im Kopf, die
uns motivieren und neugierig machen, weil sie Perspektiven
für das zukünftige Vorgehen eröffnen.

Den Prozeß der Operatorauswahl können wir sicherlich
etwas verkürzen. Wir haben uns für die Induktion als Transformationsmethode entschieden und damit als Operatoren

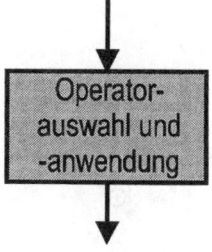

- logisches Schließen, Ausschließen, Auswerten
- Differenzieren, Konkretisieren --> Abstrahieren
- Kombinieren

nach Abb. 4.10 vorrangig ins Kalkül zu ziehen.

Auswahlkriterien

Präferenzen
Eigenschaften

Methode
Fragetechnik

Gemäß unseren bisherigen Erfahrungen mit ähnlichen Problemen (z.B. mit der Kreuzformfirma) haben wir möglicherweise gerade mit dem logischen Schließen positive Ergebnisse erzielt, so daß wir für diesen Operator inzwischen eine gewisse Vorliebe entwickelt haben.

Zudem hat sich dieser Operator für die vorliegenden Sachverhalte wegen seiner Wirkungsbreite und Wirkungssicherheit bei auszuschließenden Nebenwirkungen auch unter dem Gesichtspunkt des Aufwandes als angemessen herausgestellt.

Beginnen wollen wir die Anwendung dieses Operators mit dem, was uns noch unter den Nägeln brennt. Was ist mit der Person, die vier Hände geschüttelt hat und der noch kein Ehepartner zugeordnet ist? Da alle anderen, die irgendeine Anzahl von Händen geschüttelt haben, bereits paarweise zugeordnet sind, kann die Person mit vier Handschlägen nur mit dem Gastgeber verheiratet sein, ist somit also FU:

$$FU = 4x$$

Und mit der gleichen Ausschlußlogik wie oben folgt daraus, daß ebenfalls

$$HU = 4x$$

ist, wie die unten stehende Abb. 5.3 nochmals verdeutlicht. Desweiteren verdeutlicht die Skizze, daß die Gastgeber die gleichen Personen mit Handschlag begrüßt haben, nämlich die Personen, die 5, 6, 7 und 8 Hände geschüttelt haben.

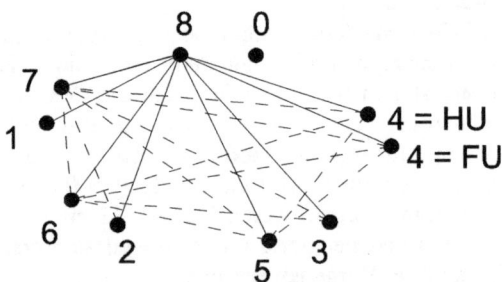

Abb. 5.3: Handschläge - Skizze 3

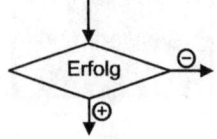

Wenn es uns nun noch gelingt, diesen Zahlennennungen die entsprechenden Personen zuzuordnen, haben wir das erste Teilziel erreicht, nämlich die Antwort auf die Frage

– Wem hat FU die Hand gegeben?

Da wir bisher noch nicht die Auswertung des Gegebenen versucht haben, sollten wir jetzt darauf zurückkommen. Aus

HU von F nur FE

folgt, daß sich unter den gesuchten Personen (5, 6, 7 und 8) nur eine Frau, nämlich FE befindet. Damit sind wir auch schon dem zweiten Teilziel näher gekommen, die Antwort auf die Frage

Wievielen Personen hat FE die Hand gegeben?

Zwangsläufig verbleiben an Herren (siehe Ehepartnerbedingung)

HA, HI und HO.

Somit hat FU die Gäste HA, HI, HO und FE mit Handschlag begrüßt (1. Teilziel).

Zur Klärung des zweiten Teilzieles untersuchen wir noch abschließend die Aussage

$5F = 4H - HA + HE + HI + HO.$

Mit

$$\sum x = 36$$

folgt

$HA + HE + HI + HO = 18$

und daraus, daß die Herren nur

0, 5, 6 und 7

sein können. FE hat also acht Hände geschüttelt (2. Teilziel).

Abschließend sind alle Zwischenergebnisse in Tabelle 5.2 festgehalten. Daraus ist ersichtlich, daß eine weitere definitive Aussage über die persönliche Zuordnung zu 1, 2, 3, 5, 6 und 7 nicht möglich ist, diese war aber auch nicht gefordert. Die Entwicklung der Tabelle 5.2 ist analog der Vorgehensweise zu vollziehen und ist hier aus Vereinfachungsgründen am Ende insgesamt dargestellt.

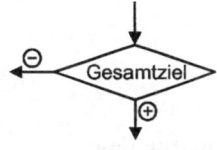

Tabelle 5.2: Matrix zum Händeschütteln-Problem

wer mit wie vielen	HA	FA	HE	FE	HI	FI	HO	FO	HU	FU
0 x	—	—	+		—	—	—	—	—	—
1 x			—	—					—	—
2 x			—	—					—	—
3 x			—	—					—	—
4 x	—	—	—	—	—	—	—	—	+	+
5 x			—	—					—	—
6 x			—	—					—	—
7 x			—	—					—	—
8 x	—	—	—	+	—	—	—	—	—	—

Bewertung, Selbstreflexion

Prüfung

Wir haben eine Lösung des Problems gefunden; ob das Ergebnis vollständig, eindeutig und richtig ist – diese Feststellung obliegt dem Kontrollteil unserer bisherigen Handlung.

Dazu überprüfen wir zuerst, ob das Gesuchte wirklich beantwortet ist, ob keine Widersprüche oder andere Ungereimtheiten vorliegen.

Gefragt war

– *Wem* hat FU die Hand gegeben?
– *Wievielen* Personen hat FE die Hand gegeben?

und unsere Antworten darauf lauteten:

– HA, HI, HO und FE und
– acht Personen.

Damit ist das Ergebnis vollständig, eindeutig und auch richtig, da weder die aufgestellte Tabelle noch ein nochmaliges Vergleichen mit dem Gegebenen irgendwelche Widersprüche aufzeigt.

Bewertung

Wir sind die Lösung zielgerichtet angegangen und haben dabei keinen Mißerfolg erfahren. Somit waren keine Umorientierungen nötig. Sehr wichtig war die Verdeutlichung durch die Skizze, die Tabelle andererseits war vielleicht nicht nötig.

Identifikation

Ihre wichtige Funktion erhält die Skizze dadurch, daß durch die optische Darstellung eine erhebliche Reduktion der abstrakten Sachverhalte erzielt wurde. Gehören wir zu denen, die diese visuellen Anschauungen benötigen, dann sollten wir zukünftig dafür immer vorrangig Sorge tragen.

Mit der Lösung des vorliegenden Problems sind keine gesellschaftlichen Auswirkungen verbunden. Wir sind wieder um eine Erfahrung im Lösen solcher „Logeleien" reicher und haben dabei vermehrt den Sinn von Strukturierungs- und Visualisierungshilfen erkannt. Zukünftig werden wir sie noch bewußter einsetzen.

Die weiteren Übungen dieses Kapitels sind Ihnen zum Training vorbehalten.

Prognose

Kneipentreff (Zeitmagazin 1985)

Es wäre übertrieben, den Hausmakler Egon Tröffer einen Säufer zu nennen, wiewohl er an jedem Wochentag-Abend in eine Kneipe geht und dort nicht gerade Limonade zu sich nimmt. Tröffer jedenfalls führt als Beweis für seine Unabhängigkeit vom Alkohol die Tatsache an, daß er weder samstags noch sonntags auch nur einen Tropfen trinkt. Er gehe, sagt er, nur in die Kneipe, um dort mit seinen fünf Großkunden zu konferieren, den Herren Vielkauf, Reibacher, Pleitemeyer, Nassauer und Geldsitzer. Einer der Kunden ist Bankier, einer Arzt, einer Unternehmer, einer Rechtsanwalt und einer Hotelier. Die Geschäfte des Herrn Tröffer werden ein wenig außerhalb der Legalität getätigt, weshalb er darauf achtet, daß die Kunden voneinander möglichst nichts wissen. Darum trifft er jeden an einem anderen Wochentag und in einer anderen Kneipe, aber in jeder Woche am gleichen Tag und gleichen Ort.

An Kneipen fehlt es wahrlich nicht im Ort; Tröffer trifft seine Kunden im „Spatzenpfiff", „Kupferkessel", „Weinfaß", „Bräustübl" und in der „Teekanne". Neulich fragte ich Tröffer, wen er denn wann wo treffe, worauf er mir diese Antwort gab:

„An drei aufeinanderfolgenden Tagen sind zuerst Geldsitzer, dann das Bräustübl und dann der Unternehmer an der Reihe. Der Arzt ist nicht Herr Vielkauf, und ich treffe den Arzt nicht im Spatzenpfiff. Am Mittwoch nachmittag stehen mir immer noch die Konferenzen dieser Woche mit Nassauer und Pleitemeyer sowie der Besuch des Kupferkessels bevor. Montags gehe ich nicht in die Teekanne. Den Hotelier treffe ich nach Reibacher, doch vor dem Rechtsanwalt, aber keinen der drei treffe ich am Montag. Nassauer treffe ich vor Pleitemeyer, jedoch nach Geldsitzer, aber diese drei Herren treffe ich an einem Tag, der nach meinem Besuch der Teekanne liegt." Wen trifft Tröffer wann, wo, und wer von den Herren hat welchen Beruf?

Übung 5.2

Übung 5.3

15-Minuten-Ei (Zeitmagazin 1986)

„Bringen Sie mir ein hartgekochtes Ei, es muß aber genau eine Viertelstunde lang gekocht haben", begehrt der Hotelgast im Frühstückszimmer, und in wenig freundlichem Ton fügt er hinzu: „Aber beeilen Sie sich ein bißchen. In spätestens 25 Minuten möchte ich mein Ei auf dem Tisch haben."

„Der hat wohl schlecht geschlafen", murmelt die Kellnerin, während sie zur Küche geht, um ihren Auftrag weiterzugeben.

„Ein hartgekochtes Ei", ruft sie der Köchin zu. Die quittiert: „Wird gemacht, kein Problem." Die Kellnerin: „Das sehe ich aber etwas anders. Dieses Ei muß nämlich exakt 15 Minuten lang kochen, nicht länger und nicht kürzer. Außerdem hat es der Gast ziemlich eilig." Und sie erklärt der Köchin, daß der Mann sein Ei in spätestens 25 Minuten vor sich stehen haben möchte.

„Das ist allerdings ein Problem", räumt die Köchin ein, „wie soll ich das denn ohne Uhr hinkriegen?" – „Hast du denn keine Eieruhr?" fragt die Kellnerin. Darauf die Köchin: „Natürlich habe ich eine, ich habe sogar zwei Eieruhren, mein liebes Kind, aber es sind Sanduhren und keine davon läuft genau 15 Minuten. Wer will denn auch schon so harte Eier?" – „Mein Gast will so harte Eier", erwidert die Kellnerin, „wie lange laufen denn die Sanduhren?" – „Die eine läuft sieben und die andere elf Minuten", antwortet die Köchin.

Bei diesem Gespräch sind inzwischen vier Minuten vergangen, und der Gast kaut sichtlich nervös an seinem Marmeladenbrötchen. Wenn das Ei nicht pünktlich auf dem Tisch steht, schlägt so einer bestimmt mächtig Krach.

Der muß auf jeden Fall vermieden werden. Also hat sich die Köchin zu sputen, um ihr Problem mit Hilfe ihrer beiden Sanduhren lösen zu können. Wie kann sie damit exakt 15 Minuten messen und das innerhalb von 21 Minuten, die ihr noch verbleiben?

5.1.2
Technische Aufgaben und Problemstellungen

Das vorgeschlagene Ablaufdiagramm zum Problemlösen ist bisher anhand von „Logeleien" und Denksportaufgaben schrittweise entwickelt und eingeübt worden. Der abgeleitete Handlungsplan gibt konkrete Handlungsanweisungen für jeden Arbeitsschritt. Eine Übertragung der Ergebnisse auf andere Anwendungsgebiete steht noch aus. Dieses soll im folgenden im Hinblick auf technische und ingenieurwissenschaftliche Fragestellungen geleistet werden.

Die Erfahrungen in unseren Seminaren haben gezeigt, daß das nicht einfach ist und eine intensive Übung voraussetzt. Sie haben aber auch gezeigt, daß das Ablaufdiagramm zum Problemlösen allgemeingültigen Charakter besitzt, wie die folgenden Übungen belegen werden. Dagegen ist der entwickelte Handlungsplan nicht bis in die letzte Konsequenz universell anwendbar. Deshalb werden in Kap. 5.1.3 Handlungspläne als Ergebnis der Auseinandersetzung mit den Übungen des Kap. 5.1.2 entworfen. Das wichtigste Ziel wird dabei sein, deutlich zu machen, daß für fachspezifische Aufgaben detaillierte Handlungspläne jeweils neu entworfen und entwickelt werden müssen. Das heißt aber auch, daß zu jeder gründlichen Klausurvorbereitung die Aufstellung eines angepaßten Handlungsplanes gehört. Dabei wird der Schwerpunkt auf die Auswahl fachspezifischer Methoden, Suchräume und Operatoren zu legen sein. Auswählen können wir aber erst, wenn wir über eine Palette von Möglichkeiten verfügen. In dem Maße, wie wir uns diese Möglichkeiten eröffnen, um anschließend bewußt und zielgerichtet auszuwählen, erschließen wir uns ein neues Verständnis der Zusammenhänge.

Haben wir die Zusammenhänge auf diese Weise einmal verstanden, werden wir sie auch leichter im Gedächtnis behalten. Auch fachspezifische Kenntnisse werden in Zusammenhängen leichter verarbeitet und bleiben präsent. Die folgenden Übungen werden dies verdeutlichen.

Übung 5.4

Wasserkegel (Polya 1946)

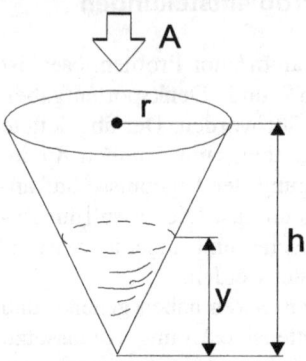

Gegeben ist ein Kegel mit dem Radius r, der Höhe h, einem Wasserstand y (für t = 0) und einen Zufluß mit der Volumen-stromgeschwindigkeit A.

Gesucht ist die Steiggeschwindigkeit der Wasseroberfläche.

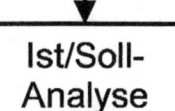

Ist/Soll-Analyse

Eigenschaften der Sachverhalte

Die Sachverhalte sind durch eine zeitliche Veränderlichkeit und durch Abhängigkeit der Variablen gekennzeichnet.

Zergliedern der Sachverhalte

Gegeben sind die geometrischen Angaben

Gegebenes

$$r, h, y$$

und die Volumenstromgeschwindigkeit

$$A.$$

Ordnen und Vergleichen der Sachverhalte

Die geometrischen Angaben drängen sich auf, sollten unsere Aufmerksamkeit erregen. Was läßt sich damit berechnen? Z.B. das Volumen des Kegels V_K:

$$V_K = \frac{\pi}{3} \cdot r^2 \cdot h$$

Sollte die Formel für das Kegelvolumen nicht präsent, ebenfalls auch keine Formelsammlung zur Hand sein, dann erinnere man sich an das Volumen eines Zylinders V_Z,

$$V_Z = Grundfläche \cdot Höhe$$

stelle fest, daß das Volumen eines Kegels sicherlich kleiner als das eines Zylinders bei gleicher Höhe und Grundfläche ist, und spätestens dann fällt dem einen oder anderen der Faktor 1/3 aus der Schulzeit ein (Größenabschätzung). Da wir die Geschwindigkeit der Wasseroberfläche bestimmen sollen, ist sicherlich das Wasservolumen V von Interesse. Dazu führen wir die Hilfsgröße

$$x$$

als Radius der Wasseroberfläche ein und erhalten

$$V = \frac{\pi}{3} \cdot x^2 \cdot y \qquad (5.1)$$

Außer den geometrischen Größen ist noch die Volumenstromgeschwindigkeit A gegeben. Wir wissen, daß der vorliegende Sachverhalt durch die Abhängigkeit der Variablen gekennzeichnet ist, und fragen nach einer Beziehung zwischen A und V, da doch das zufließende Wasser sich direkt auf das im Kegel befindliche Wasservolumen auswirkt,

Methode Fragetechnik, Explizieren

$$A = \frac{dV}{dt} \qquad (5.2)$$

und haben damit auch die zeitliche Veränderlichkeit des Wasservolumens beschrieben.

Gesucht ist die Steiggeschwindigkeit der Wasseroberfläche, d.h. die Änderung der Wasserhöhe y pro Zeiteinheit:

Gesuchtes Explizieren

$$\dot{y} = \frac{dy}{dt}$$

Die Ist/Soll-Kriterien sind eindeutig definiert, das Auflösen von Gleichungen und das möglicherweise nötige Differenzieren wären bekannte Operatoren; damit liegt ein analytisches Problem vor. Bei den folgenden Übungen dieses Kapitels wird eine Problemtypisierung nicht mehr durchgeführt, da das Kap. 5.1 nur analytische Probleme beinhaltet.

Problemtyp

Die Ergebnisse der Ist/Soll-Analyse müßten ausreichend sein, um daraus einen Lösungsweg zu skizzieren.

Als Transformationsmethode wollen wir diesmal das deduktive Vorgehen anwenden, also vom Allgemeinen zum Besonderen vorstoßen.

Dabei wählen wir z.B. als Organisationsprinzip die Rückwärtssuche aus.

Deduktion

Rückwärtssuche

Gesucht ist

$$\dot{y} = \frac{dy}{dt}$$

Als zeitabhängige Größe ist uns mit Gl. (5.2)

$$\frac{dV}{dt} = A$$

bekannt. Da andererseits nach Gl. (5.1)

$$V = \frac{\pi}{3} \cdot x^2 \cdot y = f(x)$$

ist, gilt

$$\frac{dV}{dy} \cdot \frac{dy}{dt} = A \Rightarrow \frac{dy}{dt} = A \cdot \frac{1}{dV/dy}$$

Damit ist das Ziel erreicht, wenn wir noch die eingeführte Hilfsgröße x

$$x = f(y)$$

als Funktion von y über den Strahlensatz bestimmen.

$$\frac{x}{y} = \frac{r}{h} \Rightarrow x = \frac{r}{h} \cdot y$$

Selbstreflexion, Bewertung

Identifikation

Natürlich werden wir auch bei Aufgaben des vorliegenden Types die Selbstreflexions- und Bewertungsphasen mit gleicher Ernsthaftigkeit vollziehen, wie wir es bisher bei den „Logeleien" praktiziert haben. Dazu ziehen wir wieder die im Handlungsplan ausgewiesenen Kontrollprozesse heran, nur die erläuternden und unterstützenden Fragestellungen werden wir gemäß den vorliegenden fachlichen Problembereichen konkreter und spezifischer fassen. Die Ergebnisse dieser Konkretisierung des Handlungsplanes werden in Kap. 5.1.3 zusammengefaßt.

Die geometrischen Angaben der Problemstellung haben unsere besondere Aufmerksamkeit erregt und uns geradezu auf die Volumenbestimmung gestoßen. Im weiteren haben wir dann auch noch eine Beziehung zwischen diesem Volumen und der gegebenen Größe der Volumenstromgeschwindigkeit A gefunden.

Die von uns vorgelegte Lösungsskizze benötigt zur Bestimmung der gesuchten Größe die gegebenen Größen

Prüfung

$$r, h, y, A.$$

Damit werden *alle* gegebenen Größen benutzt, weitere Kenntnisse sind nicht nötig. Die Lösungsskizze und damit die Rangfolge der Bearbeitungsschritte sind nachvollziehbar. Eine erste Plausibilitätskontrolle zeigt, daß mit

Bewertung

$$\frac{dy}{dt} = f\left(\frac{1}{y}\right)$$

die gesuchte Geschwindigkeit $\dot{y}$ mit wachsendem y kleiner wird, und das entspricht unserer praktischen Erfahrung und Vorstellung.

Eine Größenabschätzung ist wegen der allgemeinen Daten nicht möglich, eine Dimensionsbetrachtung vielleicht noch zu früh; wir verschieben sie auf die abschließende Bewertungsphase.

Das Vollziehen des Lösungsweges wird nicht sehr viel Zeit in Anspruch nehmen. Andererseits ist die weitere Berechnung auch keine gedankliche Leistung mehr.

Prognose

Innerhalb einer Klausur sollte an dieser Stelle eine Entscheidung darüber getroffen werden, wieviel Punkte mit dem bisherigen Ergebnis schätzungsweise schon erreicht sind und ob die Zeit nicht sinnvollerweise, d.h. unter Gewinnung einer höheren Punktezahl bei einer anderen Aufgabe investiert werden sollte. Dies setzt aber eine Kenntnis der üblichen Punkteverteilung und eine Kenntnis aller Aufgaben und Probleme in der Klausur voraus. Daher sollten wir uns zu Beginn einer Klausur unbedingt immer einen Überblick über alle Aufgaben verschaffen und eine Prioritätenliste erstellen. Beginnen sollten wir in der Regel mit solchen Aufgaben, denen wir am ehesten erfolgreiches Bestehen und Verstehen unterstellen. Mit einigen erfolgreich gelösten Aufgaben sind auch schwierigere Aufgaben nicht mehr unüberwindbare Hindernisse.

Mit dem Block der Operatorauswahl und -anwendung steigen wir in den Ausführungteil der Handlung ein; wir haben uns damit also entschieden, die Aufgabe vollständig zu lösen.

Eine Auswahl an verschiedenen Operatoren nach ihren Eigenschaften steht wohl nicht zur Diskussion. Es ist eine

Operator-auswahl und -anwendung

– Gleichung aufzulösen und diese
– zu differenzieren.

Operator

Da dieses zum Handwerkszeug eines künftigen Ingenieurs gehört, sollten wir auch nicht über Vorlieben und Stärken nachdenken.

Somit ergibt sich für

$$\frac{dy}{dt} = A \cdot \frac{1}{dV/dy}$$

mit

$$x = \frac{r}{h} \cdot y$$

und damit

$$V = \frac{\pi}{3} \cdot \frac{r^2}{h^2} \cdot y^3$$

beziehungsweise

$$\frac{dV}{dy} = \pi \cdot \frac{r^2}{h^2} \cdot y^2$$

schließlich

$$\frac{dy}{dt} = A \cdot \frac{h^2}{r^2} \cdot \frac{1}{\pi \cdot y^2}$$

Bewertung, Selbstreflexion

Prüfung
Bewertung

Die Operatoranwendung ist auf den ersten Blick sowohl erfolgreich als auch für das angestrebte Ziel folgenreich gewesen. Ob wir uns mit diesem Ergebnis zufriedenstellen können, wird der abschließende Kontrollteil unserer Handlung aufzeigen.

Da wir in der ersten Selbstreflexions- und Bewertungsphase schon ein Großteil der Kontrollprozesse abgeschlossen haben, verbleibt jetzt noch zu überprüfen, ob das Ergebnis auf den ersten Blick vernünftig erscheint. Eine Möglichkeit dazu liegt in der Dimensionsbetrachtung.

Mit

$$\frac{dy}{dt} = \left[\frac{m}{s}\right] = \frac{Weg}{Zeit}$$

ergibt sich

$$\frac{dy}{dt} = \frac{m}{s} = \frac{1}{m^2} \cdot \frac{m^3}{s}$$

mit

$$A = \frac{m^3}{s}$$

Damit ergibt sich für die Geschwindigkeit die richtige Einheit.

Ob während einer Klausur überhaupt genügend Zeit zur Verfügung steht, solche abschließenden Betrachtungen zu vollziehen, ist sicherlich ein berechtigter Einwurf. Deshalb kann es für Klausuren ratsam sein, den Kontrollteil der Handlung bezogen auf die einzelnen Aufgaben erst dann durchzuführen, wenn alle Aufgaben bearbeitet sind und noch Zeit zur Verfügung steht.

Die Faltung   **Übung 5.5**

Zwei Funktionen $f_1(t)$ und $f_2(t)$ werden entsprechend der Vorschrift

$$f_3(t) = \int_0^t f_1(\tau) \cdot f_2(t - \tau)\, d\tau$$

miteinander gefaltet. Es gilt

$$f_1(t) = f_2(t) = \begin{cases} 1 & \text{für } 0 \le t \le 1 \\ 0 & \text{sonst} \end{cases}$$

Zeichnen Sie $f_3(t)$ und geben Sie eine analytische Darstellung von $f_3(t)$ an.

Eigenschaften der Sachverhalte

Die Sachverhalte sind sowohl variablen- als auch zeitabhängig und stellen das Integral über das Produkt zweier Funktionen dar.

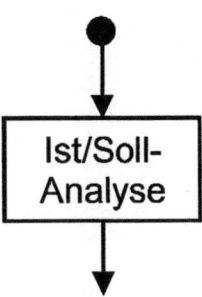

Ist/Soll-
Analyse

Zergliedern der Sachverhalte

**Gegebenes,
Methode
Visualisierung**

Die Funktionen $f_1(t)$ und $f_2(t)$, die entsprechend des Integrals miteinander gefaltet werden, sind gleich (Abb. 5.4).

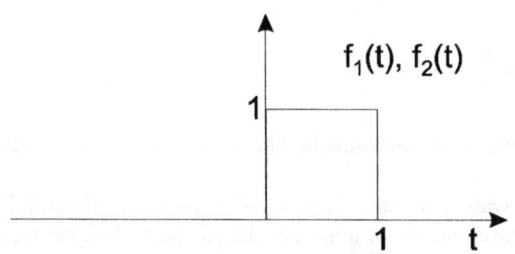

Abb. 5.4: Grafische Darstellung der Funktionen $f_1(t)$ und $f_2(t)$

Ordnen und Vergleichen der Sachverhalte

Als Integrationsvariable ist in dem Faltungsintegral τ eingeführt. Somit gilt für $f_1(\tau) = f_2(\tau)$ (Abb. 5.5).

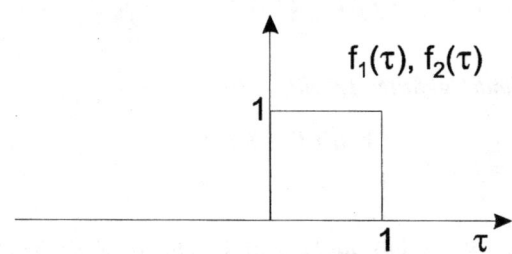

Abb. 5.5: Grafische Darstellung der Funktionen $f_1(\tau)$ und $f_2(\tau)$

Dagegen ist die Funktion $f_2(-\tau)$ die gespiegelte Funktion (Abb. 5.6).

Explizieren

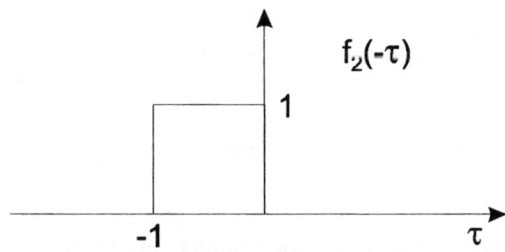

Abb. 5. 6: Grafische Darstellung der Funktion $f_2(-\tau)$

Wird diese gespiegelte Funktion in ihrem Argument um einen Faktor t ergänzt: $f_2(t-\tau)$, so verschiebt sie sich um den entsprechenden Faktor nach rechts (Abb. 5.7),

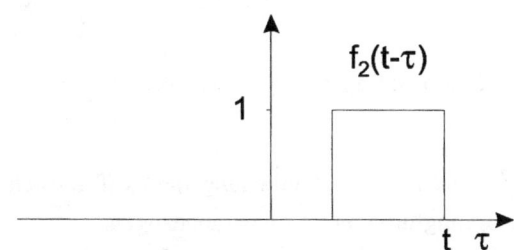

Abb. 5.7: Grafische Darstellung der Funktion $f_2(t-\tau)$

oder, da $f_2(t-\tau) = f_2\big[-(\tau-t)\big]$ ist, die Verschiebung nach links (Abb. 5.8),

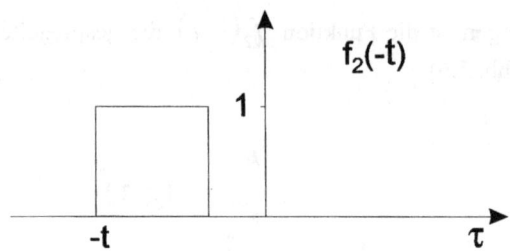

Abb. 5.8: Grafische Darstellung der Funktion $f_2(-t)$

und die anschließende Spiegelung (Abb. 5.9).

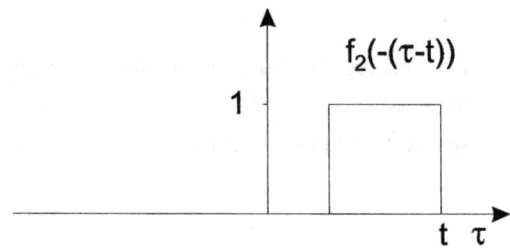

Abb. 5.9: Grafische Darstellung der Funktion $f_2\big[-(\tau - t)\big]$

Zur weiteren Veranschaulichung dieses Tatbestandes sei z.B. die Sprungfunktion $\varepsilon(\tau)$ herangezogen.

Da z.B. für $t = 3$ $\tau = 3$ sein muß, um den Funktionswert $\varepsilon(3 - 3) = \varepsilon(0)$ zu erhalten, handelt es sich um eine Verschiebung von $\varepsilon(\tau)$ um t nach rechts (Abb. 5.10).

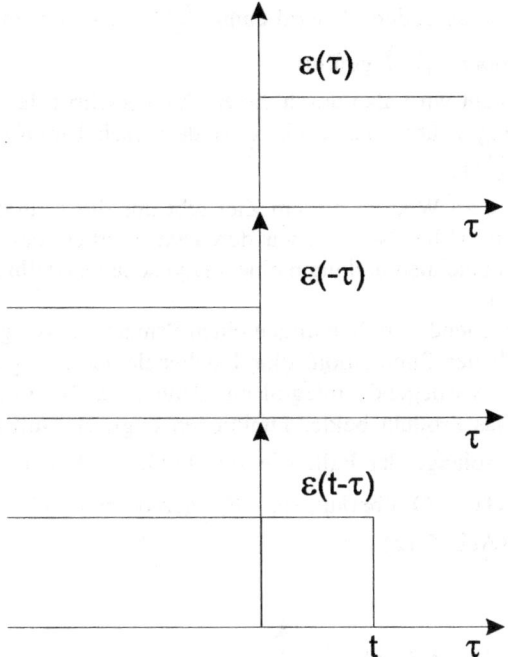

Abb. 5.10: Grafische Darstellung der Sprungfunktion $\varepsilon(\tau)$

Nachdem wir uns insoweit Klarheit über die Funktion verschafft haben, stellt sich die Anfangssituation für das Integral $(t = 0)$, wie in Abb. 5.11 zu sehen, dar.

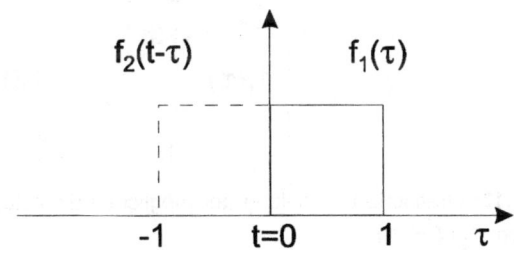

Abb. 5.11: Grafische Darstellung der Funktionen $f_1(\tau)$ und $f_2(t - \tau)$ für $t = 0$

Gesuchtes

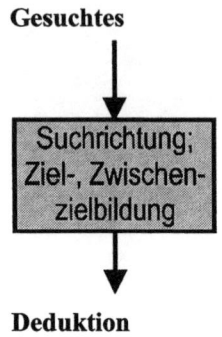

Deduktion

Mit wachsendem t wird dann $f_2(t - \tau)$ von links nach rechts über $f_1(\tau)$ geführt.

Gesucht wird also durch die Rechenvorschrift der Faltung das Integral über die so übereinanderverschobenen Funktionen, $f_3(t)$.

Auf dem Weg zu diesem Ziel gibt uns die Aufgabenstellung eine Hilfe. Nehmen wir den Text wörtlich, dann sollen wir erst zeichnen und dann eine analytische Darstellungsform angeben.

Ausgehend von dem allgemeinen Prinzip des Integrierens, nämlich der Summation aller Flächenelemente, ergibt sich, daß das vorliegende Integral nur dann einen Beitrag liefert, wenn das Produkt beider Funktionen ungleich Null ist. Das ist nur solange der Fall, wie sich beide Funktionen $f_1(\tau)$ und $f_2(t - \tau)$ überlappen, z.B. „gerade erst" oder „gerade noch" (Abb. 5.12).

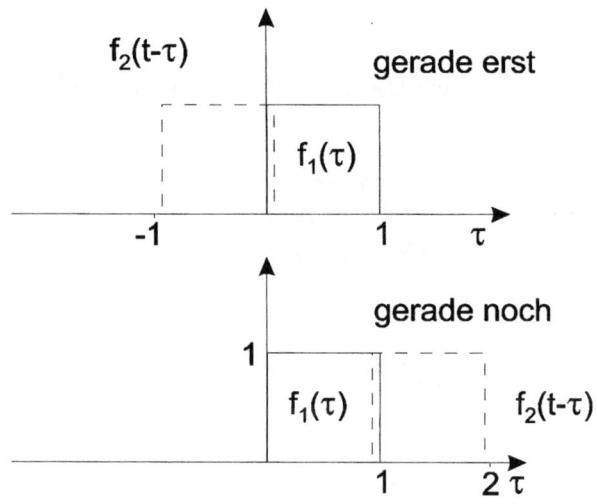

Abb. 5.12: Grafische Darstellung der möglichen Grenzlagen der Funktion $f_2(t - \tau)$

Zwischenziele

Mit diesen Überlegungen wollen wir zuerst eine zeichnerische Lösung anstreben und anschließend eine analytische Darstellung versuchen. Damit ist die Reihenfolge unseres Vorgehens festgelegt.

Nach den bisherigen Überlegungen ergibt sich auch im Rahmen der Kontrollprozesse, daß $f_3(t)$ nur für $0 \leq t \leq 2$ einen von Null verschiedenen Wert aufweist, also

$$f_3(t) = 0 \text{ für } t < 0 \text{ oder } t > 2 \text{ ist.}$$

Damit ist für einen bestimmten Definitionsbereich die gesuchte Funktion schon gefunden.

Alles weitere ist aber noch undurchsichtig. Wir haben zwar das Faltungsintegral gründlich analysiert und durch Zeichnungen verdeutlicht, aber der skizzierte Lösungsweg ist nicht so vollständig, wie wir es z.B. bei dem Wasserkegelproblem durch einen formelmäßigen Zusammenhang verdeutlichen konnten.

Deshalb werden wir besonderes Gewicht auf die Operatorauswahl und -anwendung legen müssen.

Innerhalb der Suchrichtung ist uns schon die Bedeutung bestimmter Zeitpunkte der sich verschiebenden Funktion $f_2(t - \tau)$ klar geworden. Mit δ als infinitesimal kleinem Zeitabschnitt ergibt sich erst für

$$t = 0 + \delta$$

für das Produkt $f_1(\tau) \cdot f_2(t - \tau)$ ein von Null verschiedener Wert. Dies gilt gerade noch bis

$$t = 2 - \delta.$$

Ebenso interessant ist der Zeitpunkt

$$t = 1,$$

da sich dann gerade beide Funktionen insgesamt decken.

Damit bieten sich als Operatoren für die zeichnerische Darstellung von $f_3(t)$

- das Abschätzen von Eckwerten und
- die Summation der von beiden Funktionen gemeinsam gebildeten Flächenelemente

an.

Damit haben wir noch keinen Operator zur analytischen Darstellung gefunden. Die Auswahl verschieben wir auf später, um über die Anwendung obiger Operatoren zu mehr Klarheit über $f_3(t)$ zu gelangen.

Selbstreflexion, Bewertung

Prüfung

Bewertung

Prognose

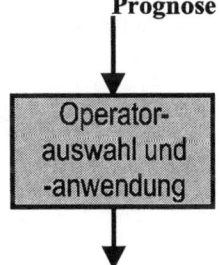

Operatorauswahl und -anwendung

Operatoren

**Operator-
anwendung**

Für $t = 0 + \delta$ beginnen sich gerade gemeinsame Flächenelemente zu bilden, d.h. das Integral wächst vom Wert 0 stetig an.

$$f_3(t = 0) = 0$$

Für $t = 1$ ist der maximale gemeinsame Flächenanteil erreicht.

$$f_3(t = 1) = 1$$

Für größerwerdende t nimmt der gemeinsame Flächenanteil wieder ab, so daß bei $t = 2 - \delta$ nahezu der Wert 0 erreicht ist.

$$f_3(t = 2) = 0$$

Zwischenziel

Damit können wir $f_3(t)$ nun zeichnerisch darstellen (Abb. 5.13).

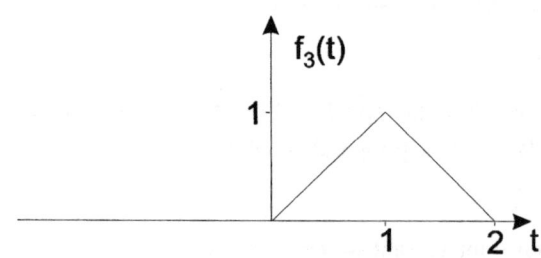

Abb. 5.13: Grafische Darstellung der Funktion $f_3(t)$

Zur Gesamtlösung fehlt noch die analytische Darstellung von $f_3(t)$. Nachdem wir aber die zeichnerische Lösung gefunden haben, bietet sich als weiterer Operator die Geradengleichung

$$y = a \cdot x + b$$

an, mit a als Steigung und b als Schnittpunkt der Geraden mit der y-Achse, z.B.

$$y = \frac{1}{2}x + 1 \text{ (Abb. 5.14).}$$

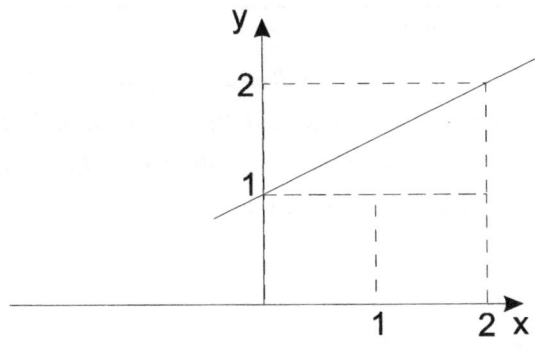

Abb. 5.14: Grafische Darstellung der Funktion $y = \dfrac{1}{2}x + 1$

Damit ergibt sich für $f_3(t)$ in den Intervallen die folgende analytische Darstellung:

Gesamtziel

$$f_3(t) = \begin{cases} t & \text{für } 0 \leq t \leq 1 \\ 2 - t & \text{für } 1 < t \leq 2 \\ 0 & \text{sonst} \end{cases}$$

Durch ein nochmaliges Einsetzen der Eckwerte $t = 0$, $t = 1$ und $t = 2$ in die analytische Darstellung von $f_3(t)$ läßt sich die gefundene Lösung auf ihre Richtigkeit überprüfen.

Auch wenn das Faltungsintegral auf den ersten Blick eher abschreckend wirkte, hat der Lösungsweg aufgezeigt, daß grundsätzliche Überlegungen und Grundkenntnisse zur Lösung dieses Problems ausreichend waren. Wir sollten für die Zukunft aus dieser Erfahrung genügend Mut schöpfen, auch schwierig erscheinende Probleme anzugehen.

Identifikation

Übung 5.6

Zylinderkondensator

Ein Hohlzylinder mit dem Außenradius r_a und dem Innenradius r_i und der Länge l sei zur Hälfte mit einem Dielektrikum der Dielektrizitätszahl ε_{r1} gefüllt. Die andere Hälfte ist mit ε_{r2} gefüllt ($\varepsilon_0 = 8{,}855\ pF/m$).

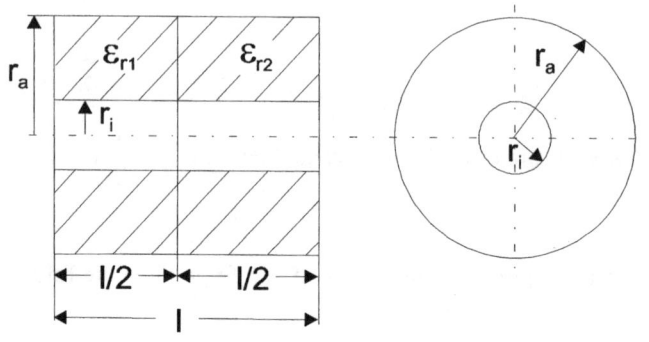

a) Berechnen Sie allgemein die Kapazität der Anordnung für den Fall, daß die Elektroden am Innen- und Außenmantel des Zylinders angeordnet sind.

b) Berechnen Sie allgemein die Kapazität der Anordnung für den Fall, daß die Elektroden an den kreisförmigen Stirnflächen des Zylinders befestigt sind.

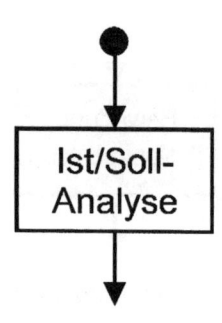

Ist/Soll-Analyse

Gegebenes

Gesuchtes

Eigenschaften der Sachverhalte

Als Sachverhalte liegen ein zylindrischer Körper und die entsprechenden Vermaßungen vor.
Neben den geometrischen Daten

$$r_i,\ r_a,\ l \text{ und } l/2$$

sind noch unterschiedliche Dielektrizitätszahlen

$$\varepsilon_{r1},\ \varepsilon_{r2} \text{ und } \varepsilon_0$$

angegeben.
Gesucht ist die Kapazität C dieser Anordung.

$$C = ?$$

Zergliedern der Sachverhalte

Bei gleichen gegebenen Daten werden dabei die Kondensatorelektroden variiert.

Im ersten Fall a) werden die Elektroden so angeordnet, daß es sich jeweils um einen Zylinderkondensator handelt, mit der Elektrodenfläche $A_z = f(r)$ allgemein.

Explizieren

$$A_z(r) = 2 \cdot \pi \cdot r \cdot l/2$$

Im zweiten Fall b) handelt es sich um einen Plattenkondensator mit geschichtetem Dielektrikum.

$$A_p = \pi \cdot \left(r_a^2 - r_i^2 \right)$$

Ordnen der Sachverhalte

Das unterschiedliche Dielektrikum sollte spätestens jetzt unsere besondere Aufmerksamkeit hervorrufen. Im Falle des Zylinderkondensators ergibt sich dadurch eine Parallelschaltung von zwei Zylinderkondensatoren (Abb. 5.15).

Explizieren

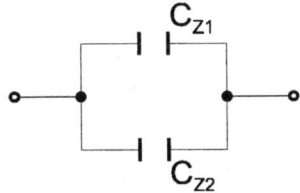

Abb. 5.15: Parallelschaltung zweier Zylinderkondensatoren

Bezeichnungen

$$C_z = C_{z1} + C_{z2}$$

Dagegen handelt es sich bei dem Plattenkondensator um eine Reihenschaltung (Abb. 5.16).

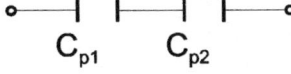

Abb. 5.16: Reihenschaltung eines Plattenkondensators mit geschichtetem Dielektrikum

$$C_p = \frac{C_{p1} \cdot C_{p2}}{C_{p1} + C_{p2}}$$

Vergleichen der Sachverhalte

Wenn wir die bisherigen Ergebnisse der Ist/Soll-Analyse in einer Tabelle zusammenfassen, so lassen sich aus einer solchen Form der Darstellung möglicherweise neue oder weiterführende Ideen ableiten (Tabelle 5.3).

Tabelle 5.3: Ergebnisse der Ist/Soll-Analyse

Zylinderkondensator	Plattenkondensator
$A_z(r) = 2 \cdot \pi \cdot r \cdot \dfrac{l}{2}$	$A_p = \pi \cdot (r_a^2 - r_i^2)$
$C_z = C_{z1} + C_{z2}$	$C_p = \dfrac{C_{p1} \cdot C_{p2}}{C_{p1} + C_{p2}}$
	(Anm.: Damit ist die Bestimmung der Gesamtkapazität bei einer Reihenschaltung etwas aufwendiger. Andererseits ist die Kondensatorfläche konstant. Spätestens jetzt fällt dem einen oder anderen die allgemeine Bestimmungsformel für den Plattenkondensator ein.)
$C = ?$	$C = \dfrac{\varepsilon_0 \cdot \varepsilon_r \cdot A}{l/2}$
	(Anm.: $l/2$ entspricht dem Plattenabstand. Damit ergibt sich sofort C_{p1}.)
$C_{z1} = ?$	$C_{p1} = \dfrac{\varepsilon_0 \cdot \varepsilon_{r1} \cdot A_p}{l/2}$
$C_{z2} = ?$	$C_{p2} = \dfrac{\varepsilon_0 \cdot \varepsilon_{r2} \cdot A_p}{l/2}$
(Anm.: Zu erwarten ist, daß die Bestimmung der Zylinderkapazität aufwendiger ist, da die Elektrodenflächen unterschiedlich groß sind.)	

Unabhängig von der vorgegebenen Rangfolge der zu bearbeitenden Unterpunkte haben wir nahezu nebenbei den Unterpunkt b) der Aufgabenstellung gelöst. Im weiteren wird deshalb nur noch die Kapazität eines Zylinderkondensators zu bestimmen sein, z.B. C_{z1}, da sich C_{z2} bei gleichen geometrischen Angaben automatisch durch Vertauschen von ε_{r1} und ε_{r2} und sich die Gesamtkapazität aus der Addition der beiden Einzelkapazitäten ergibt.

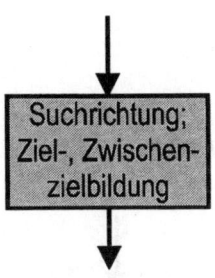

Suchrichtung; Ziel-, Zwischenzielbildung

Welche Formeln sind uns bekannt, um die Kapazität einer Anordnung zu bestimmen? Wie gut, daß sich manche Formeln durch sogenannte Eselsbrücken gut merken lassen (sprich: Kuh = Kuh):

Methode Fragetechnik

$C \cdot U = Q$ ergibt

$$C = \frac{Q}{U} \tag{5.3}$$

Weder die Ladung Q noch die Spannung U sind gegeben, also versuchen wir diese Größen zu ersetzen:

Methode Rückwärtssuche

$$Q = \oint_A \underline{D}\, d\underline{A} \tag{5.4}$$

$$U = \int_r \underline{E}\, dr \tag{5.5}$$

Diese Formeln sollten natürlich jedem geläufig sein, der sich mit elektrostatischen Feldern beschäftigt. Damit ist das Problem auf die Verschiebungsdichte $\underline{D}$, die elektrische Feldstärke $\underline{E}$ und geometrische Größen verschoben. Da in der Aufgabenstellung neben den geometrischen Angaben nur noch Materialeigenschaften gegeben sind $\left(\varepsilon_0, \varepsilon_r\right)$, drängt sich die Materialgleichung

$$\varepsilon = \frac{\underline{D}}{\underline{E}} \tag{5.6}$$

geradezu auf.

Somit läßt sich der Lösungsweg wie folgt skizzieren:

Zwischenziele

- mit Gl.(5.4) $\underline{D} = f(Q, A)$

- mit Gl.(5.6) $\underline{E} = f(Q, A)$

- mit Gl.(5.5) $\underline{U} = f(Q, A)$

- mit Gl.(5.3) $\underline{C} = \dfrac{Q}{U(Q, A)}$

**Prüfung
Bewertung**

Prognose

so daß sich in Gl.(5.3) Q herauskürzen läßt.

Ein nochmaliges Durchlesen der Aufgabenstellung, ein Blick auf die gegebenen Daten und ein Vergleich mit dem skizzierten Lösungsweg machen deutlich, daß tatsächlich alle gegebenen Angaben benutzt, aber sonst auch keine weiteren benötigt werden.

Der Unterpunkt b) ist im Laufe der Ist/Soll-Analyse schon vollständig abgehandelt und gelöst. Die Lösungsskizze zu Unterpunkt a) ist ebenfalls vollständig, alle benötigten Formeln sind angegeben. Damit ist ein Verständnis der Problemsituation bewiesen, und das sollte eigentlich in einer Klausur einen Großteil der zu vergebenden Punkte wert sein.

Wie immer sollten wir zu diesem Zeitpunkt, wenn der Lösungsweg so detailliert vorliegt wie in dem augenblicklichen Übungsbeispiel, abwägen, ob nicht weitere zeitliche Investitionen an anderer Stelle mehr Punkte erwirtschaften, als in der Fortsetzung dieser Aufgabe.

Wir wollen an dieser Stelle diese Bearbeitungsphase nutzen, um uns die Gl.(5.4) etwas genauer anzusehen. Es handelt sich in dieser allgemeinen Form um ein Vektorprodukt.

In Abb. 5.17 sind die Zeiger bezüglich der Problemsituation und eines Zylinderkondensators eingezeichnet, ebenfalls die geschlossene Integrationsfläche für r = const., die sich aus der Zylinderfläche und den Stirnflächen zusammensetzt.

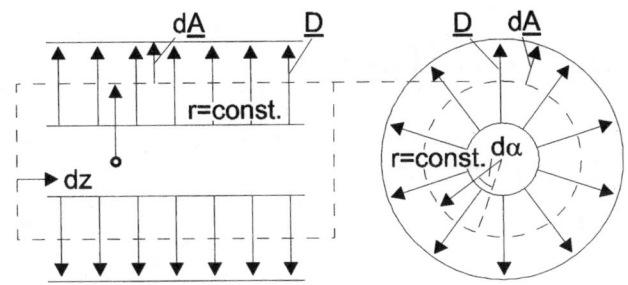

Abb. 5.17: Zylinderkondensator

Da das Integral alle Zeiger der Verschiebungsdichte, welche die Fläche durchdringen, aufsummiert, tragen die Stirnflächen keinen Beitrag bei. Andererseits durchdringen die D-Vektoren die Integrationsfläche senkrecht, d.h. $\underline{D}$ und $d\underline{A}$ laufen parallel, damit läßt sich das Vektorprodukt als Skalarprodukt schreiben.

$$Q = \oint_A D(r)\ dA \qquad (5.7)$$

Dabei ist $D = f(r)$, da sich die Verschiebungsdichte mit wachsendem r augenscheinlich verkleinert.

Abschließend läßt sich noch prognostizieren, daß die Benutzung von Zylinderkoordinaten angebracht ist.

$$dA\big|_{r=const.} = r\ d\alpha\ dz \qquad (5.8)$$

Damit ist auch schon eine weitere Entscheidung für einen Operator getroffen worden. Entsprechend unseres fixierten Lösungsweges haben wir als Operatoren

– Gleichungssysteme auflösen,
– Gleichungssysteme integrieren und
– Zylinderkoordinaten verwenden

einzuführen.
Mit Gl. (5.7)

$$Q = \oint_A D(r)\ dA$$

und Gl. (5.8) ergibt sich

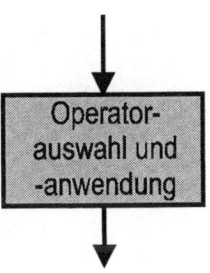

Operatoren

$$Q = D(r) \cdot r \cdot \int_0^{2\pi} \int_0^{l/2} d\alpha \, dz$$

$$Q = D(r) \cdot r \cdot 2 \cdot \pi \cdot l/2$$

und daraus

1. Zwischenziel
$$D(r) = \frac{Q}{2 \cdot \pi \cdot l/2} \cdot \frac{1}{r}$$

Mit Gl. (5.6) ergibt sich

2. Zwischenziel
$$E(r) = \frac{Q}{2 \cdot \pi \cdot \varepsilon} \cdot \frac{1}{l/2} \cdot \frac{1}{r}$$

Zur Vereinfachung führen wir die Konstante K_1 ein.

$$K_1 = \frac{Q}{\pi \cdot \varepsilon \cdot l}$$

Dann führt Gl. (5.5) zu

$$U = K_1 \cdot \int_{r_i}^{r_a} \frac{1}{r} \, dr$$

3. Zwischenziel
$$U = K_1 \cdot \ln\left(\frac{r_a}{r_i}\right)$$

und mit Gl. (5.3) letztendlich zu

$$C = \frac{Q}{K_1 \cdot \ln(r_a/r_i)} = \frac{\pi \cdot \varepsilon \cdot l}{\ln(r_a/r_i)}$$

und damit

Gesamtziel
$$C_{z1} = \frac{\pi \cdot \varepsilon_0 \cdot \varepsilon_{r1} \cdot l}{\ln(r_a/r_i)}$$

$$C_{z2} = \frac{\pi \cdot \varepsilon_0 \cdot \varepsilon_{r2} \cdot l}{\ln(r_a/r_i)}$$

Die abschließende Kontrollphase dieser Übung sollten wir einmal zum Anlaß nehmen, die Gleichung für den Plattenkondensator auf adäquate Weise zu überprüfen.

Bewertung, Selbstreflexion

$$Q = \oint_A \underline{D}\, d\underline{A} = D \cdot \int_{r_i}^{r_a} \int_0^{2\pi} r\, dr\, d\alpha = D \cdot \pi \cdot \left(r_a^2 - r_i^2\right)$$

$$D = \frac{Q}{\pi \cdot \left(r_a^2 - r_i^2\right)}$$

$$E = \frac{Q}{\varepsilon \cdot \pi} \cdot \frac{1}{\left(r_a^2 - r_i^2\right)} = K_2$$

$$U = K_2 \cdot \int_0^{l/2} dr = K_2 \cdot \frac{l}{2}$$

$$C = \frac{Q}{U} = \frac{\varepsilon \cdot \pi \cdot \left(r_a^2 - r_i^2\right)}{l/2} = \frac{\varepsilon_0 \cdot \varepsilon_r \cdot A}{l/2}$$

Damit hat sich unsere Erinnerung als richtig herausgestellt. Noch einmal sei an dieser Stelle in Erinnerung gerufen, daß die einzelnen Arbeitsschritte aus Gründen der Übersichtlichkeit und Nachvollziehbarkeit sehr ausführlich und entfaltet vorgedacht und ausgeführt sind. Die gleiche Handlungsfolge ist bei entsprechender Vorbereitung verkürzt darstellbar.

Die folgende Übung soll beispielsweise in einer verkürzten Form vorgestellt werden.

Übung 5.7   *Wechselstromnetzwerk*

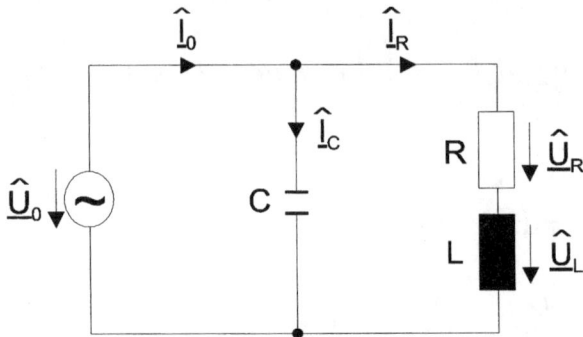

Gegeben ist das oben skizzierte Wechselstromnetzwerk bei der Resonanzfrequenz mit

$$\underline{\hat{U}}_0 = 240 \ Ve^{j0°}$$

$$\underline{\hat{I}}_0 = 36 \ mAe^{j0°}$$

$$\omega_0 = 10^3 \ s^{-1}$$

$$\hat{U}_R = 0{,}6 \ U_0$$

a) Zeichnen Sie das Zeigerdiagramm der Spannungen in das gegebene Koordinatensystem.

b) Bestimmen Sie grafisch die Stöme $\underline{\hat{I}}_R$ und $\underline{\hat{I}}_C$.

c) Berechnen Sie die Werte des Widerstandes R, der Induktivität L und der Kapazität C.

Maßstäbe: $20V \ \hat{=} \ 1cm$; $10mA \ \hat{=} \ 1cm$

Eigenschaften, Zergliedern, Ordnen und Vergleichen der Sachverhalte

- $\hat{\underline{U}}_0$, $\hat{\underline{I}}_0$, $\hat{\underline{U}}_R$, ω_0 (Resonanzfrequenz), Koordinatensystem mit Maßstab
- Zeigerdiagramm der Spannungen
- $\hat{\underline{I}}_R$, $\hat{\underline{I}}_C$ (grafisch)
- R, L, C (rechnerisch)
- $\hat{\underline{I}}_R \parallel \hat{\underline{U}}_R$ ($\parallel \,\hat{=}\,$ parallel zu)

ohmscher Widerstand,

- $\hat{\underline{I}}_0 \parallel \hat{\underline{U}}_0$

Resonanz, Blindwiderstand ist Null bei ω_0,

- $\hat{\underline{U}}_R \perp \hat{\underline{U}}_L$, $\hat{\underline{I}}_R \perp \hat{\underline{U}}_L$ (5.9)

an Induktiv*itäten* Ströme sich ver*späten*,
($\perp \,\hat{=}\,$ senkrecht zu)

- $\hat{\underline{I}}_C \perp \hat{\underline{I}}_0$, $\hat{\underline{I}}_C \perp \hat{\underline{U}}_0$ (5.10)

am Kondensa*tor* eilt der Strom *vor*.

a) Masche: $\hat{\underline{U}}_0 = \hat{\underline{U}}_R + \hat{\underline{U}}_L$ $\Rightarrow$ Zeigerdiagramm
   mit Gl. (5.9)

b) Knoten: $\hat{\underline{I}}_0 = \hat{\underline{I}}_R + \hat{\underline{I}}_C$ $\Rightarrow$ Zeigerdiagramm
   mit Gl. (5.9)
   und Gl. (5.10)

c) $R = \dfrac{\hat{U}_R}{\hat{I}_R}$, $\quad L = \dfrac{\hat{U}_L}{\omega_0 \cdot \hat{I}_L} = \dfrac{\hat{U}_L}{\omega_0 \cdot \hat{I}_R}$, $\quad C = \dfrac{\hat{I}_C}{\omega_0 \cdot \hat{U}_0}$

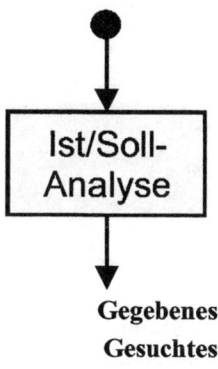

Ist/Soll-Analyse

**Gegebenes
Gesuchtes**

Explizieren

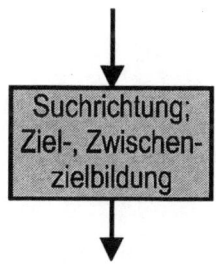

**Suchrichtung;
Ziel-, Zwischen-
zielbildung**

Zwischenziele

Selbstreflexion, Bewertung

Prüfung
Bewertung
Prognose

Operator- auswahl und -anwendung

Alle gegebenen Daten werden benötigt, $\hat{U}_0$ und $\hat{I}_0$ sind in Phase und reell (Resonanz), der vorgegebene Maßstab im Koordinatensystem entspricht den gegebenen Größen, der vorgegebene Quadrant weist auf die benötigte Zeichenebene hin.

Die „senkrecht zu" ($\perp$)-Aussagen müssen eventuell noch einmal konkretisiert werden (verspäten vs. voreilen). Zur zeichnerischen Lösung können Geodreieck und ein Zirkel von Vorteil sein.

Die Zwischenziele a) und b) werden zeichnerisch (Abb. 5.18), c) mit den abgelesenen Werten rechnerisch gelöst.

Somit ergeben sich die im Quadranten angegebenen Zeigergrößen. Daraus lassen sich alle Werte zur Berechnung von R, L und C ablesen. Diese Berechnung soll im einzelnen hier nicht weiter vollzogen werden ($R = 2,4\ k\Omega$, $L = 3,2\ H$, $C = 200\ nF$).

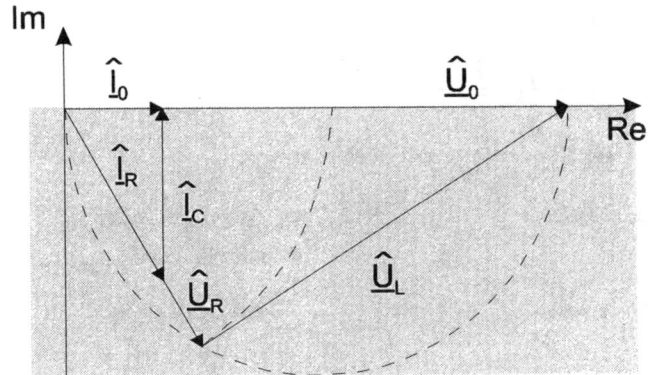

Abb. 5.18: Zeigerdiagramm (Maßstäbe: 20 V 1 cm; 10 mA 1 cm)

Bewertung, Selbstreflexion

Prüfung
Bewertung
Prognose

Zur Lösung der vorliegenden Aufgabe sind alle angegebenen Größen benötigt worden, innerhalb der Lösungszeichnung haben sich die explizierten Gesetzmäßigkeiten ohne Aufdeckung von Widersprüchen durchführen lassen.

Auch ohne die zahlenmäßige Bestimmung der Größen R, L und C ist der Nachweis des Aufgabenverständnisses eindeutig. Die Zahlenwerte lassen sich jederzeit ohne Aufwendung weiterer gedanklicher Leistung bestimmen. Damit sind alle Ziele der Aufgabenstellung erreicht, das Ergebnis ist vollständig bis auf die exakten Zahlenwerte.

Linienleiter

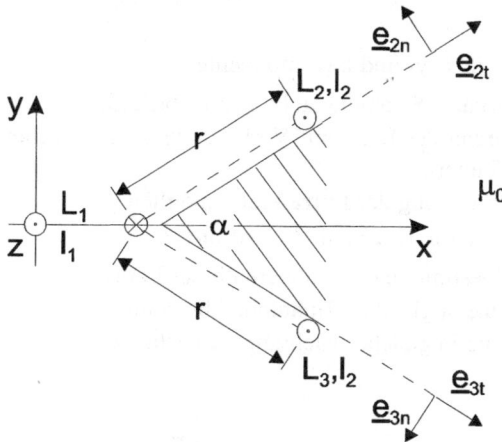

Gegeben ist die skizzierte Anordnung von drei sehr langen, parallelen Linienleitern der Länge l mit vernachlässigbarem Querschnitt. Leiter L_1 wird vom Strom $I_1 \neq 0$ durchflossen und ist unbeweglich. Die Leiter L_2 und L_3 werden jeweils vom Strom $I_2 \neq 0$ durchflossen und sind entlang der schiefen Ebene reibungsfrei beweglich. Der ganze Raum hat die Permeabilität μ_0.

Bestimmen Sie allgemein die Tangential- und Normalkomponenten der Kräfte auf die Leiter L_2, und L_3 bezüglich der zugehörigen Ebenen sowie die Komponenten der Kraft auf Leiter L_1 in Richtung der Achsen des x-y-z-Koordinatensystems.

Eigenschaften, Zergliedern, Ordnen und Vergleichen der Sachverhalte

- L_1, L_2 und L_3 (Leiter), sehr lang und parallel, Querschnitt vernachlässigbar
- L_1 unbeweglich, L_2 und L_3 reibungsfrei
- I_1, $I_2 \neq 0$, unterschiedliche Richtungen
- α, r, l (Geometrie)

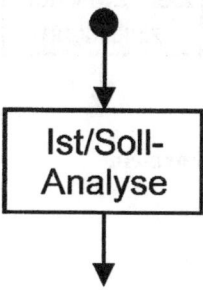

Ist/Soll-Analyse

Gegebenes	– μ_0, x-y-z-Koordinatensystem und Einheitsverktoren $\underline{e}_{2n}$, $\underline{e}_{2t}$, $\underline{e}_{3n}$, $\underline{e}_{3t}$
Gesuchtes	– Kräfte (Tangential- und Normalkomponenten) auf L_2, L_3
	– Kraft auf L_1 in x-,y- und z-Komponenten.
Explizieren, Zusammenhänge	• stationäres Strömungsfeld, zeitunabhängig
	• Richtung der Kraft auf Verbindungslinie zwischen den Leitern
	• Überlagerung der Einzelkräfte möglich
	• Symmetrie, Kraft auf L_2 wie auf L_3
	• Feldbestimmung nur außerhalb der Leiter
	• Ströme ungleicher Richtung: Abstoßung
	• Ströme in gleicher Richtung: Anziehung

Methode Visualisierung

Einführung von Bezeichnungen

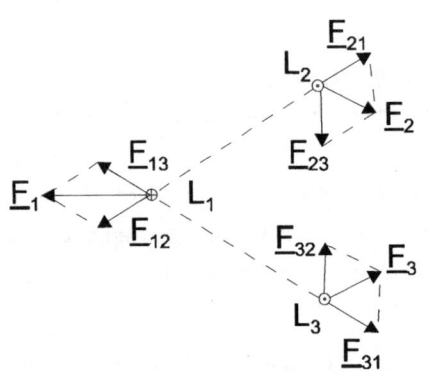

Abb. 5.19: Skizze der auftretenden Kräfte

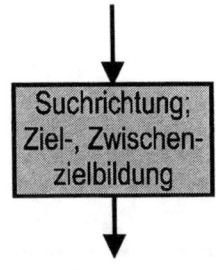

Sammeln solcher Formeln, in denen gegebene und gesuchte Größen vorkommen:

$$\underline{F} = I \cdot \left(\underline{l} \times \underline{B} \right) \qquad \text{Lorentzkraft} \qquad (5.11)$$

$$\underline{B} = \mu_0 \cdot \underline{H} \qquad \text{Materialgleichung} \qquad (5.12)$$

Formeln

$$\oint_C \underline{H} \, d\underline{s} = \int_A \underline{S} \, d\underline{a} = I * \qquad (5.13)$$

Für den vorliegenden Fall eines stromdurchflossenen Leiters ergibt sich mit der „Rechte-Hand-Regel" außerhalb des Leiters (Abb. 5.20):

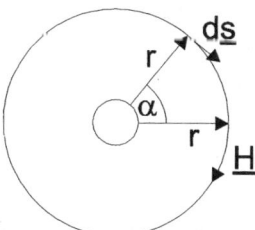

Abb. 5.20: Visualisierung der „Rechte-Hand-Regel"

$$H(r) \cdot \int_0^{2\pi} r \, d\alpha = H \cdot 2 \cdot \pi \cdot r = I *$$

$$H = \frac{I*}{2 \cdot \pi \cdot r} \tag{5.14}$$

Da H immer senkrecht zu l ist, vereinfacht sich Gl.(5.11) mit Gl.(5.14) zu (Betrag der Kraft)

$$F = I \cdot l \cdot B = I \cdot l \cdot \mu_0 \cdot H = \frac{l \cdot \mu_0}{2 \cdot \pi \cdot r} \cdot I \cdot I * \tag{5.15}$$

Dabei erzeugt $I *$ das magnetische Feld, das auf den mit I durchflossenen Leiter die Kraft F ausübt. Gemäß den Ergebnissen der Ist/Soll-Analyse lassen sich die Einzelkräfte überlagern.

Mit Gl.(5.15) ist das vorliegende Problem grundsätzlich gelöst, da nur gegebene Größen zur Bestimmung der jeweiligen Kräfte benötigt werden.

Ein Vergleich der gegebenen Daten mit den in der Gl.(5.15) benötigten zeigt auf, daß α und die Einheitsvektoren noch keine Berücksichtigung fanden. Daraus läßt sich schließen, daß weitere geometrische Betrachtungen nötig sind, um die geforderten Komponenten der Einzelkräfte angeben zu können. Des weiteren läßt sich bezüglich der Kraftkomponenten aus Symmetriegründen noch festhalten, daß

$$F_{1y} = F_{1z} = 0 \qquad (5.16)$$

$$F_{1x} = F_1 \qquad (5.17)$$

$$F_{13} = F_{12} = F_{21} = F_{31} \qquad (5.18)$$

und

$$F_{23} = F_{32} \qquad (5.19)$$

Zwischenziele

ist.
Somit verbleiben z.B. rechnerisch zu lösen:

$$F_{12} \text{ und } F_{23}$$

Endziele

Danach sind mit geometrischen Betrachtungen die geforderten Kraftkomponenten zu bestimmen.

Identifikation

Da wir möglicherweise schon häufiger die Erfahrung gemacht haben, daß die Berechnung von Vektoren (einschließlich der Berücksichtigung von Vorzeichen) eher zu Flüchtigkeitsfehlern geführt hat, entscheiden wir uns hier für die Berechnung der Beträge von F_{12} und F_{23}, da die Richtung der Kräfte aus der o.a. Skizze hervorgeht und anschließend angegeben werden kann.

Mit diesen Vorüberlegungen ist die Auswahl über zur Anwendung gelangender Operatoren schon getroffen.
Rechnerisch mit Gl.(5.15) werden

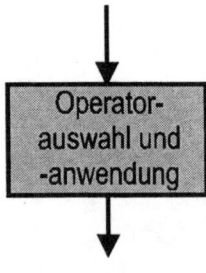

1. Zwischenziel

$$F_{12} = \frac{l \cdot \mu_0}{2 \cdot \pi \cdot r} \cdot I_1 \cdot I_2 \qquad (5.20)$$

und mit

**geometrische
Zerlegung**

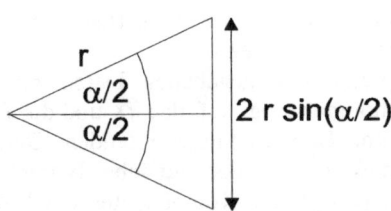

Abb. 5.21: Visualisierung der geometrischen Zusammenhänge

$$F_{23} = \frac{l \cdot \mu_0}{2 \cdot \pi \cdot 2 \cdot r \cdot \sin(\alpha/2)} \cdot I_2^2 \qquad (5.21)$$

2. Zwischenziel

Mit Gl.(5.20) und folgender geometrischer Anordnung (Abb. 5.22)

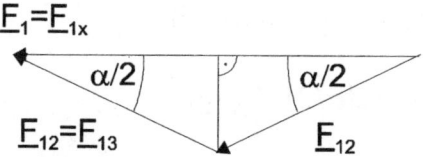

Abb. 5.22: Vektorielle Zerlegung der Kraft $\underline{F}_{1x}$

ergibt sich für den Betrag

$$F_{1x} = F_1 = 2 \cdot F_{12} \cdot \cos(\alpha/2) \qquad (5.22)$$

und

1. Endziel

$$\underline{F}_1 = -2 \cdot F_{12} \cdot \cos(\alpha/2) \cdot \underline{e}_x$$

Mit Gl. (5.21) und folgender geometrischen Anordnung (Abb. 5.23)

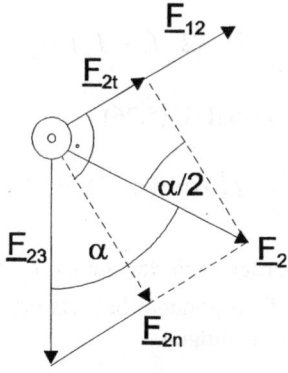

Abb. 5.23: Auftretende Kräfte am Leiter L_2

ergeben sich

$$F_{2t} = F_{12} - F_{23} \cdot \sin(\alpha/2) \qquad (5.23)$$

und

$$F_{2n} = \cos(\alpha/2) \cdot F_{23} \qquad (5.24)$$

als Beträge und damit die Vektoren

2. Endziel

$$\underline{F}_{2t} = \left(F_{12} - F_{23} \cdot \sin(\alpha/2)\right) \cdot \underline{e}_{2t} \qquad (5.25)$$

$$\underline{F}_{2n} = -\cos(\alpha/2) \cdot F_{23} \cdot \underline{e}_{2n} \qquad (5.26)$$

$$\underline{F}_{3t} = \left(F_{12} - F_{23} \cdot \sin(\alpha/2)\right) \cdot \underline{e}_{3t} \qquad (5.27)$$

$$\underline{F}_{3n} = -\cos(\alpha/2) \cdot F_{23} \cdot \underline{e}_{3n} \qquad (5.28)$$

Bewertung, Selbstreflexion

Prüfung

Der Vollständigkeit halber sind mit Gl.(5.27) und Gl. (5.28) auch die Kraftkomponenten für den Leiter 3 angegeben, da bezüglich der vorgegebenen Einheitsvektoren für den Leiter 3 noch keine definitive Aussage getroffen wurde. Damit sind alle in der Aufgabenstellung geforderten Vektoren angegeben. Ein nochmaliges kurzes Überprüfen der Vorzeichen der Kraftkomponenten bezüglich der vorgegebenen Koordinaten kann bei genügender Zeit nicht schaden. Dieses vorausgesetzt, kann auch durch das Einsetzen der Gl.(5.20) und Gl.(5.21) in Gl.(5.25)

$$\underline{F}_{2t} = \frac{l \cdot \mu_0}{4 \cdot \pi \cdot r} \cdot I_2 \cdot \left(2 \cdot I_1 - I_2\right) \cdot \underline{e}_{2t}$$

und der Gl.(5.21) und Gl.(5.26)

$$\underline{F}_{2n} = \frac{-l \cdot \mu_0}{4 \cdot \pi \cdot r} \cdot I_2^2 \cdot \cot(\alpha/2) \cdot \underline{e}_{2n}$$

verdeutlicht werden, daß der Strom I_1 nur Auswirkungen auf die Tangentialkomponente hat. Damit entspricht das Ergebnis den Vorüberlegungen.
Für

$$2 \cdot I_1 - I_2 = 0 \Leftrightarrow I_1 = \frac{I_2}{2}$$

ist die Anordnung in einem indifferenten Gleichgewicht, die verbleibende Normalkomponente der Kraft wird von der Ebene aufgenommen. Ohne die Kenntnis der Formel zur Kraftberechnung wäre diese Aufgabe nur qualitativ lösbar gewesen. Im Normalfall einer Klausur mit entsprechender Vorbereitung sind solche wichtigen Formeln jederzeit präsent oder können, wenn Hilfsmittel erlaubt sind, nachgeschlagen werden. Trotzdem kann es vorkommen, daß man um ein Herleiten von Formeln nicht herumkommt. Dieses fällt umso leichter, je häufiger man es erprobt und je mehr Grundformeln geläufig sind.

Bewertung

Eine der wichtigen Grundformeln ist das Newtonsche Grundgesetz der Mechanik, das auch Anwendung findet für Bewegungen geladener Teilchen in elektromagnetischen Feldern,

$$\underline{F} = m_0 \cdot \underline{b} = Q \cdot \underline{E} + Q \cdot \left(\underline{v} \times \underline{B} \right)$$

wenn die geladenen Teilchen ihrerseits keinen Einfluß auf die angelegten Felder haben.

Dabei beschreibt $\underline{b}$ die zweite Ableitung des Ortsvektors der Bahnkurve nach der Zeit (Beschleunigung), $\underline{v}$ die erste Ableitung (Geschwindigkeit) und m_0 die Ruhemasse des geladenen Teilchens unter der Voraussetzung, daß die Geschwindigkeit $\underline{v}$ der Teilchen so klein ist, daß die relativistische Massenveränderlichkeit vernachlässigt werden kann.

Die o.a. Gleichung beschreibt die folgenden gemachten Erfahrungen:

– in einem elektrischen Feld $\underline{E}$ wird auf ein Teilchen mit der Ladung Q eine Kraft ausgeübt,

– ein Teilchen mit der Ladung Q erfährt innerhalb eines magnetischen Feldes mit der magnetischen Induktion $\underline{B}$ nur dann eine Kraft, wenn es sich bewegt. Die Richtung dieser Kraft ist senkrecht zu der Ebene, die von den Vektoren der Geschwindigkeit und der Induktion gebildet wird.

In der uns vorliegenden Aufgabe handelt es sich um die Bewegung geladener Teilchen im magnetischen Feld:

$$\underline{F} = Q \cdot \left(\underline{v} \times \underline{B} \right)$$

Stellen wir uns nun einen Linienleiter mit sich bewegen-
den elektrisch geladenen Teilchen vor (Abb. 5.24),

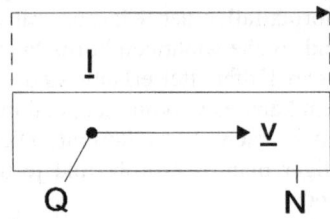

Abb. 5.24: Linienleiter

N = Anzahl der Ladungsträger pro Volumeneinheit

so ergibt sich:

$$\underline{F} = N \cdot Q \cdot \underline{l} \cdot A \cdot \left(\underline{v} \times \underline{B} \right)$$

Da $\underline{v}$ in Richtung von $\underline{l}$ ist,

$$N \cdot Q \cdot \underline{l} \cdot A \cdot \underline{v} = I \cdot L$$

erhalten wir schließlich die Lorentzkraft,

$$\underline{F} = I \cdot \left(\underline{l} \times \underline{B} \right)$$

Nur wenn es gelingt, die oft zusammenhangs- und bezugs-
losen Klausur- und Übungsaufgaben in übergeordnete Zusammenhänge einzubetten, ist ein bleibendes Verständnis der
Problemsituation gewährleistet.

Mit dieser letzten Übung sollen die Beispiele aus dem Bereich Übungs- und Klausuraufgaben abgeschlossen werden.
Das Kapitel sollte die Übertragbarkeit des allgemeinen Ablaufdiagramms zum Problemlösen auf solche Aufgabenstellungen belegen und gleichfalls auf die Notwendigkeit weiter
ausdifferenzierter Handlungspläne hinweisen. Diese sind Inhalt des folgenden Kapitels.

5.1.3
Handlungsplan für ingenieurmäßige Übungs- und Prüfungsaufgaben

Die Übungsbeispiele haben deutlich werden lassen, daß gerade bei Übungs- und Klausuraufgaben eine strikte Trennung zwischen den Arbeitsschritten des Ablaufdiagrammes zum Problemlösen nicht durchführbar und auch nicht sinnvoll ist. So haben wir festgestellt, daß eine Auswahl der Suchrichtung (Transformationsmethoden) im Regelfall gleichzeitig zur Anwendung gelangende Operatoren präjudizieren. Diese direkte Abhängigkeit und Verzahnung der Arbeitsschritte wurden gerade bei analytischen Problemen aus dem technischen Anwendungsbereich deutlich. Bei der Übung „Linienleiter" z.B. haben wir erst in der Selbstreflexions- und Bewertungsphase Zwischenziele angegeben, die sich uns bis dahin der genaueren Festlegung entzogen haben. Zusammenfassend können wir festhalten, daß es wichtig ist, an möglichst alles zu denken; die Reihenfolge der Gedanken und Ideen dagegen hat in der Regel nur Auswirkungen auf den Zeitraum, der zur Problemlösung benötigt wird.

In diesem Sinne ist der folgende Handlungsplan zu verstehen. Dabei stellt er eine Spezifizierung des allgemeinen Handlungsplanes des Kap. 4.5 dar und bezieht sich auf die Erfahrungen mit den Übungsbeispielen des vorigen Kapitels.

Bestimmte Schritte des Handlungsplanes haben Allgemeingültigkeit auch für diesen Anwendungsbereich (technische Aufgaben und Problemstellungen), wie z.B. die Ist/Soll-Analyse und die Selbstreflexions- und Bewertungsphase. Dagegen sind insbesondere die Schritte

– Transformationsmethoden und
– Operatoren

so spezifisch, daß sie für jedes Fachgebiet neu zu bestimmen sind. Diese Festlegung ist zwingender Bestandteil einer sinnvollen Klausurvorbereitung, auf die wir aus diesem Grunde später noch etwas näher eingehen wollen.

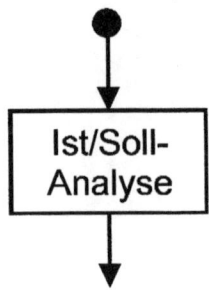

Orientierungsteil der Handlung

Strukturierungshilfen:

- Eigenschaften der Sachverhalte:
    - Unüberschaubarkeit, z.B.
        - sprachliche Verpackung:
        Sind einige, alle oder zuviel Informationen im Textteil der Aufgaben- und/oder Problemstellung angegeben, aus denen die jeweils relevanten Informationen gesammelt, ausgewählt und strukturiert werden müssen?
        - visuelle Verpackung:
        Welche zusätzlichen Informationen stecken in der Skizze, Zeichnung, Geometrie, Symmetrie etc.?
        - mathematische Verpackung:
        Welche Informationen lassen sich aus vorgegebenen Größen, Konstanten, Formeln und deren Dimension und Einheiten gewinnen?
    - Offensichtlichkeit, z.B.
        - das Naheliegende:
        Kommt das Naheliegende, die einfache Lösung ohne Anwendung vieler gegebener Daten zustande?
        - ähnliche Probleme:
        Welches sind die Unterschiede zu ähnlichen bekannten Problemen, und was bewirken diese?
    - Undurchsichtigkeit, z.B.
        - sprachliche Fülle (siehe auch sprachliche Verpackung):
        Welche versteckten Aussagen lassen sich explizieren und übersichtlich gestalten?
        - Randbedingungen:
        Welche technischen und mathematischen Vernachlässigungen lassen sich einführen?
        - Größenordnungen:
        Zwischen welchen Grenzen bewegt sich der Sachverhalt, ergeben sich sinnvolle Perspektiven?
        - verwandte Probleme:
        Welche Gemeinsamkeiten gibt es zu verwandten Problemen?

- Zeitliche Veränderlichkeit, z.B.
  - Relation:
  Ist die zeitliche Veränderlichkeit klein oder groß
  bezüglich des zu betrachtenden Zeitintervalls?
  - Geschwindigkeit:
  Ist die zeitliche Veränderlichkeit klein oder groß
  bezüglich der zu betrachtenden räumlichen
  Struktur?
- Abhängigkeit der Variablen, z.B.
  - Rückwirkungen:
  Welche Rückwirkungen können vernachlässigt
  werden, welche Rückwirkungen bedürfen beson-
  derer Beachtung?
  - Grad:
  Welcher Grad der Abhängigkeit liegt vor; ist
  dieser linear, quadratisch, reziprok etc.?
- Zergliedern, Ordnen und Vergleichen der Sachverhalt:
  - Gegebenes und Gesuchtes herausschreiben
  - Bedingungen festhalten
  - Zusammenhänge herstellen
  - Lücken erschließen
  - Schwierigkeitsgrad abschätzen
  - Systemgrenzen festlegen

Verbleibende methodische Hilfen:

- Problemstellung aufmerksam durchlesen
- Bezeichnungen einführen
- Visualisierung
- alle Gedanken und Überlegungen aufschreiben
- Hilfsmittel (Vorlesungsumdruck, Mitschrift, Aufgaben-
  sammlung, Inhaltsverzeichnisse, Katalogisierung, Stichworte, Suchregister, Formelsammlung, Tabellen etc.) benutzen

Problemtyp:

- Einordnung gemäß eigener Katalogisierung
- Stichwortzuordnung (z.B. Zylinderkondensator mit ge-
  schichtetem Dielektrikum in Parallelschaltung, vergleiche
  Übung 5.6)

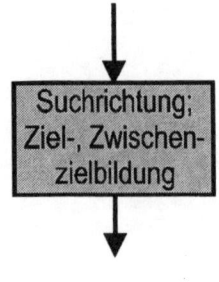

Transformationsmethoden, z.B.:

- Überlagerung
- Umzeichnen von Netzen
- Zusammenfassung passiver Elemente
- Ersatzschaltbilder, Ersatzgrößen
- formelmäßigen Zusammenhang zwischen unbekannten und bekannten Größen herstellen
- Transformationen (Koordinaten-, Hadamard-, Fourier-, Laplace, Walsh-...)
- Analogiebildung (z.B. magnetischer und/oder elektrischer Kreis)

Organisationsprinzipien:

- Rangfolge des Vorgehens (Zwischenziele) festlegen (häufig geben Unterpunkte den Lösungsweg vor)
- Vorwärtssuche - Rückwärtssuche
- Abschätzung von Hindernissen und Lücken
- Lösungsweg skizzieren

Kontrollprozesse:

Neben den weiterhin gültigen Fragestellungen des allgemeinen Handlungsplanes sollen hier die folgenden Anweisungen noch einmal besonders betont und herausgestellt werden.

- Identifikation:
  - Nachvollziehen der Gedankenentwicklung
  - Überprüfen der eigenen Aufmerksamkeit und Neugier
  - eigene Befindlichkeit
- Prüfung:
  - nochmaliges Durchlesen der Aufgabenstellung
  - gegebene und benötigte Daten und Angaben vergleichen
  - Randbedingungen überprüfen
  - Dimensions- und Einheitenbetrachtung
  - Nachvollziehen der Lösungsskizze
- Bewertung:
  - Plausibilitätskontrolle
  - Größenabschätzung
  - Eckwerte abschätzen
  - Widersprüche aufdecken
  - persönliche Präferenzen und Vorlieben

– Prognose:
  - bisher erreichte Punktzahl
  - Mittel- und Zeitaufwand

Ausführungsteil der Handlung

Operatoren, z.B.:

– Differenzieren
– Integrieren
– Gleichungssysteme
– Differentialgleichungen
– Spiegelung
– Überlagerung
– Transformationen

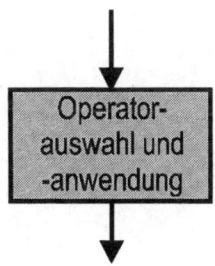

Auswahlkriterien:

– Eigenschaften der Operatoren
  - Anwendungsbereich
  - Wirkungsbreite
  - Wirkungssicherheit
  - Nebenwirkungen
  - materieller und zeitlicher Aufwand
– Erfordernisse und Vorgaben
– Präferenzen und Vorlieben

Erfolgskontrolle:

– Operatoranwendung erfolgreich?
– Operatoranwendung folgenreich?
– Gesamtziel erreicht?
– Umorientierung bei Mißerfolg, z.B.:
  - erneuten Zeitaufwand abschätzen
  - Neueinstieg oder neue Aufgabe beginnen

Kontrollteil der Handlung

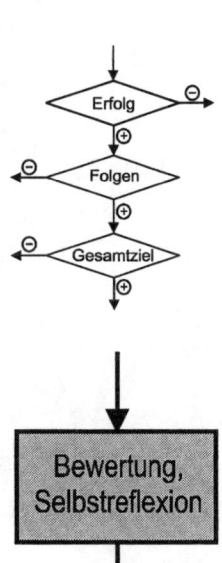

Kontrollprozesse:

– Prüfung:
  - Tätigkeitsabweichung?
  - Zielabweichung?
  - Ergebnis vollständig, eindeutig, richtig?
  - Randbedingungen eingehalten?
  - Dimensionen und Einheiten überprüfen
  - alle Angaben und Daten benutzt?

- Bewertung:
  - Plausibilitätskontrolle
  - Größenabschätzung
  - Eckwerte abschätzen
  - auf Widersprüche untersuchen
  - materieller, zeitlicher Aufwand
- Identifikation:
  - „Abfinden" mit der Lösung (Zeitdruck!)
  - Akzeptanz der Lösung
- Prognose:
  - erreichte Punktzahl
  - andere effektivere Lösungswege

Mit den Kontrollprozessen der letzten Bewertungs- und Selbstreflexionsphase können wir den Handlungsplan für Klausur- und Übungsaufgaben beenden. Abschließend sei nochmals darauf hingewiesen, daß methodische Hilfen, Transformationsmethoden und Operatoren wie auch die einzelnen Arbeitsschritte selbst nicht immer scharf getrennt werden können. Außerdem sind insbesondere die Arbeitsschritte „Transformationsmethoden" und „Operatoren" in dem o.a. Handlungsplan beispielhaft gefüllt, ihre konkrete Ausgestaltung hängt ab von dem jeweiligen Fachgebiet, für das der Handlungsplan erstellt wird. Und diese Ausgestaltung ist Bestandteil einer sinnvollen Klausurvorbereitung.

Da sowohl die Klausurvorbereitung als auch die Klausur selbst bisher immer Teil der Betrachtungen war, sollten wir abschließend einige Anregungen wiederholen und festhalten, soweit sie in einem direkten Zusammenhang zu der Aufstellung eines Handlungsplanes stehen:

Klausurvorbereitung:

- Transformationsmethoden und Operatoren festlegen, gegenseitige Bedingtheit abklären
- Hilfsmittel erstellen und Nutzung üben
- Handlungsplan erstellen und Nutzung üben

Klausurdurchführung:

- alle Aufgaben „überfliegen", Überblick verschaffen
- Prioritätenliste nach Präferenzen und Schwierigkeitsgrad erstellen, mit Zeitplan
- Abschätzen der Freiheitsgrade für Transformationsmethoden und Operatoren
- Fixierung der Lösungswege für alle Aufgaben, erst danach ins Detail gehen

- im Zweifelsfall eher mehr zu Papier bringen als zu wenig
- Protokollierung von Zeit und Punkten (Bewertungsschema muß bekannt sein)
- nach „Festfahren" neue Aufgabe beginnen

Diese Auflistung ist selbstverständlich nicht vollständig, sondern beschränkt sich auf die Erfahrungen mit den ausgewählten Übungsbeispielen.

Die Klausurvorbereitung und die Klausur selbst stellen den Studenten vor das Problem, gegebene Aufgabenstellungen in beschränkter Zeit mit technischen Hilfsmitteln zu lösen. Anforderungen an das Problemlöseverhalten werden dabei vorrangig innerhalb der Klausurvorbereitung gestellt.

Das Analysieren eines Sachverhaltes, das Erkennen der Zusammenhänge, das Verstehen und Anwenden von Transformationsmethoden, deren Organisationsprinzipien und Operatoren sind der wesentliche Bestandteil dieser Vorbereitung. Die Klausur selbst erfordert in der Regel die reproduktive Anwendung des Geübten. Daß dennoch Durchfallquoten zwischen 50% und 80% in den ingenieurwissenschaftlichen Fachrichtungen an der Tagesordnung sind, sollte doch zu denken geben.

Wenn wir an synthetische Probleme denken (Abb. 1.12), so erinnern wir uns, daß sich diese dadurch auszeichnen, daß wir zur Lösung im Regelfall durch nicht bekannte Operationen gelangen. „Nicht bekannt" beinhaltet dabei das Nicht-in-Betracht-ziehen eigentlich bekannter Operationen. Damit soll nicht nur der Versuch gemacht werden, eine Begründung für das Nichtbestehen von Klausuren anzugeben (schließlich stellt sich doch auch die Frage nach den pädagogischen Fähigkeiten und dem Verantwortungsbewußtsein, wenn nur 20% der Lernenden das Lehrziel erreichen), sondern auch gleichzeitig die Überleitung zu dem folgenden Kapitel geleistet werden, das sich mit dem Lösen von synthetischen Problemen beschäftigt.

5.2
Das Lösen von synthetischen Problemen

Mark Twain hat seinen Tom Sawyer synthetisch denken und handeln lassen, als dieser zur Strafe den Zaun seiner Tante anstreichen mußte. Es gelang ihm, diese Strafarbeit vor seinen Freunden als die schönste und verantwortungsvollste Tätigkeit darzustellen, die nur er selbst verrichten könne. Scheinbar nur mit großem Mißvergnügen ließ er sich schließlich diese Arbeit "abkaufen". So lag Tom Sawyer im Gras und spielte mit den eingehandelten Kostbarkeiten, während seine Freunde mit Spaß den Zaun strichen.

Wenn wir uns die Abb. 4.2 in Erinnerung rufen, dann ist analytisches Problemlösungsverhalten *vorwiegend* mit

– Problemlösen und
– vertikalem und konvergentem Denken

befaßt. Synthetisches Problemlöseverhalten dagegen erfordert *mehr* das

– Problemfinden und
– laterales und divergentes Denken.

Eine analytische Herangehensweise hätte für Tom Sawyer eine Beantwortung der Frage

Wie werde ich schnellstmöglich diese Strafarbeit los?

bedeutet. Eine mögliche Antwort könnte in der Arbeitsverweigerung liegen. Den Zaun nicht zu streichen bedeutet aber, sich mit schlechtem Gewissen weitere Strafen durch die Tante ausmalen zu können. Die Wahrscheinlichkeit, so um der Arbeit herum zu kommen, ist äußerst gering. Wenn also der Zaun denn unbedingt gestrichen werden muß, dann sollen es wenigstens andere tun. Wer das sein könnte und wie man diese dazu überreden oder einkaufen könnte, das wären die nächsten zu beantwortenden Fragen bei einer analytischen Herangehensweise an das vorliegende Problem. Natürlich ist auch auf diesem Weg eine Lösung nach Tom Sawyer denkbar, das setzt aber viel Erfahrung und konsequentes „zu-Ende-Denken" voraus. Aber Mark Twain läßt Tom Sawyer sofort synthetisch denken und handeln, d.h. er sucht in dem vorliegenden Sachverhalt nach einer Antwort auf die Frage

Wie verändere ich die Situation bzw. die Strafarbeit zu meinem Vorteil?

Möglicherweise hat er noch gar nicht alle sich eröffnenden Perspektiven in seinen Gedanken konkretisiert. Zunächst einmal verhält er sich unüblich, unerwartet und überraschend. Er will wohl die Strafe nicht eingestehen, will nicht, daß an seinem „Image" gekratzt wird, als der erste Freund, der vorbeikommt, ihn zu hänseln versucht. In dem Maße, wie Tom genau das Gegenteil von dem tut, was von ihm erwartet wird, verändert sich die Situation. Er, der Gefahr lief, seinen Ruf zu verlieren und eine stumpfsinnige Arbeit zu verrichten, liegt plötzlich im Gras und andere streichen mit großer Zufriedenheit und Spaß den Zaun; für sie ist die Arbeit produktiv und voller Spannung.

Ein weiteres schönes Beispiel für den Unterschied zwischen analytischem und synthetischem Denken finden wir bei de Bono (1976) in der Geschichte vom Geldverleiher. In knappen Worten hat sich dabei folgendes abgespielt: Bei dem „bösen" Geldverleiher hat ein „armer" Kaufmann mit einer „schönen" Tochter hohe Schulden, die sich inzwischen so angehäuft haben, daß der Geldverleiher den Schuldner dafür ins Gefängnis bringen könnte. Da ihm die Tochter aber so sehr gefällt, daß er sie zur Frau nehmen möchte, will er ihm die Schulden für seine Zustimmung zur Heirat erlassen. Doch die Tochter mag ihn nicht und lehnt ab. Darauf bietet der Geldverleiher an, das Schicksal entscheiden zu lassen. Da sie sich gerade alle auf dem Kiesweg vor der Kirche befinden, schlägt er vor, in jede Hand einen Kieselstein zu nehmen, jeweils einen weißen und einen schwarzen; zieht die Tochter den weißen Stein, sind sie und ihr Vater frei; zieht sie dagegen den schwarzen, muß sie den Geldverleiher heiraten. Dabei bückt sich der Geldverleiher und nimmt in jede Hand einen Kieselstein. Die Tochter kann beobachten, daß es entgegen der Absprache zwei schwarze Kieselsteine sind. Wie soll sich die Tochter verhalten?

Eine analytische Herangehensweise rückt folgende Lösungsmöglichkeiten mit entsprechenden Konsequenzen in den Vordergrund:

- die Tochter weigert sich in Kenntnis der Aussichtslosigkeit, einen Stein zu ziehen; der Vater hat weiterhin Schulden,
- die Tochter teilt ihre Beobachtung mit und demaskiert den Geldverleiher als Betrüger; der Vater hat weiterhin die Schulden, der Geldverleiher wird ihn ins Gefängnis bringen,
- die Tochter zieht einen schwarzen Kieselstein und opfert sich; der Vater ist schuldenfrei, sie wird die Ehefrau dieses miesen Charakters.

Alle diese Lösungen sind unbefriedigend, jedenfalls jenseits einer rein materiellen Sichtweise.

Das Gemeinsame aller bisherigen Betrachtungen war die Beschäftigung mit dem zu ziehenden Kieselstein. Verlegen wir dagegen unsere Aufmerksamkeit auf den in der anderen Hand verbleibenden Stein, so verlassen wir die gewohnten Denkpfade und brechen die einseitige Fixierung auf, wir bemühen uns um eine synthetische Betrachtung der Situation. Wenn der verbleibende Stein ein schwarzer Stein ist, so kann beim Einhalten der Spielregeln nur der weiße Stein gezogen worden sein. Also muß die Tochter einen Stein ziehen, diesen aber nicht zeigen. Da der Geldverleiher diese neue Spielregel sicher nicht ohne weiteres mitspielen wird, muß sich das Nicht-zeigen-wollen zwanghaft ergeben. Und dieses erreicht die Tochter dadurch, daß sie nach Ziehen des Steines diesen ungeschickterweise auf den Kiesweg fallen läßt, wo er sich unwiederbringlich unter den anderen Steinen verliert. Somit läßt nur der verbleibende Stein einen Rückschluß auf den gezogenen Stein zu. Es entzieht sich unserer Kenntnis, wie sich der Geldverleiher danach verhalten haben mag; sicherlich hatte er nicht mehr viele Handlungsmöglichkeiten. Die Tochter jedenfalls hat mit dieser Lösung das Beste aus der bedrohlichen Situation gemacht.

Synthetische Probleme entziehen sich in der Regel gerade deshalb unserer direkten Handhabe, weil es uns so schwer fällt, ungewohnte Gedanken, Verbindungen und Zusammenhänge zu konstruieren und kreativ zu erweitern. Der beste und erfolgversprechendste Weg dahin ist das Erkennen von gewohnten Bahnen der Gedanken, um diese dann bewußt zu vermeiden (Leitner 1982). Entwickler von Denksportaufgaben machen sich diese unsere Schwäche gerade zu eigen. So wie wir bei der Übung „Hängebrücke" automatisch und nahezu zwangsläufig den schnellsten für den Rücktransport der Lampe verplant hatten, so stellen wir bei synthetischen Probleme immer wieder fest, daß wir auf das vermeintlich Naheliegende hereingefallen sind.

Auch die Verkaufsrhetorik bedient sich dieser Schwäche, wenn z.B. der Ober bei dem Frühstück im Hotel fragt: „Möchten Sie ein Ei oder zwei Eier zum Frühstück?" Für die meisten von uns stellt der Rückzug auf ein Ei schon eine harte Auseinandersetzung dar. Die Wahlmöglichkeit, kein Ei zum Frühstück zu verzehren, kommt uns frühestens nach dem Verzehr des einen bestellten Eies in den Sinn. Bis dahin läßt uns ein diffuses Gefühl des Reingefallenseins nicht mehr los und wir nehmen uns vor, beim nächsten Male aufmerksamer zu sein. Zum Zeitgewinn und zum Wiedererreichen des Überblicks bietet sich die Fragetechnik an:

– Sind die Eier hart oder weich?
– Sind die Eier kalt oder warm?
– Sind die Eier im Preis inbegriffen?
– Wie teuer ist das Ei?

Danach fällt es gar nicht mehr so schwer zu sagen, daß wir heute gerne auf das Ei verzichten wollen.

Die Fragetechnik ist eine Methode zur Überwindung von individuellen Fehleinstellungen bezüglich einer Problemsituation. Wie wir an den Beispielen gesehen haben, wird die

Existenz bestimmter Problemfelder oder bestimmter Fehleinstellungen des menschlichen Denkens eine Anwendung des
Ablaufdiagramms zum analytischen Problemlösen nicht zum
Erfolg führen. In diesen Fällen sind Gedankensprünge, Annahmen, Vermutungen, Hypothesen, Kreativität und Flexibilität in besonderem Maße vonnöten.

Es ist kein Widerspruch, wenn an dieser Stelle wiederum
versucht wird, Hilfen zu einem solchen Verhalten in systema-
tischer Form vorzugeben. Wie Abb. 5.25 zu entnehmen ist,
schieben sich dabei die Arbeitsschritte

- Fehleinstellungen und
- Überwindungsstrategien

zwischen die bisher bekannten Arbeitsschritte je nach Problemsituation ein. Denkbar ist auch, und dies vorwiegend bei
den sogenannten Denksportaufgaben, daß die Lösung schon
nach diesen eingeschobenen Arbeitsschritten gefunden ist.
Daher gilt das Ablaufdiagramm für komplexere Problemzu-
sammenhänge. Die dann vorgesehenen Einstiegsmöglichkei-
ten hängen ab vom Entwicklungs- und Kenntnisgrad nach der
Phase „Überwindungsstrategien". Sollten z.B. die Elemente
der Selbstreflexions- und Bewertungsphase schon ausgeführt
sein, wird man mit der Operatorauswahl fortsetzen etc.

Die Überwindungsstrategien stellen sich ebenso wie bei
den analytischen Problemen dar als die Anwendung von
Überwindungsmethoden unter taktischen Gesichtspunkten.

Während sich die Überwindungsstrategien bei den analytischen Problemen auf die Eigenschaften der Sachverhalte
konzentrieren, zielen die Überwindungsstrategien bei synthetischen Problemen auf die Vermeidung oder Aufhebung von
Fehleinstellungen.

5.2.1
Fehleinstellungen

Wenn wir uns also berechenbar und üblich verhalten, dann
sind wir auf dem besten Wege, Fehleinstellungen bezüglich
synthetischer Problemsituationen zu entwickeln. Dabei bewegen wir uns auf gewohnten Denkpfaden mit entsprechenden
Fixierungen. Typische Fehleinstellungen sind:

- Verbotsirrtum,
- Plausibilität,
- Konformität,
- Polarisierung und
- funktionale Gebundenheit.

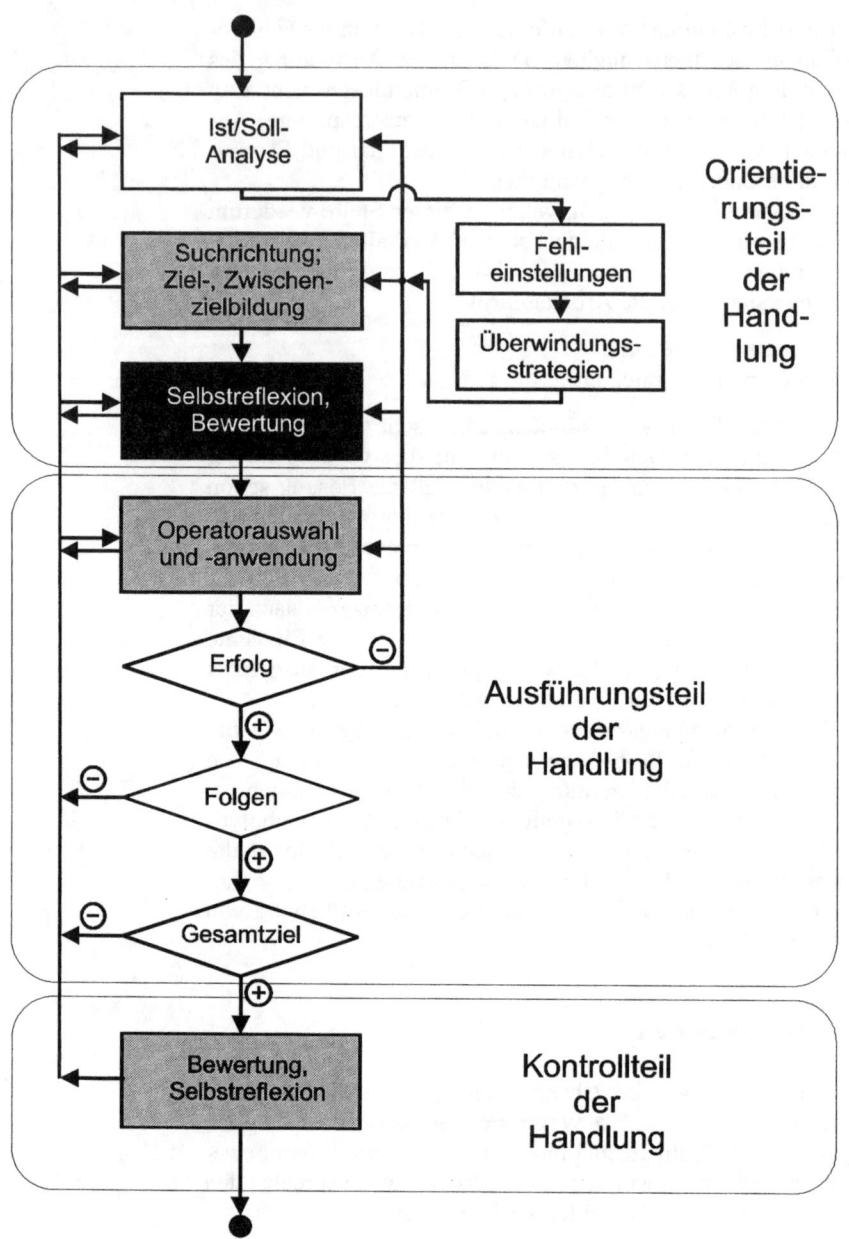

Abb. 5.25: Vollständiges Ablaufdiagramm für synthetische Probleme

Ein schönes Beispiel für einen Verbotsirrtum ist das 9-Punkte-Problem (Übung 1.15). Dabei haben wir alle sicherlich den Zwang erfahren, anfänglich Lösungen immer innerhalb der von den neun Punkten begrenzten Fläche zu suchen; als ob es verboten sei, die scheinbaren Grenzen zu überschreiten.

Verbotsirrtum

Ähnliches erfahren wir bei der Übung 1.16, dem Dreieck-Problem. Irgend etwas hält uns davon ab, die Raumdimension in unsere Betrachtungen einzubeziehen.

Streichholzaufgaben spielen sich in der Regel ja auch auf einer Fläche ab. Wenn dann plötzlich diese "Regel" durchbrochen werden muß, ist das nicht so ohne weiteres plausibel.

Plausibilität

Plausibel dagegen in einem hohen Maße war es, beim Hängebrückenproblem (Übung 1.8) den Schnellsten für den Rücktransport der Lampe zu verplanen.

Zu dieser Entscheidung haben sicherlich auch Gesichtspunkte der Konformität beigetragen. Für zeitsparende Maßnahmen ist eben der Schnellste gerade gut genug, das war schon immer so.

Konformität

Je vertrauter und bekannter eine vorgegebene Situation zu sein scheint, um so eher laufen wir Gefahr, voreilige Schlüsse und Folgerungen zu ziehen. Durch diese Polarisierung wird häufig der Blick auf das Wesentliche verbaut. Wie gut, daß die Tochter des Schuldners vom Geldverleiher vorher noch nie in einer ähnlichen Situation gewesen ist, vielleicht wäre sie dann nicht in der Lage gewesen, ihr Problem so unvoreingenommen zu dieser überraschenden Lösung zu führen.

Polarisierung

Ebenso unterlief der Tochter nicht die Fehleinstellung der funktionalen Gebundenheit. Sie hat sich nämlich nicht mit dem zu ziehenden Kieselstein beschäftigt, sondern ihre Aufmerksamkeit primär dem verbleibenden Kieselstein gewidmet. Anders dagegen verlief die Erfahrung mit Probanden bei dem Stabproblem (Kap. 2.1). Ein Bindfaden, an dem etwas hängt, hat für uns nicht ohne weiteres auch noch andere Funktionen.

funktionale Gebundenheit

Erst wenn es uns gelingt, diese oder andere Fehleinstellungen bei uns selbst zu entdecken, erst dann werden wir in der Lage sein, diese zu vermeiden. Dadurch lassen sich Fixierungen aufbrechen, eine kreative Suchraumerweiterung wird die Konsequenz sein. In der Folge werden wir daher verstärkt das in Kap. 4.2.1 zu Kreativitätstechniken Gesagte aufgreifen und vertiefen. Dabei sollen – mit Hilfe einiger Überwindungsmethoden und -taktiken – schwerpunktmäßig durch das Verfremden, die verzögerte Bewertung und das spielerische Experimentieren Überwindungsstrategien für solche Fehleinstellungen bereitgestellt werden, wie es in Abb. 5.26 abschließend zusammenfassend dargestellt ist.

5.2.2
Überwindungsmethoden

Einen Großteil der hier zur Sprache kommenden Überwindungsmethoden haben wir schon in Kap. 4.2.1 als methodische Hilfen zur Ist/Soll-Analyse kennengelernt. Sie bedürfen daher an dieser Stelle keiner weiteren Erklärung. Die in dem folgenden Katalog neu auftauchenden Methoden dagegen müssen näher erläutert werden:

– Visualisierung
– Fragetechnik
– Gedankenprotokoll
– Brainstorming
– Forced Relationship
– Brainwriting (Teamarbeit)
– Blitzlicht (Teamarbeit)
– Umschreibung, Umformulierung
– Analogienbildung, Assoziation
– „Abschalten", Nichtbeschäftigung mit dem Problem

Diese Methoden stehen nicht nebeneinander; Elemente einzelner Methoden finden sich in anderen wieder, nur die jeweilige Schwerpunktsetzung ist unterschiedlich.

Gedanken-protokoll
Der Begriff des Gedankenprotokolls an dieser Stelle ist zwar neu, aber die damit geforderte Tätigkeit ist schon häufig beschrieben und innerhalb der verschiedenen Übungen praktiziert worden. Zu dem jetzigen Zeitpunkt sei deshalb nochmals verstärkt auf diese Methode hingewiesen, weil Ergebnisse kreativer Prozesse eher Gefahr laufen, durch die rasche Weiterentwicklung von Ideen überlagert und vergessen zu werden.

forced Relationship
Die Kreativitätstechnik „Forced Relationship" ist in Kap. 4.2.1 erläutert worden. Nun sei die Gelegenheit ergriffen, um an einem Beispiel aus unseren Seminaren auf die sich ergebenden Perspektiven solcher Methoden hinzuweisen.

Ein Student wünschte sich eine Lösung für ein ihn beschäftigendes Problem: der Spülkasten seiner Toilette quietschte. Jeder der anwesenden Studenten nannte einen Begriff:

- Schiff
- Rad
- Kinder
- Kirschen
- Beleuchtung
- Fahrrad
- Feiertag
- Hausnummer
- erfinden
- kommen.

Aus diesen Begriffen heraus wurden Lösungswege und Ideen geäußert, die im folgenden aufgelistet sind. Dabei ist in der Darstellungsweise durch die Zuordnung zu den Begriffen das Auslösemoment zu den Ideen erkennbar:

- Schiff:
    - Schallquelle orten
    - Einfließgeschwindigkeit verändern
- Rad:
    - fetten
- Kinder:
    - Kinder zum Abziehen schicken
    - Fernsteuerung (Verzögerung)
    - Lichtschranke (Verzögerung)
    - Schaumstoff (Schall)
- Kirschen:
    - Überprüfung auf Verstopfung der Rohrleitung
- Beleuchtung:
    - Licht anschalten
    - Ventil schneller schließen
- Fahrrad:
    - anderes Schließsystem
    - Unterlegscheibe
- Feiertag:
    - selbst reparieren
    - Renovierung des ganzen Badezimmers
- Hausnummer:
    - wegziehen
- erfinden:
    - Spülkasten auseinandernehmen
    - neuen Spülkasten kaufen
- kommen:
    - Installateur rufen
    - Rat einholen

Aus dieser Gegenüberstellung ist leider nicht die zeitliche Folge der Ideenentwicklung ersichtlich. Anfänglich wurden ausschließlich Ideen zum Abstellen des Quietschens geäußert. Erst zum Ende hin, angeregt durch den Begriff „Kinder", die dann zum „Abziehen" geschickt werden sollten, wurde die Ideenrichtung entwickelt, nicht die Ursache selbst zu beseitigen, sondern das Geräusch gar nicht wahrzunehmen. Daraus entstanden dann sehr spontan die Ideen zum verzögerten Schalleindruck, (man selbst hätte dann schon längst die Toilette verlassen) und zur Schallisolation bis hin zum Wegziehen. Aber auch unabhängig von dieser Ideenrichtung sind viele Lösungsmöglichkeiten durch diese Methode in sehr kurzer Zeit entwickelt worden.

Blitzlicht

In festgefahrenen und unübersichtlichen Problemlösesituationen kann das Blitzlicht weiterhelfen. Voraussetzung dafür ist das Vorhandensein eines Teams, welches das Problem bearbeitet. Reihum sagt jedes Teammitglied in einem Satz oder durch einige Stichworte, was ihn oder sie augenblicklich vorrangig beschäftigt. Im Anschluß an diese Runde werden diese Aussagen diskutiert und auf neue Perspektiven untersucht.

Umschreibung, Umformulierung

Die Umschreibung des Problems haben wir als methodische Hilfe bereits kennengelernt, deshalb sei an dieser Stelle die Umformulierung des Problems näher betrachtet; dazu dient die folgende kleine Übung:

Übung 5.9

20 Lebewesen

Auf einer Wiese im Stadtpark befinden sich 20 Lebewesen, Hunde mit ihren Besitzern. Insgesamt sind 54 Beine auf der Wiese zu zählen. Wie ist das Verhältnis von Menschen und Hunden?

Wenn Sie nun nichts Synthetisches an dieser Aufgabenstellung erkennen können, dann haben Sie auf den ersten Blick sicherlich recht. Es handelt sich um ein analytisches Problem, ein möglicher Lösungsweg liegt in der Aufstellung von zwei Gleichungen mit zwei Unbekannten:

$$x + y = 20$$

$$2x + 4y = 54$$

mit den Bezeichungen

$$x \mathrel{\widehat{=}} \text{Menschen (2 Beine)}$$

$$y \mathrel{\widehat{=}} \text{Hunde (4 Beine)}$$

Daraus ergibt sich

$x = 20 - y$

$4y = 54 - 40 + 2y$

$y = 7$

und damit

$x = 13.$

Also teilen sich 13 Menschen 7 Hunde, ein nachahmens-
wertes Modell, wenn wir an die Verunreinigungen auf städti-
schen Fußwegen denken. Oder handelt es sich bei den
Menschen um Ehepaare, oder um Erwachsene mit Kindern,
oder sind vielleicht die Großeltern dabei, so daß es gar kein
„Teilen" im obigen Sinne ist? Diese Fragen lassen sich nicht
beantworten; nach Antworten darauf war aber auch nicht
gefragt.

Synthetische Elemente liegen vielmehr in einer möglichen
Problemumformulierung, die natürlich nur dann sinnvoll ist,
wenn der Lösungsweg sich dadurch vereinfacht.

Eine Problemumformulierung kann in der Hypothese

alle Lebewesen seien Hunde

bestehen. Das hätte zur Konsequenz, daß sich 80 Beine
auf der Wiese tummeln müßten, also 26 Beine zuviel. Daher
müssen 13 Menschen (26 Beine) darunter sein, also verbleiben nur noch 28 Beine für 7 Hunde.

Diese Lösung besitzt eine gewisse Eleganz und kann jederzeit auch ohne Papier und Bleistift durchgeführt werden.
Stellen Sie sich dazu vor, alle Hunde hätten bei weiterhin
gleichen Randbedingungen nur noch 3 Beine (es seien alles
Rüden und zufällig hätten sie alle bei der Zählung ein Bein
gehoben). Wie wäre das Verhältnis dann?

Festhalten sollten wir neben der Methode des Umformu-
lierens, daß auch für analytische Fragestellungen das bewußte
Einbringen von synthetischen Elementen von großem Vorteil
sein kann. Dieses haben wir auch schon wiederholt in den
Selbstreflexions- und Bewertungsphasen erfahren. Das Aufstellen von Hypothesen z.B. gehört dann dazu, wenn wir damit ungewohnte Denkpfade und Neuland betreten.

In Kap. 4.2.3 ist schon ausführlich auf die Wirkung vom **„Abschalten",**
Abschalten, vom Abwenden von der Problemstellung und **Nicht-**
dem Entspannen im Hinblick auf das „Umkippen" der Ge- **beschäftigung**
danken, auf die plötzliche Idee eingegangen worden. Wir
wollen diese Methode deshalb noch einmal besonders beto-

nen, weil für viele von uns nur dadurch das Aufbrechen von Fixierungen und gedanklichen Verkrustungen möglich ist. Damit unterliegt es leider einem hohen Maß an Zufälligkeit, ob die rettende Idee denn kommt. Sinnvoller ist dagegen das bewußte Training und die häufige Anwendung der übrigen Überwindungsmethoden.

5.2.3
Überwindungstaktiken und -strategien

In der Anwendung der vorgeschlagenen Überwindungsmethoden unter den im folgenden beschriebenen taktischen Gesichtspunkten sind die geeigneten Strategien zur Vermeidung von Fehleinstellungen bei Problemen mit synthetischem Charakter zu sehen (siehe Kap. 4.2.1).

Verfremden

Wenn wir mit der Strategie des Verfremdens beginnen, so lassen sich darunter folgende Überwindungstaktiken fassen:

– zusammenhängendes Ganzes in Teile zerlegen,
– Abhängigkeiten aufheben,
– neue, ungewohnte Funktionen zuweisen,
– neue Zusammenhänge und Beziehungen herstellen und
– Teile, Elemente zu einem neuen Ganzen zusammenfügen.

Das Grundsätzliche dieser Taktiken liegt in dem bewußten Erkennen und Aufbrechen von Vertrautem, um zu einer neuen Offenheit der Betrachtung vorstoßen zu können. So wie ein Bild an der Wand aus dem Nagel in der Wand, dem Bindfaden, dem Holzrahmen, der Glasscheibe, der Leinwand, den Farben etc. besteht, so vielschichtig sind die sich aus dieser Zerlegung ergebenden neuen Perspektiven.

verzögerte Bewertung

Hat uns das Verfremden in einer konkreten Situation nicht weitergeholfen, dann können wir die Taktiken der Strategie der verzögerten Bewertung zu Hilfe holen:

– Ideensammlung, -vielfalt,
– neugieriges und forschendes Entdecken,
– Umkippen der Gedanken und
– Hypothesenbildung.

Die dazu vorrangig sich anbietenden Methoden sind, wie wir inzwischen wissen, die erläuterten Kreativitätstechniken, die Umschreibung, das Denken in Analogien, das Assoziieren und, wie oben besonders betont, auch das Abschalten, das Nichtbeschäftigen mit dem Problem.

spielerisches Experimentieren

Zum Abschluß sei noch auf die Strategie des spielerischen Experimentierens verwiesen. Dabei zeichnen sich die takti-

schen Elemente durch einen höheren Grad an Zufälligkeit
aus:

- Versuch und Irrtum,
- das Gegenteil von dem tun, was offensichtlich ist,
- Ausschalten des bisherigen Gemeinsamen und
- der plötzliche Einfall.

Das Gegenteil von dem zu tun, was sich geradezu auf-
drängt und dem wir also eine hohe Zielsicherheit und Erfolgswahrscheinlichkeit unterstellen, das ist für alle von uns
nicht leicht. Erst in dem Maße, wie wir in Problemen mit
synthetischem Charakter immer wieder das Gefühl des
Darauf-reingefallen-sein empfunden haben, entwickeln wir
den Mut und die Bereitschaft, diese verlockenden Wege nicht
zu beschreiten. Der sich dann einstellende Erfolg wird uns in
unserem Tun bestätigen. Voraussetzung dafür ist ein feines
Gespür für solche „synthetischen Fallen".

Wegen der besonderen Bedeutung dieses Unterkapitels
und zur Übersichtlichkeit sind in Abb. 5.26 noch einmal die
Überwindungsstrategien von Fehleinstellungen bei synthetischen Problemen dargestellt.

Dabei soll die Darstellung verdeutlichen, daß nur zwischen den Strategien und Taktiken eine lockere Zuordnung
angebracht ist, ansonsten sollen alle Strategien, Taktiken und
Methoden zur Überwindung der jeweiligen Fehleinstellung
herangezogen werden.

Wo die Begriffe so übersichtlich nebeneinander stehen,
wird deutlich, daß alle strategischen Elemente eines vorrangig von uns fordern: Kritikfähigkeit und aufmerksamen Zweifel. Nur das unermüdliche Hinterfragen von allem, was uns
umgibt, ist Ausgangspunkt für neue schöpferische Ideen.
Lösen wir dann so nicht nur uns gestellte Probleme, sondern
entwickeln und entdecken Probleme, dann stoßen wir in das
weite Feld dialektischer Probleme vor.

Überwindungs-strategien	Überwindungs-taktiken	Überwindungs-methoden	Fehl-einstellungen
Verfremden	zusammenhängen-des Ganzes in Teile zerlegen	Visualisierung	Verbotsirrtum
	Abhängigkeiten aufheben	Fragetechnik	
		Gedankenprotokoll	
	neue ungewohnte Funktionen zuweisen	Brainstorming	
	neue Zusammen-hänge und Bezieh-ungen herstellen	Brainwriting (Teamarbeit)	
	Teile, Elemente zu neuem Ganzen zusammenfügen	Forced Relationship (Reizworttechnik)	Plausibilität
verzögertes Bewerten	Ideensammlung, -vielfalt	Grätendiagramm	
		Mind Map	
	neugieriges und forschendes Entdecken	Morphologischer Kasten	Konformität
	Umkippen der Gedanken	Blitzlicht (Teamarbeit)	
	Hypothesenbildung		
spielerisches Experimentieren	Versuch und Irrtum	Umschreibung, Umformulierung	Polarisierung
	das Gegenteil von dem tun, was offensichtlich ist	Analogienbildung, Assoziation	
	Ausschalten des bisherigen Gemeinsamen	Abschalten, Nichtbeschäftigung mit den Problemen	funktionale Gebundenheit
	der plötzliche Einfall		

Abb. 5.26: Überwindungsstrategien von Fehleinstellungen bei synthetischen Problemen

5.3
Das Lösen von dialektischen Problemen

Wenn wir uns die Charakteristika von dialektischen Problemen in Erinnerung rufen (siehe Abb. 1.12) – die Problemdefinition ist offen, d.h. entweder die Ist-Kriterien oder die Soll-Kriterien sind schlecht oder unvollständig definiert, und eine Lösung ist durch eine Reihe bekannter oder unbekannter Operationen erreichbar –, so läßt sich ahnen, daß diese offenen Beschränkungen vermehrt Zwänge zur Folge haben (Reitman 1965). Und Problemstellungen des täglichen Lebens sind in der Regel unvollständig definiert. Sie beinhalten alle Zwänge und Widersprüche, denen die Lösung des Problems schließlich genügen soll. Dabei sind diese Zwänge und Widersprüche zu Beginn der Problemlösung nicht bekannt und auch nicht erkennbar, sie ergeben sich erst aus dem Bearbeitungsprozeß als dialektisches Verhältnis zwischen Zwängen, Widersprüchen und deren Beseitigung und Aufhebung. Durch Maßnahmen der Widerspruchsbeseitigung können neue Beziehungen in das System eingebracht werden, die wiederum neue Zwänge mit sich bringen.

Dabei sind die Zwänge und Widersprüche inhaltlicher und formaler Art. Bei einer Ingenieuraufgabe z.B. müssen Abteilungen oder Teams kooperieren. Nach jeder Abteilungs- oder Teamsitzung werden die Problemstellungen weitergehend definiert und unterliegen damit weiteren Zwängen oder Beschränkungen - inhaltlich durch die unterschiedlichen Fachkompetenzen, formal durch Hierarchieprobleme, Sympathien, Antipathien und andere zwischenmenschliche Kommunikationsprobleme.

Die Lösung eines Problems besteht somit also in der Erzeugung und Aufhebung von Zwängen und Widersprüchen. Kriterien für die Beurteilung, ob das angestrebte Ziel erreicht ist, entstehen und entwickeln sich im Lösungsprozeß.

Wenn so Probleme des täglichen Lebens und der Arbeitswelt beschrieben werden können, dann haben alle bisherigen konkreten Übungsbeispiele, seien es die Denksport- oder die Klausuraufgaben, nicht viel gemein mit den alltäglichen Problemen z.B. im Arbeits- und Berufsleben. Trotzdem haben sie für Handlungen in dialektischen Zusammenhängen vorbereitenden Charakter, da sie Teilaspekte der Analyse und Synthese stückchenweise vermitteln und lernen lassen. Insgesamt sind die damit gewonnenen Erfahrungen unabdingbare Voraussetzung für den Umgang mit und das Bewegen in dialektischen Zusammenhängen, in denen aber noch andere Fähigkeiten und Fertigkeiten verlangt werden. Welche diese genau sind, ist vollständig nicht bekannt. Gerade die Auseinandersetzung um die „künstliche Intelligenz" und hierbei besonders die Entwicklung von Expertensystemen zeigt die Grenzen auf. Wie sollen denn Maschinen und Computer das Denken übernehmen, wenn wir Menschen nicht einmal wissen, wie wir selbst denken und handeln? Daß Menschen anders handeln, als sie reden, ist als Phänomen inzwischen hinlänglich bekannt und vertraut, daß sie aber anders denken, als sie meinen, ist für einige von uns noch einigermaßen überraschend. Insofern können die folgenden Gesichtspunkte zu weiteren wichtigen Fähigkeiten und Fertigkeiten beim Denken und Handeln in komplexen Problemsituationen nur unvollständig sein, und sie beschränken sich auf einige wesentliche Punkte von Persönlichkeitsmerkmalen.

kognitive Kompetenz

Die kognitive Kompetenz beinhaltet die Fähigkeit zur geistigen Auseinandersetzung mit analytischem, synthetischem und dialektischem Denken und Handeln. In Kap. 1.2 sind beispielhaft in einem ersten Schritt diese Fähigkeiten eingeführt und gegenüber bzw. nebeneinander gestellt worden. Daran anschließend wurden sowohl das analytische als auch das synthetische Denken und Handeln weiter erläutert und beispielhaft eingeübt. Ein Schwerpunkt dieses Kapitels wird nun in der Vermittlung des dialektischen Denkens und Handelns liegen. Dabei wird auf das bekannte Ablaufdiagramm zum analytischen und synthetischen Problemlösen zurückgegriffen und dieses durch weitere Arbeitsschritte innerhalb der bekannten Strukturen verfeinert.

emotionale Kompetenz

Schon in den Selbstreflexions- und Bewertungsphasen sowohl bei den analytischen als auch bei den synthetischen Problemen ist die Bedeutung von Persönlichkeitsmerkmalen offenkundig geworden. Durch den Kontrollprozeß der Identifikation haben wir versucht, Wechselwirkungen zwischen Persönlichkeitsmerkmalen und ins Auge gefaßten Lösungswegen offenzulegen. Bei dialektischen Problemen nimmt der Einfluß von Emotionen und Einstellungen durch die Existenz der offenen Beschränkungen erheblich zu (Newell, Simon, Shaw 1965).

Führen Emotionen und Einstellungen zu den vielschichtigen Formen von Vorurteilen, dann hat das überwiegend negative Folgen für den Problemlöseprozeß. Verhaltensweisen aus nicht vergleichbaren Situationen werden auf die augenblickliche Problemsituation übertragen; damit beginnt eine wechselseitige Einengung, die zufälligen Einflüssen unterliegt. Solche unterschwelligen Ablenkungen und Störungen verhindern, daß der Problemlöser offen ist für alle tatsächlich ausgesendeten Signale und Informationen. Hier vollzieht sich ein Filtereffekt. Durch diese selektive Wahrnehmung laufen wir Gefahr, nur die Informationen wahrzunehmen, die unsere augenblickliche Meinung oder unser Weltbild bestätigen.

Andererseits sind Emotionen und Einstellungen unabdingbare Voraussetzungen für intuitives Lösungsverhalten. Beim bisherigen Ablaufdiagramm hat die Intuition weder bei den Transformationsmethoden noch bei den Operatoren die gebührende Berücksichtigung gefunden. Wir alle wissen aber, welche Bedeutung der Intuition zukommt, und wir handeln sicher häufiger intuitiv, als wir denken. Im Rahmen der Intuition ist die durch Emotionen und Einstellungen hervorgerufene Filterfunktion nicht mehr eine Form der Ablenkung und Anpassung, sondern eine Form der schnellen und übergreifenden Orientierung. Unwichtiges oder auch Unglaubwürdiges wird als irrelevant, schon Bekanntes und Vertrautes als redundant ausgeblendet. Die persönliche Betroffenheit sichert ein hohes Engagement im Erreichen der gesteckten Ziele, und diese Ziele können nur dann glaubwürdig sein, wenn sie mit den Emotionen und Einstellungen harmonieren. In der Auseinandersetzung mit den neuen Technologien stellt sich beispielsweise dabei die Frage, ob die menschlichen Arbeitsprozesse den Erfordernissen der Automation oder die Maschinen den Menschen anzupassen sind.

Emotionen und Einstellungen sind auch wichtige Voraussetzungen für die weiteren Fähigkeiten und Fertigkeiten zum Denken und Handeln in komplexen dialektischen Problemzusammenhängen.

Innovationskompetenz

Dabei setzt die Innovationskompetenz Persönlichkeitsmerkmale wie Offenheit, Risiko- und Konfliktbereitschaft voraus. Aus einer solchen Grundeinstellung heraus entwickelt sich die Lust zum Entdecken und Erforschen. Anpassung und Konformität werden als statisch abgelehnt, alles Vertraute und Übliche nach dem Motto „Das haben wir schon immer so gemacht." stetig in Frage gestellt. Daraus entwickelt sich ein dynamischer Prozeß zukunftsorientierter und innovativer Handlungen, die uns zu visionären Fähigkeiten führen. Dabei beinhalten Visionen die Eigenschaft, das zu sehen, was andere nicht sehen oder was über deren Sichtfeld hinausgeht – eine wesentliche Voraussetzung für den verantwortungsvollen Ingenieur.

Entscheidungskompetenz

Aus dieser zukunftsorientierten und verantwortungsvollen Tätigkeit heraus können sinnvolle Kriterien für eine Entscheidung entwickelt werden. Bei allen bisherigen analytischen und synthetischen Problembeispielen beschränkte sich die Entscheidungskompetenz auf den auszuwählenden Lösungsweg; dagegen beziehen dialektische Problemstellungen die Ist- und/oder Soll-Kriterien in die anstehenden Entscheidungen mit ein.

Die Entscheidung zur Entwicklung eines neuen Kraftfahrzeuges kann z.B. aus verschiedenen Gründen erfolgen. Sie kann aus der Sicht des Herstellers und vieler Käufer, aber auch aus der Sicht der Umwelt und des Staates erforderlich sein. Aus der Sicht des Herstellers und vieler Käufer ist dies der Fall, wenn das laufende Modell veraltet ist und ein Nachfolgemodell mit besseren Eigenschaften, z.B. bezüglich Produktions- und Betriebskosten, und höheren Leistungen gewünscht wird. Aus der Sicht der Umwelt oder des Gesetzgebers ist ein neues Modell erforderlich, wenn die Umwelteigenschaften wie z.B. Sicherheit, Geräusch- und Schadstoffemission oder der Verbrauch nicht mehr zu vertreten sind.

An diesem Beispiel wird deutlich, daß entsprechend der jeweiligen Zielsetzung die Soll-Kriterien weit auseinander liegen können. Ebenso verhält es sich auf der Ist-Seite. Wer erinnert sich nicht noch an die Darstellung der deutschen Automobilindustrie vor Einführung der Katalysatoren: Obwohl schon lange vorher in Kraftfahrzeugen für den amerikanischen Markt eingebaut, stellte sie den Katalysator als technisch nicht machbar dar (Ist-Situation).

Die Entscheidungskompetenz setzt Persönlichkeitsmerkmale wie Entschiedenheit, Ausdauer und Beharrlichkeit voraus. Diese können sich natürlich nur entfalten, wenn bezüglich der Entscheidungssituation ein bestimmtes Maß an Unabhängigkeit und Autonomie gegeben ist.

kommunikative und soziale Kompetenz

Entscheidungen werden in der Regel nicht alleine getroffen, sondern stellen das Endprodukt kommunikativer und kooperativer Prozesse dar, die sich als soziale Beziehungen wiederspiegeln. Gerade dialektische Probleme beinhalten wegen ihrer Komplexität und Größe diese sozialen Beziehungen der im Lösungsprozeß Kooperierenden. Dieses Feld der kommunikativen und sozialen Kompetenz soll hier nur gestreift werden, da es im Zusammenhang mit dialektischen Problemlösungen in Sell, Fuchs-Frohnhofen (1993) behandelt worden ist.

An dieser Stelle bleibt festzuhalten, daß die Fähigkeiten zum

– Zuhören
– Diskutieren
– Motivieren

– Tolerieren und
– Moderieren

wichtige Grundbausteine zu dieser Kompetenz sind.

In diesem Kapitel beschränken wir uns auf die Ergänzung des bisherigen Ablaufdiagramms im Orientierungsteil der Handlung, also die

– Ist/Soll-Analyse,
– Suchrichtung, Ziel- und Zwischenzielbildung sowie
– Selbstreflexion und Bewertung.

Beispiele für die Anwendung des Ablaufdiagramms in realen Zusammenhängen sind in Kap. 6 zu finden, wo wir anhand von drei betrieblichen Beispielen auch auf den Ausführungs- und Kontrollteil der Handlung eingehen.

5.3.1
Erweiterung der Ist/Soll-Analyse

Die Ist/Soll-Analyse für die analytische und synthetische Problemstellung stellt sich gemäß Abb. 5.27 bei dialektischen Problemen in vier Arbeitsschritten dar:

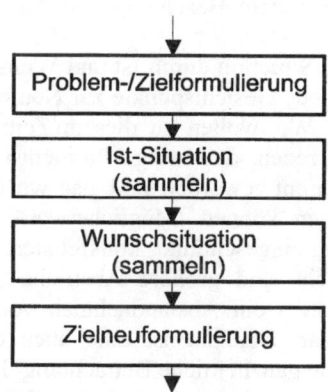

Abb. 5.27: Ist/Soll-Analyse bei dialektischen Problemen

In der Problem- und Zielformulierung soll das Anliegen möglichst konkret beschrieben werden. Dabei sollte es so formuliert werden, daß es uns persönlich angeht, wir uns betroffen fühlen und wir auf die Erreichung des Anliegens, der Lösung des Problems, Einfluß nehmen können. Dabei muß sich das Arbeitsteam auf ein gemeinsames Anliegen, auf eine gemeinsame Problemstellung einigen. Bei vorgegebenen

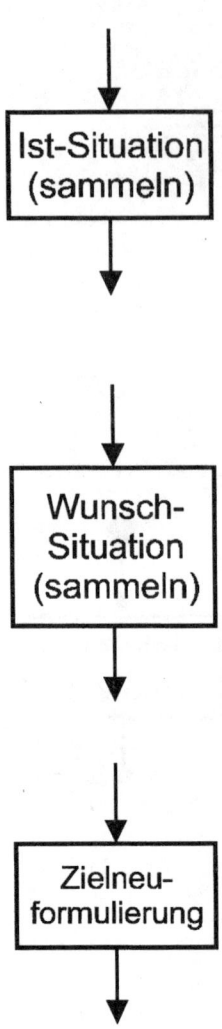

und nicht veränderbaren Soll-Kriterien sind diese entsprechend zu berücksichtigen und zu interpretieren.

Die gegenwärtige Situation (Ist) wird anschließend umfassend beschrieben; insbesondere sind Randbedingungen, Zwänge und Widersprüche festzuhalten. Dabei finden Strukturierungs-, methodische Hilfen und Taktiken (siehe Kap. 4.2.1) Anwendung, insbesondere die Kreativitätstechnik Brainstorming: Alle Meinungen und Ansichten werden aufgegriffen und schriftlich festgehalten, keine Äußerung soll diskutiert oder gar kritisiert werden.

Ebenso wird bei der Sammlung der Ideen zur Wunschsituation verfahren. Im Regelfalle ist die Wunschsituation nicht identisch mit der Zielformulierung. Wünsche sollten völlig frei von Randbedingungen entwickelt werden.

Durch die Einschätzung und Einordnung der Ist- und Wunschsituation werden unterschiedliche Ansichten deutlich, die in einem Team immer vorhanden sind. Da sie bei der Problem- und Zielformulierung selten deutlich werden, muß in einem weiteren Schritt die bisherige Formulierung verändert werden.

Bei dialektischen Problemen sind hierbei der zeitlichen Veränderlichkeit (Dynamik) und der Abhängigkeit der Variablen (Vernetztheit) als vorherrschende Eigenschaften der Sachverhalte besondere Beachtung und Aufmerksamkeit zu schenken.

Nachdem die Situation durch Ist und Wunsch beschrieben ist, haben sich neue Gesichtspunkte zur Neuformulierung des Zieles ergeben. Wir wollen zu diesem Zeitpunkt nur noch von den Zielen reden, da etwaige Problemstellungen inzwischen so transparent geworden sind, daß wir für sie eindeutige Ziele angeben können. Möglicherweise muß jetzt die Zielformulierung eingeschränkt, konkretisiert oder zugespitzt werden, vielleicht sind größere Abstriche zu machen, im Extremfall ist auch ein Abstandnehmen von der Zielerreichung vorstellbar. Denkbar ist aber auch eine inhaltliche Ausweitung, eine ganzheitliche Betrachtung. In jedem Fall ist dieser Arbeitsschritt ein erster wichtiger Klärungs- und Entscheidungsprozeß. Wenn ohne diesen Arbeitsschritt bisher verschiedene Ziele und Interpretationen verbunden waren (Wunschsituation), so stellt eine Neuformulierung den nötigen Konsens dar: Erste Mißverständnisse sind ausgeräumt, und ein gemeinsames Ziel erleichtert die weitere Zusammenarbeit im Team. Bisher offene Beschränkungen sind geschlossen, unterschiedliche Ansprüche sind abgeklärt, die relevanten gemeinsamen Ziele sind gesteckt.

Wird in dieser Phase der Abstimmungsprozeß nicht geleistet, ist er im weiteren Lösungsweg nur schwer und unter hohem Zeitverlust korrigierbar und verläuft intransparent; an inhaltlichen Detailfragen werden von allen unbemerkt Grundsatzpositionen ausgefochten. Unzufriedenheit und nachlassendes Engagement für das Ziel sind die Folge.

In Abb. 5.28 ist der Prozeß der Zielneuformulierung im obigen Sinne unter der Bedingung, daß die Ist-Situation vorwiegend einschränkenden, die Wunschsituation vorwiegend erweiternden Charakter besitzt, insgesamt einschränkend dargestellt. Mit dieser Neuformulierung des Problemes und Zieles ist ein vorübergehender Zustand erreicht, kein endgültiger, wie das folgende Kapitel aufzeigen wird. Insbesondere bei Entscheidungssituationen unter Zeitdruck ist die Reduktion der Problem- und Zielformulierung auf wesentliche Merkmale in der Zielneuformulierung angeraten.

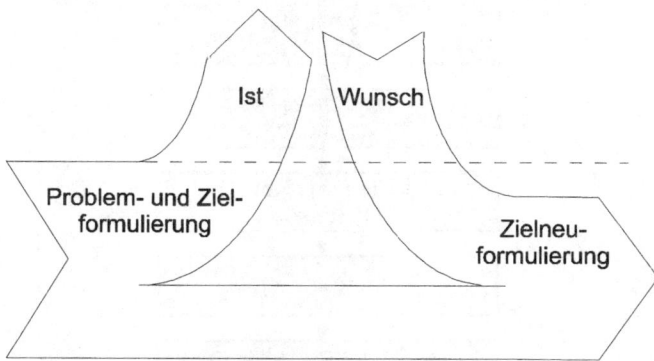

Abb. 5.28: Prozeß der Zielneuformulierung

5.3.2
Erweiterung der Suchrichtung, Ziel- und Zwischenzielbildung

Wie schon aus der Überschrift zu entnehmen ist, wird auch in diesem Arbeitsschritt ein Schwerpunkt auf der Betrachtung der Zielbildung einschließlich Zwischenzielbildung liegen. Eine weitere Voraussetzung zur Überprüfung und Bewertung der augenblicklichen Zielformulierung wird durch die Beschäftigung mit Gegenkräften und deren Reduktionsmöglichkeiten bzw. fördernden Kräften und deren Verstärkungsmöglichkeiten gegeben, wie es in Abb. 5.29 dargestellt ist.

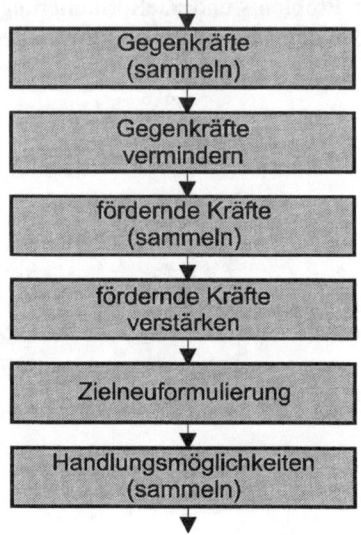

Abb. 5.29: Suchrichtung, Ziel- und Zwischenzielbildung bei dialektischen Problemen

Aufbauend auf dieser Klärung der Positionen lassen sich dann Hypothesen für den Suchraum aufstellen, die Ausgangspunkt für eine weitere Zielformulierung sein können. Danach wird das Gesamtziel im Rahmen eines Handlungsplanentwurfes in überschaubare Zwischenziele aufgeteilt.

Schon während der Auseinandersetzung mit der Ist-Situation und hierbei insbesondere innerhalb der Sammelphase sind sicherlich schon Gegenkräfte aufgetaucht. Unter Gegenkräften verstehen wir dabei Personen, Argumente, Randbedingungen, Sachzwänge, Richtlinien, Gesetze und sonstiges, was auch nur irgendwie dem Ziel entgegenstehen könnte. Aufbauend auf den Ergebnissen der Ist/Soll-Analyse wird jetzt eine bewußte Sammelphase zu den Gegenkräften eingeleitet. Methoden dazu sind hinlänglich bekannt (Brainstorming, Brainwriting, Forced Relationship).

Anschließend wird mit den gleichen methodischen Mitteln eine Sammlung der Reduktionsmöglichkeiten durchgeführt. Alle Ideen werden schriftlich, für alle und jederzeit lesbar, festgehalten.

Das gleiche gilt für die Ermittlung der fördernden Kräfte und die Verstärkung derselben.

Bei diesen Sammelphasen sollen auch Trends und Entwicklungstendenzen abgeschätzt und entsprechend berücksichtigt werden. Diese Sammelphasen haben entscheidungsvorbereitenden Charakter – um so wichtiger ist es, gründlich und möglichst vollständig zu verfahren.

Aus den so vorliegenden Ergebnissen lassen sich Lösungshypothesen aufstellen, die möglicherweise eine erneute Korrektur der Zielformulierung erforderlich machen. Aus diesem dauernden Korrekturprozeß wird deutlich, daß sowohl die Entwicklung von Hypothesen als auch ständige Neuformulierung des Zieles ein Prozeß in Wechselwirkung sind. Merkmale der Lösungshypothesen können wiederum zu Merkmalen der Zielformulierung werden und umgekehrt – ein stetiger Ausgleichs-, Anpassungs- und Adaptionsprozeß. Das Verifizieren der so entwickelten Hypothesen obliegt dem Ausführungsteil der Handlung, auf den anhand von Beispielen in Kap. 6 eingegangen wird.

Das Umsetzen der Hypothesen in eine Sammlung von Tätigkeiten und Handlungen ist Aufgabe des nächsten Schrittes.

Die Ziele und Zwischenziele werden in der Regel arbeitsteilig erreicht (Arbeitsgruppe, Teams). Die zeitliche und inhaltliche Koordinierung sollte in Form eines Flußdiagrammes jederzeit und übersichtlich präsent, überprüfbar und veränderbar sein.

Da durch die Auswahl von Transformationsmethoden in der Regel schon eine Entscheidung für und gegen bestimmte Operatoren getroffen wird, sollten auch vorhersehbare Nebenwirkungen von Operatoren, die von nicht beeinflußbaren Parametern abhängig sind, abgeschätzt und deren Auswirkungen begrenzt werden, sofern sie nicht als Auswahlkrite-

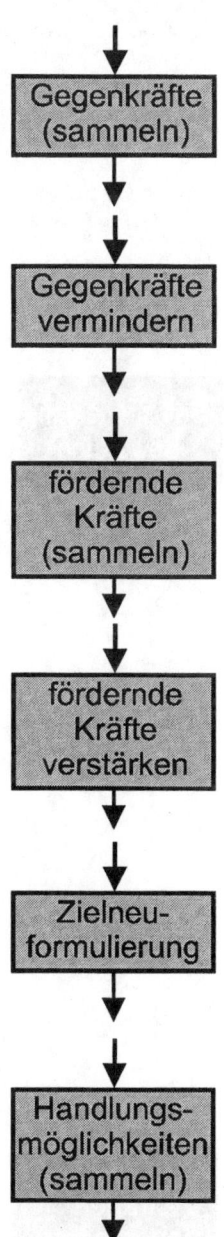

rien die Operatoren insgesamt außerhalb jeder weiteren Betrachtung stellen.

Der soweit skizzierte Handlungsplan wird dann im nächsten Schritt der bekannten Selbstreflexions- und Bewertungsphase unterworfen.

5.3.3
Erweiterung der Selbstreflexion und Bewertung

Hinlänglich bekannt sein sollten inzwischen die Kontrollprozesse

- Identifikation
- Prüfung
- Bewertung
- Prognose

die, wie Abb. 5.30 zeigt, in einem ersten Schritt die Selbstreflexions- und Bewertungsphase einleiten.

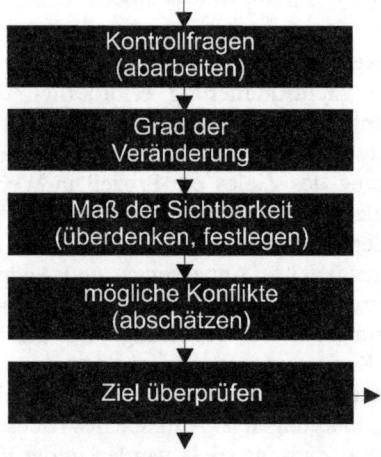

Abb. 5.30: Selbstreflexion und Bewertung bei dialektischen Problemen

Die dazu in Kap. 4.2.3 eingeführten Fragestellungen und Aufforderungen gelten weiterhin, hinzu kommen als neue Arbeitsschritte nach den Kontrollprozessen Überlegungen und Abschätzungen zu dem

- Grad der Veränderungen,
- Maß der Sichtbarkeit und dem
- Konfliktmaß.

Notwendig werden diese weitergehenden Bewertungsmaßstäbe durch die vorherrschenden Eigenschaften von dialektischen Sachverhalten, nämlich die zeitliche Veränderlichkeit und die Abhängigkeit der Variablen. Aufbauend auf diese Arbeitsschritte wird dann zum wiederholten Male die Zielformulierung überprüft und gegebenenfalls abgeändert.

Die Beschäftigung mit dem Veränderungsgrad des Handlungsplanentwurfes muß sowohl bewußte, gewollte, gewünschte als auch außerplanmäßige, nicht gewollte Veränderungen antizipieren. Dabei sind insbesondere personelle und finanzielle, soziale und technologische Konsequenzen vorherzusehen, um den gewünschten und anvisierten Grad der Veränderung festlegen zu können. Wie häufig im Falle schwer definierbarer Schnittstellen sind Prioritäten zu vergeben, aus denen heraus ein Anforderungskatalog ersichtlich wird. Dieser muß auch Veränderungen beinhalten, die auf keinen Fall hervorgerufen werden dürfen.

In dem Maße, in dem ein Prozeßablauf für den Problemlöser selbst überschaubar und sichtbar ist, lassen sich Zeichen der Sichtbarkeit nach außen regulieren. Sollen die Veränderungen für alle sichtbar sein, sollen z.B. von den Veränderungen Betroffene am Lösungsprozeß beteiligt werden und mitentscheiden?

Die rasche Entwicklung und schnelle Änderung von Arbeit und Technik und der damit einhergehende Übersichtsverlust bewirken eine auf allen Ebenen um sich greifende Verunsicherung, aus der heraus sich die Notwendigkeit der Partizipation aller an diesem Prozeß Beteiligten nahezu zwangsläufig ergibt.

So wünschenswert und sinnvoll ein solches Vorgehen auch ist, es beinhaltet ein Mehr an zu berücksichtigenden Randbedingungen, Faktoren, Momenten etc., da die Vernetztheit entsprechend zunimmt. Nicht nur der Zeitdruck ist ein häufig angeführter Sachzwang, wenn man es mit der Offenheit doch nicht ganz so weit treiben möchte.

Auch mangelnde Konfliktbereitschaft und -fähigkeit verhindern den rechtzeitigen Austausch von konträren Positionen. Je fester eigene Positionen verinnerlicht sind, umso schwerer fällt ein Abweichen von diesen Positionen; die Konsensfindung und -bildung wird immer schwieriger. Wenn denn Positionen ausgefochten werden, welche Konflikte dürfen dabei riskiert werden? Ist das Risiko abschätzbar und jederzeit handhabbar? Eine Vielzahl von offenen Fragen, die

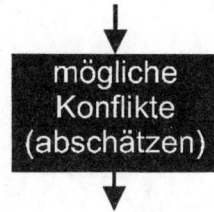

sich beliebig fortsetzen lassen. Wenn diese Fragen mit der gebührenden Sorgfalt bearbeitet sind, dann sollte die Zielformulierung nochmals überprüft werden.

Die bisherigen Zielkriterien sollten an den Antworten der Selbstreflexions- und Bewertungsphase gemessen werden. Üblicherweise sind zu diesem Zeitpunkt im Problemlöseprozeß immer noch Umformulierungen, Spezifizierungen oder Erweiterungen nötig. Dazu könnten über die Rückschleife korrigierende Maßnahmen im Handlungsplanentwurf angeraten sein. Planungsänderungen zu diesem Zeitpunkt in dem o.a. Sinne tragen ganz erheblich dazu bei, daß ein Großteil der immer auftauchenden Störungen und zeitlichen Belastungen im voraus wenn nicht eliminiert, so doch begrenzt wird.

Mit diesen Anmerkungen soll der Komplex des Orientierungsteils der Handlung bei dialektischen Problemen abgeschlossen werden. Diese Anmerkungen sind in dem Maße unvollständig, wie es der Rahmen dieses Buches erforderlich macht. Eine intensivere Beschäftigung mit dialektischen Problemen, insbesondere auch mit dem Ausführungsteil der Handlung, der eine Auseinandersetzung mit konkreten Übungsbeispielen erfordert, findet sich in Sell, Fuchs-Frohnhofen (1993). Ein betrieblicher Anwendungsfall ist in Kap. 6.1.2 beschrieben.

Abschließend ist in Abb. 5.31 das gesamte Ablaufdiagramm zum dialektischen Problemlösen dargestellt. Durch diese Zusammenstellung wird nochmals deutlich, daß das dialektische Problemlösen sowohl analytisches als auch synthetisches Denken und Handeln voraussetzt.

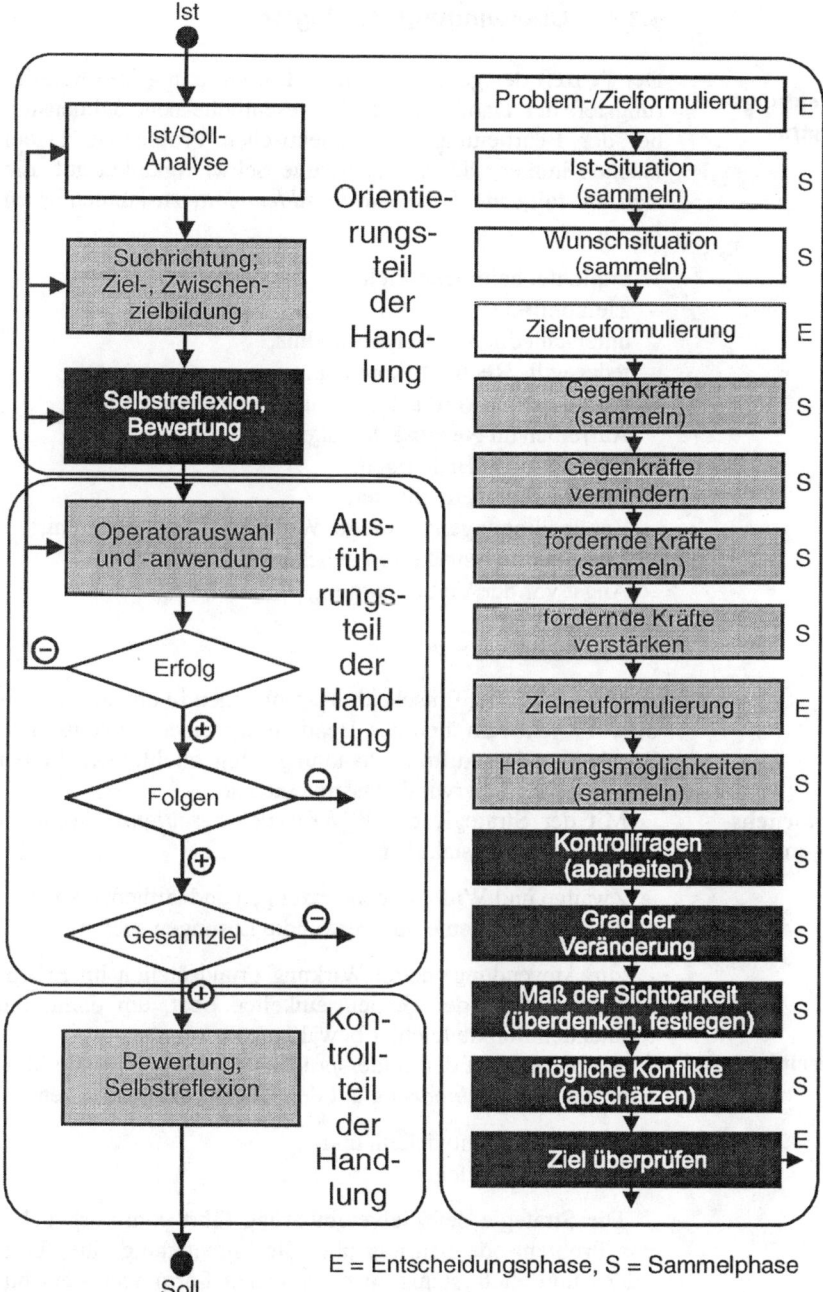

E = Entscheidungsphase, S = Sammelphase

Abb. 5.31: Vollständiges Ablaufdiagramm für dialektische Probleme

5.3.4   Überwindungsstrategien

Entscheidungs-
dilemmata

Der Prozeß der gemeinsamen Zielformulierung im Orientierungsteil der Handlung ist die wesentliche neue Dimension bei der Bearbeitung von dialektischen Problemen. Dabei tauchen immer wieder gleichartige Schwierigkeiten auf, die sich als folgende *Entscheidungsdilemmata* zusammenfassen lassen:

– implizite, heimliche Ziele,
– Zielkonflikte,
– unterschiedliches Zielverständnis,
– jeder will „Recht" bekommen,
– Überlagerung von fachlicher und persönlicher Ebene,
– Aufreiben an Nebensächlichkeiten,
– Festhalten am Bisherigen,
– Entscheidungsunwilligkeit,
– Randbedingungen (Zwänge, Widersprüche) unbekannt,
– Entscheidungsstrukturen unbekannt,
– Angst vor der Verantwortung,
– Skepsis und
– Zeitdruck.

Um mit diesen Entscheidungsproblemen in einem Arbeitsoder Projektteam bei der Bearbeitung eines gemeinsamen Problems oder Auftrags handlungsfähig zu bleiben, bieten sich folgende Überwindungsstrategien an:

Widerspruchs-
beseitigung

Mit der Strategie der *Widerspruchsbeseitigung* kommen die Überwindungstaktiken

– Zwänge und Widersprüche erzeugen und aufheben sowie
– ähnliche Probleme und verwandte Lösungen suchen

zur Anwendung, deren Wirkung grundsätzlich im Erkennen der Menge der Gemeinsamkeiten liegt, um damit die trennenden Punkte leichter bewältigen zu können.

Zielvereinbarung

Aufbauend auf der Widerspruchsbeseitigung fußt die Strategie der *Zielvereinbarung* auf den Überwindungstaktiken

– Alternativen entwickeln und
– Prioritäten festlegen.

Die Strategie der Zielvereinbarung führt vom vorgegebenen Problem oder Auftrag über die Entwicklung eines Leitbildes und Zielsystems zu einer neuen Form von Verbindlichkeit. Dadurch wird einerseits sichergestellt, daß sich alle Teammitglieder bei der Bearbeitung des Problems wiederfinden, andererseits werden Instrumente und Kennzahlen an die Hand gegeben, mit der die Zielerreichung überprüfbar und meßbar wird. Dieses werden wir mit Hilfe eines Anwendungsbeispiels in Kap. 6.1.2 näher erläutern.

Überwindungs-strategien	Überwindungs-taktiken	Überwindungs-methoden	Entscheidungs-dilemmata
Widerspruchs-beseitigung	Zwänge und Widersprüche erzeugen und aufheben	Visualisieren: - Netzpläne - farbig markieren - Gruppieren	implizite, heimliche Ziele
			Zielkonflikte
		Gemeinsamkeiten und Abweichungen herausarbeiten	unterschiedliches Zielverständnis
	ähnliche Probleme und verwandte Lösungen suchen	Systemgrenzen überschreiten, festlegen	jeder will "Recht" bekommen
		Zielgruppen bilden	Überlagerung von fachlicher und persön-licher Ebene
		Gegenkräfte redu-zieren, fördernde Kräfte verstärken	
Zielvereinbarung	Alternativen entwickeln	Leitbilder und Zielsysteme entwickeln	Aufreiben an Nebensäch-lichkeiten
	Prioritäten festlegen	Vertagen, Verschieben	Festhalten am Bisherigen
		Untergruppen bilden (personell)	Entscheidungs-unwilligkeit
		Trennen von Sammel- und Diskussions-phasen	
			Randbedingun-gen (Zwänge, Widersprüche) unbekannt
Antizipation	Größenordnung abschätzen	Neben- und Fern-wirkungen festhalten	
	Wahrscheinlichkeit und Tragweite von Risiken bestimmen	Rollenspiel, Planspiel	Entscheidungs-strukturen unbekannt
		Zukunftsszenarien	
	Ergebnisszenarien, Visionen entwickeln	gewichtete Wert-zahlen (Nutzwerte)	Angst vor der Verantwortung
	Grenzwerte festlegen	Bilanzierung	Skepsis
		Erfolgswahrschein-lichkeit abschätzen	Zeitdruck

Abb. 5.32: Überwindungsstrategien von Entscheidungsdilemmata bei dialektischen Problemen

Antizipation   Ist der Grad der Neuartigkeit und Innovation des zu bearbeitenden Problems oder Auftrags besonders hoch, so sollte die Überwindungsstrategie der *Antizipation* Anwendung finden. Die entsprechenden Überwindungstaktiken verdeutlichen die dieser Strategie zugrunde liegende Absicht:

- Größenordnung abschätzen,
- Wahrscheinlichkeit und Tragweite von bestimmten Risiken bestimmen,
- Ergebnisszenarien entwickeln und
- Grenzwerte festlegen.

In Abb. 5.32 sind abschließend die o.a. Überwindungsstrategien in Abhängigkeit von Entscheidungsdilemmata bei dialektischen Problemen dargestellt. Während sich in dieser Abbildung eine eindeutige Zuordnung zwischen Strategien und Taktiken vollziehen läßt, sind die aufgeführten Überwindungsmethoden grundsätzlich innerhalb jeder Strategie anzuwenden, auch wenn die eine oder andere Methode sich bevorzugt zu einer der drei Strategien anbietet.

Im folgenden Kap. 6 werden nun Anwendungen in modernen betrieblichen Managementsystemen vorgestellt, um zu verdeutlichen, auf welche Weise die getroffenen Aussagen zum Vorgehen beim Lösen dialektischer Probleme auf spezifische betriebliche Anwendungsfälle angepaßt werden können.

6 Anwendung in modernen betrieblichen Managementsystemen

Nachdem die bisherigen Kapitel dieses Buches dazu dienten, schrittweise eine Heuristik herzuleiten, zu differenzieren und auf unterschiedlichste Probleme anzuwenden, soll in diesem Kapitel beschrieben werden, in welchem Zusammenhang die Entwicklung von Problemlösefähigkeit mit modernen betrieblichen Managementsystemen und Organisationskonzepten steht.

Die Erkenntnis, daß erhöhte Innovationsgeschwindigkeit und die ständige Verbesserung von Produkten, Dienstleistungen und Abläufen in Unternehmen nur zu erreichen sind, wenn das Know-how und die Kreativität der Mitarbeiterinnen und Mitarbeiter dieser Unternehmen möglichst effizient dazu beitragen, hat sich heute in nahezu allen Wirtschafts- und Wissenschaftszweigen durchgesetzt (Lorenz 1996).

Managementtheoretiker und Betriebspraktiker sind sich weitgehend einig, daß die hohen Markt- und Kundenanforderungen unter anderem dadurch bewältigt werden können, daß die Unternehmen zu „lernenden Organisationen" werden. Hierzu sind neben strukturellen Voraussetzungen auch Problemlöseschemata und vor allem praktikable Instrumente notwendig, die durch Mitarbeiterinnen und Mitarbeiter auf Facharbeiterniveau und darunter angewendet werden können. Diese Instrumente müssen auch die Reflexion des eigenen Lern- und Problemlöseverhaltens beinhalten (Wahren 1996).

Durch unsere Qualifizierungs- und Beratungspraxis von Unternehmen haben wir eine Reihe von Reorganisationsprojekten begleitet, innerhalb derer die hier vorgestellten Problemlöseansätze auf betriebliche Anwendungsgebiete angepaßt wurden.

Im folgenden wird anhand von drei Fallbeispielen gezeigt, in welcher Weise die durchgängige und in sich geschlossene, dafür aber sehr komplexe Heuristik innerhalb von betrieblichen Managementsystemen angewendet werden kann.

Hierzu wird sie einerseits an Komplexität reduziert, andererseits durch „Werkzeuge" erweitert – beides, um die Anwendbarkeit auf betriebsspezifische Probleme zu erhöhen.

6.1
Projektorganisation

Die Organisation der Unternehmensabläufe in Projekten war bislang nur außerhalb der Serienfertigung üblich, nämlich dort, wo kleine Serien oder einzelne Produkte für einen sehr eingeschränkten Kundenkreis nur einmal hergestellt werden. Die meisten Beispiele sind uns aus dem Anlagenbau und der Bauwirtschaft bekannt.

Mittlerweile werden aber aus guten Gründen auch in klassischen Serienfertigungsbereichen Projekte initiiert, die zum Beispiel die Produktentwicklung oder auch die Organisationsentwicklung betreffen.

6.1.1
Übertragung des Problemlöseschemas auf das Projektmanagement

Projekte im hier verwendeten Sinne sind durch einige Mekmale gekennzeichnet, die wesentlich für die erforderlichen Methoden und Instrumente sind, nämlich

- Einmaligkeit,
- eigene Projektorganisation (außerhalb der Routineorganisation),
- Bearbeitung durch ein Projektteam aus unterschiedlichen Hierarchien und Unternehmensbereichen,
- fest vorgegebener Auftrag bzw. Problembeschreibung,
- festgelegter Start- und Endtermin sowie
- vorgegebene personelle, zeitliche und finanzielle Ressourcen.

Wir können davon ausgehen, daß es sich bei betrieblichen Projekten immer um dialektische Probleme im Sinne von Abb. 1.12 handelt, so daß uns das vollständige Ablaufdiagramm für dialektische Probleme aus Abb. 5.31 als Ausgangspunkt dienen kann. Wir werden nun aus dem „Spezialfall" eines betrieblichen Projektes ein modifiziertes Ablaufdiagramm herleiten unter Beachtung der wesentlichen Merkmale des Ablaufdiagramms für dialektische Probleme.

Projektauftrag

Im Gegensatz zu beliebigen dialektischen Problemen liegt beim Start eines betrieblichen Projektes immer ein Auftrag vor, der bereits einen Teil der Ist- bzw. Soll-Analyse beinhalten kann. Darüber hinaus kann es eine Reihe einschränkender Rahmenbedingungen geben, die mit der Auftragsformulierung verbunden sind, die also der Suchrichtung und Ziel- bzw. Zwischenzielbildung vorgreifen.

Es ist daher sinnvoll, als ersten Schritt im Projektablauf den Auftrag anhand bestimmter Fragestellungen zu formulieren.

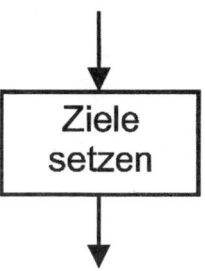

Ziele setzen

Nachdem der Auftrag an das Projektteam vollständig beschrieben ist und die Rahmenbedingungen und Spielräume geklärt sind, ist zunächst als zweiter Projektschritt die Zielformulierung erforderlich. Als Besonderheit ist hier zu vermerken, daß es sich häufig nur um eine Zielkonkretisierung handelt, da grobe Zielvorgaben bereits im Auftrag enthalten sind, oder aber sich aus der Orientierung an den Unternehmenszielen ergeben.

Die für das konkrete Projekt gesetzten Ziele können bei Bedarf noch untereinander gewichtet werden, und es sollten Bewertungsmaßstäbe für die spätere Beurteilung der Zielerreichung gefunden werden (Kennzahlen).

Vergleichen wir diese Vorgehensweise mit dem Ablaufdiagramm für dialektische Probleme, so wird uns klar, daß die Konkretisierung der im Auftrag bereits enthaltenen Zielvorgaben eine Wunschsammlung der am Projekt beteiligten Akteure beinhaltet und das Ergebnis auch als „Zielneuformulierung" zu interpretieren ist.

Ist-Analyse

Als dritter Schritt im Projektablauf folgt nun die Analyse des Ist-Zustandes in bezug auf den zu bearbeitenden Auftrag. Dieser Schritt beinhaltet im Rahmen von betrieblichen Projekten einerseits das Zusammentragen (Sammeln) bereits vorhandenen Wissens durch die Projektakteure.

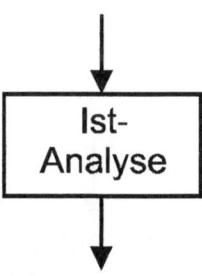

Auf der anderen Seite werden i.d.R. Recherchen und Untersuchungen erforderlich sein, um Mutmaßungen zu untermauern bzw. zu widerlegen, Ungewißheiten zu beseitigen und ein realistisches Bild zu erlangen, wo und inwieweit sich der vorhandene Zustand von den bereits formulierten Zielsetzungen unterscheidet.

Soll-Konzepte

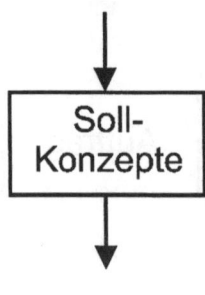

Der vierte Projektschritt besteht nun in der Erarbeitung von verschiedenen Varianten der zukünftigen Gestaltung. Dies ist der wesentliche konzeptionelle Teil des Projektablaufes, der mögliche Zustände am Ende des Projektes beschreibt. Hier werden mehrere Gestaltungsvarianten konkret entwickelt und beschrieben, die es erforderlich machen, den Ist-Zustand so zu verändern, daß die gesetzten Ziele möglichst weitgehend erreicht werden. In der Regel handelt es sich um konkurrierende Vorschläge, die geprägt sind z.B. durch

– die kleinsten Abweichungen von den Zielsetzungen,
– die Orientierung an den wichtigsten Zielen,
– die Prioritäten unterschiedlicher Interessengruppen oder
– die geringsten zu erwartenden Umsetzungswiderstände.

Im Gegensatz zum Ablaufdiagramm für dialektische Probleme werden an dieser Stelle nicht Handlungsmöglichkeiten für die Umsetzung der Konzepte gesammelt, sondern zunächst eine (oder mehrere) Varianten zur Umsetzung ausgewählt.

Bewertung und Auswahl der Soll-Konzepte

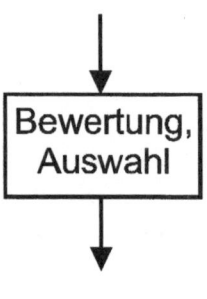

Im fünften Schritt findet die Bewertung der vorgeschlagenen Soll-Konzepte statt. Die Kriterien für diese Bewertung ergeben sich zum größten Teil aus den gesetzten Zielen und deren Gewichtung. Es können aber auch weitere Bewertungskriterien in die Entscheidung einfließen, die u.U. gar nicht im Projektteam gefunden werden können.

Wir empfehlen daher, an dieser Stelle die „Auftraggeber" mit einzubeziehen, z.B. durch eine Zwischenpräsentation der Projektergebnisse.

Dies ist vor allem dann sinnvoll, wenn durch die vorgeschlagenen Veränderungen auch Bereiche betroffen sind, die nicht im Projektteam vertreten sind.

Umsetzung planen und steuern

Im Sinne des Ablaufplanes aus Abb. 5.31 begeben wir uns nun in den Ausführungsteil der Handlung. Die Einführung des bzw. der neuen Konzepte kann – je nach Umfang des Projektes – ein langwieriger Prozeß sein, der u.U. neue (Teil-)Projekte erfordert. Auf jeden Fall werden Maßnahmen ergriffen werden, die aufeinander abgestimmt und sowohl zeitlich als auch inhaltlich koordiniert werden müssen.

Dieser sechste Schritt des Projektablaufes beinhaltet die Bestimmung von Verantwortlichkeiten, die Erstellung und Überprüfung von Zeitplänen und die Intervention bei Abweichungen von der Planung.

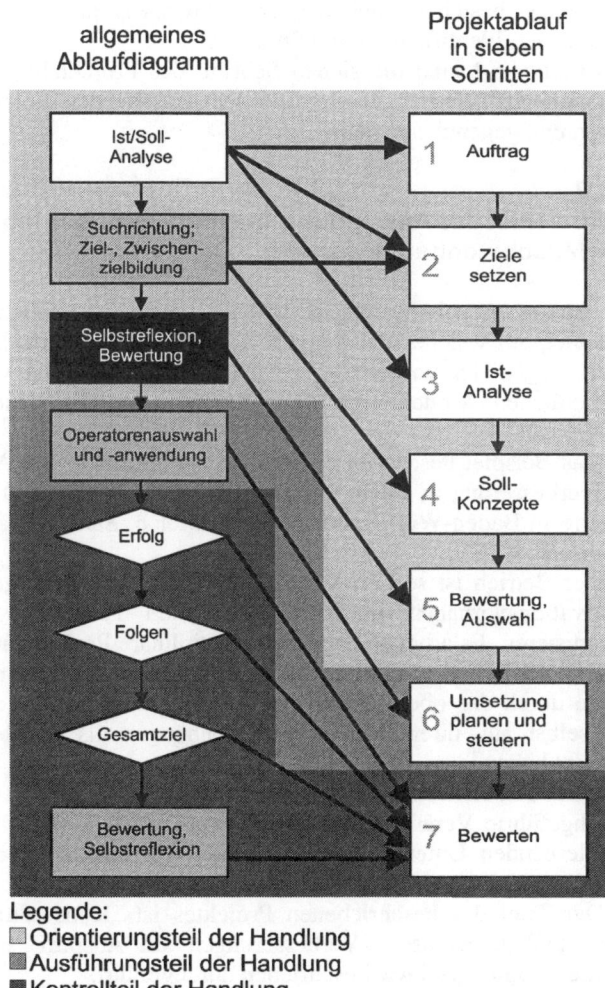

Legende:
▨ Orientierungsteil der Handlung
▨ Ausführungsteil der Handlung
■ Kontrollteil der Handlung

Abb. 6.1: Gegenüberstellung des allgemeinen Ablaufdiagramms und des daraus abgeleiteten Projektablaufplans

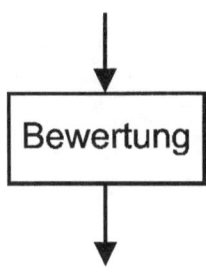

Bewertung

Der siebte und letzte Schritt im Projekt dient der Überprüfung der Ergebnisse der Umsetzung einerseits und der Bewertung des Projektverlaufs andererseits.

Wir fassen hier die Erfolgskontrolle aus dem Ausführungsteil der Handlung zusammen mit dem Kontrollteil der Handlung, bestehend aus den Kontrollprozessen Prüfung, Bewertung, Identifikation und Prognose.

In Abb. 6.1 sind die sieben Schritte des Projektablaufes zusammenhängend abgebildet und dem allgemeinen Ablaufdiagramm gegenübergestellt.

6.1.2
Fallbeispiel der Anwendung in einem Großbetrieb der Maschinenbauindustrie

In diesem Abschnitt zeigen wir an einem betrieblichen Beispiel, auf welche Weise und mit welchen exemplarischen Werkzeugen der vorgestellte Projektablauf selbständig von betrieblichen Moderatoren übernommen und angewendet wird.

Das Beispiel beschreibt ein Projekt zur Produkt- und Ablaufverbesserung in einem Großbetrieb der Maschinenbauindustrie in Baden-Württemberg (Gund, Gleich, Sander, Hartmann 1996).

Der Betrieb ist seit etwa drei Jahren dazu übergegangen, Innovationsvorhaben in innerbetrieblichen Projekten zu organisieren. Es arbeiten dabei interdisziplinäre Projektteams unter interner oder externer Moderation an Aufträgen, die ihnen durch das obere Management erteilt wurden oder die sie selbst aus ihren Arbeitszusammenhängen als Problem erkannt haben.

Diese Arbeitsweise hat sich sehr bewährt; auf diese Weise durchgeführte Veränderungsprojekte werden als Kernprozeß des lernenden Unternehmens betrachtet (Hartmann, Sander 1996).

Der Titel des beschriebenen Projektes ist „Konstruktive und montagetechnische Verbesserungen am Auspuff" und wurde im Jahr 1996 wie beschrieben durchgeführt.

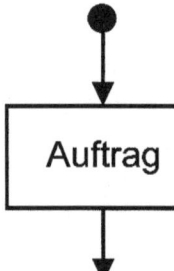

Das Projekt startete mit dem Auftrag an das Projektteam, konstruktive und montagetechnische Verbesserungsvorschläge am Auspuff zu entwickeln.

Wie bereits erwähnt, sollte ein Auftrag möglichst vollständig beschrieben sein. Um dies zu gewährleisten, bedienen wir uns der *Fragetechnik*, indem wir Antworten auf alle relevanten Fragestellungen in der Auftragsformulierung verlangen.

Es hat sich in dem beschriebenen Unternehmen durchgesetzt, alle Projektaufträge in der in Tabelle 6.1 gezeigten Weise zu beschreiben, womit wir auch das erste Werkzeug zur Hand haben: Die 10 W-Fragen.

**Methode
Fragetechnik**

Tabelle 6.1: Auftrag zum Projekt „Konstruktive und montagetechnische Verbesserungen am Auspuff"

W-Frage	Erläuterung	Antwort
Was?	Gegenstand des Projektes	Entwicklung von konstruktiven und montagetechnischen Verbesserungsvorschlägen am Auspuff
Warum?	Gründe für das Projekt	• Zuviel Nacharbeit • Mehraufwand (Zeit und Personal) • Qualität außerhalb der Grenzen
Wozu?	Zielvorgaben des Projektes	• Reduzierung der Kosten • Erhöhung der Qualität • Reduktion des Zeitaufwandes • Erhöhung der Flexibilität • Verbesserung der Humansituation, Arbeitserleichterung
Wer?	Akteure im Projektteam	1 Mitarb. QS, 2 Montageschlosser, 1 Konstrukteur, 1 Kundendienstmitarb., 1 Einkäufer,1 Disponent, 1 AV-Mitarb., 1 Controller
Wie?	Arbeitsmethoden	Kreativitätstechniken, Problemlösungstechniken, Projektmanagement
Womit?	Werkzeuge der Projektarbeit	interner Moderator, Handlungspläne, Problemanalysen
Wann?	Zeitlicher Rahmen	Start ab dem 02.09.1996, Dauer: 5 Tage
Wo?	Örtlicher Rahmen	Bau 9, Werkstättenplanung oder Bau 11, PC-Büro
Für Wen?	Adressaten des Projektes	Kunden, Mitarbeiter, Unternehmen, Lieferanten
Wieviel?	Finanzieller Rahmen	Keine Erhöhung des Teilepreises

**Die 10
W-Fragen**

Wie aus den Antworten in der rechten Spalte von Tabelle 6.1 ersichtlich ist, hat sowohl ein Teil der Ist-Analyse als auch ein Teil der Zielformulierung schon vor der Auftragsvergabe stattgefunden; ohne diese Vorarbeit hätte es wohl auch keinen Auftrag gegeben.

Außerdem stecken in der Auftragsformulierung Hinweise auf die Projektaufbau und -ablauforganisation, nämlich die Zusammensetzung des Projektteams, den Starttermin und die Dauer, die Forderung eines internen Moderators etc.

Im zweiten Schritt kommt es nun also darauf an, die Ziele zu konkretisieren. In diesem Fall – wie auch in vielen anderen – bietet sich hierzu als Werkzeug ein sogenanntes Zielsystem an (Sell, Hartmann 1997; Lilie, Stahn 1997), das es erlaubt, komplexe und sich scheinbar widersprechende oder konkurrierende Ziele zu systematisieren und Wechselwirkungen zwischen einzelnen Zieldimensionen sichtbar zu machen.

Ziele setzen

In unserem Beispiel sind bereits Leistungsziele vorgegeben, die jedoch nicht mit konkreten Zahlen unterlegt sind. Darüber hinaus steckt das Globalziel des Projektes bereits im Titel bzw. hinter der „Was-Frage".

Methoden Fragetechnik und Visualisierung

Die Hinweise auf „versteckte" und unübersichtliche Zielvorgaben bringen uns auf die geeignete Methoden, um mit diesen Fragmenten umzugehen, nämlich die *Klassifizierung* und die *Visualisierung*.

In Abb. 6.2 ist das Zielsystem mit den folgenden vier Ebenen für das Projekt dargestellt:

Zielsystem

- Globalziel mit der Funktion, das Projektziel in einer griffigen Formulierung zu bündeln. Alle Maßnahmen müssen diesem Ziel dienen;
- Orientierungsebene mit der Funktion, die „Begünstigten" des Projektes zu identifizieren. Keine Maßnahme darf einseitig zu Lasten eines dieser Orientierungspunkte gehen;
- Leistungsebene mit der Fuktion, die wesentlichen leistungsbestimmenden Merkmale zu beschreiben, die in diesem Projekt verändert werden sollen;
- Differenzierungsebene mit der Funktion, konkreter zu beschreiben, auf welche Weise sich die Leistungsmerkmale verändern sollen.

Teilweise finden sich hierin die Vorgaben aus dem Auftrag wieder (Leistungsebene); die Konkretisierungsarbeit des Projektteams ist insbesondere in der Differenzierungsebene zu finden.

Die Verbindungslinien zwischen den einzelnen Stichworten der verschiedenen Ebenen kennzeichnen Wirkungszusammenhänge, die für die Beurteilung von zu treffenden Maßnahmen sehr hilfreich sind. Wird zum Beispiel im Rahmen der Sollkonzeption der Vorschlag gemacht, einen billigeren Lieferanten für ein Zukaufteil zu wählen, dann steht dahinter das Bedürfnis, die Kosten zu senken. Das Zielsystem führt zwangsläufig dazu, auch die anderen Rück- und Nebenwirkungen dieser Maßnahme abzuschätzen, z.B. Zeit- oder Qualitätsverschlechterungen, die diese Maßnahme wiederum ungeeignet erscheinen lassen.

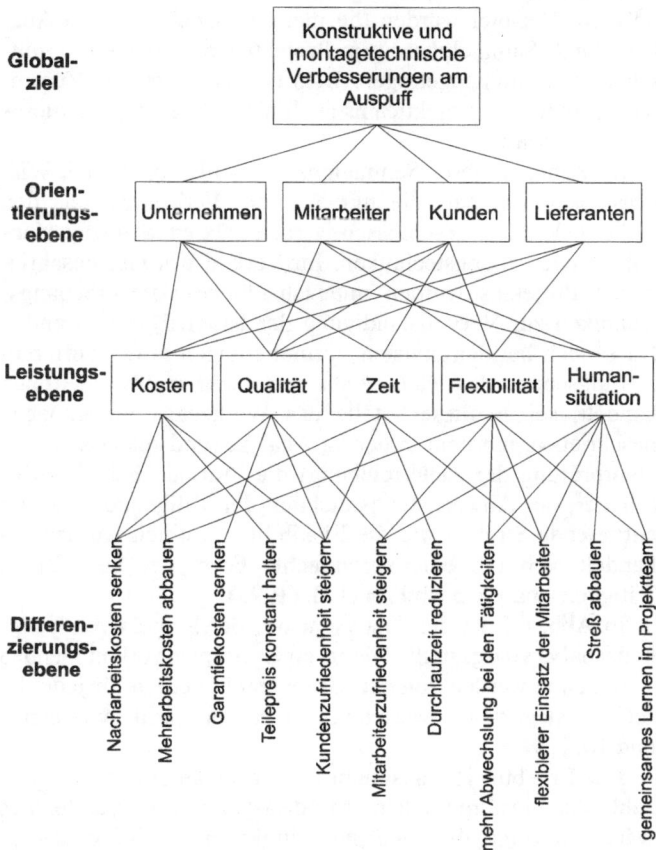

Abb. 6.2: Zielsystem des Projektes „Konstruktive und Montagetechnische Verbesserung am Auspuff"

Gewichtung, Priorisierung

Bei komplexen Projekten bietet sich die Gewichtung der Ziele an, um die Aufwände nur auf die wichtigsten Ziele zu konzentrieren. Die Gewichtung findet auf der Differenzierungsebene statt. Hierzu gibt es eine Reihe geeigneter Verfahren, die in der Literatur zu Projektmanagement ausführlich beschrieben sind (Heeg 1993; Ehrl-Gruber, Süß 1996). In unseren Anwendungsfällen wenden wir am häufigsten den systematischen Paarvergleich oder die Gewichtung mit Punktvergabe durch die Mitglieder der Projektteams an.

Kommen wir nun zum dritten Schritt, der Ist-Analyse. Dabei gelten für die Sammlung bereits vorhanden Wissens über den Ist-Zustand dieselben Aussagen, wie sie bereits in den vorangegangenen Kapiteln gemacht und erläutert wurden. In unserem Beispiel wurden die meisten Aspekte der Ist-Analyse durch Sammelphasen im Projektteam zuverlässig ermittelt und zusammengetragen. Dies ist bei „richtiger" Zusammensetzung der Projektteams auch für andere Projekte dieses Typs zu erwarten.

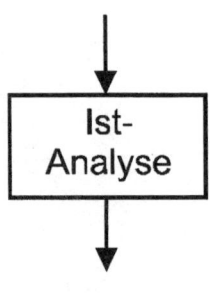

Datenerhebungstechniken

Im Rahmen dieser Sammelphasen werden aber auch Wissenslücken sichtbar, die mit anderen Werkzeugen als den bisher bekannten geschlossen werden müssen, den sogenannten Datenerhebungstechniken. Im Verlauf des hier beschriebenen Projektes wurden unterschiedliche Datenerhebungstechniken zur Vervollständigung der Ist-Analyse verwendet. Da es sich bei den meisten Formulierungen in der Differenzierungsebene des Zielsystems um leicht meßbare Größen handelt, sei an dieser Stelle das Werkzeug „Fragebogen" beschrieben, mit dem in der Ist-Analyse (und später auch zur Überprüfung der Zielerreichung) die Zufriedenheit der Mitarbeiter, der Abwechslungsreichtum der Tätigkeiten und der auftretende Streß sowie die Flexibilität ermittelt wurden. Es handelt sich um eine vereinfachte Form der Subjektiven Tätigkeitsanalyse nach Frei et al. (1993).

Subjektive Tätigkeitsanalyse

In Abb. 6.3 ist die Analysematrix der Subjektiven Tätigkeitsanalyse dargestellt. Die in einer Gruppe vorkommenden Tätigkeiten werden von den Gruppenmitgliedern für jede der sechs Kategorien bewertet mit einer Punktzahl zwischen 1 und 10.

Das Ergebnis (Punktsumme) liefert keine objektive Kennzahl, die etwa mit einem Mindeststandard zu vergleichen wäre. Es zeigt aber, welche Tätigkeiten im Vergleich zu anderen die Zufriedenheit mehr oder weniger fördern, und läßt Rückschlüsse auf die Flexibilität zu, wenn zugeordnet wird, wer welche der vorkommenden Tätigkeiten beherrscht.

In dem beschriebenen Betrieb wird diese Analyse mittlerweile regelmäßig zur Dokumentation des Entwicklungsstandes der Gruppenarbeit in allen Gruppen durchgeführt, und daraus werden Gestaltungs- und Qualifizierungsmaßnahmen abgeleitet.

	Tätigkeit 1	Tätigkeit 2	Tätigkeit 3	Tätigkeit 4
"Ellbogenfreiheit"				
Abwechslung				
Möglichkeit, Neues zu lernen				
Unterstützung und Respekt				
Sinnvoller Beitrag für Betrieb + Kunden				
Positive Zukunftsaussicht				
Total				

Abb. 6.3: Analysematrix der Subjektiven Tätigkeitsanalyse

Aufbauend auf den Ergebnissen der Ist-Analyse werden im vierten Schritt, der Erstellung der Soll-Konzepte, Alternativen zum Ist-Zustand entwickelt. In unserem Beispiel wurden hierzu insbesondere *Kreativitätstechniken* gemäß Kap. 5.2 angewendet und zusätzlich *Kleingruppen* zur Ausarbeitung von Lösungsideen gebildet.

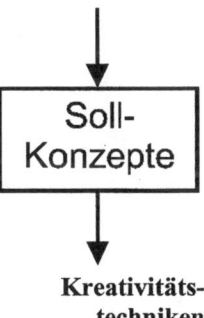

Soll-Konzepte

Kreativitäts-techniken

Auf diese Weise hat das Projektteam 63 Vorschläge erarbeitet, die größtenteils ergänzend sind und zum Teil konkurrierend.

Kleingruppen

Die Ergebnisse der Ist-Analyse und die ersten Ideen für Soll-Konzepte wurden im Rahmen einer *Zwischenpräsentation* nach drei Projekttagen mit weiteren Beschäftigten und Führungskräften des Werkes diskutiert, um so weitere Anregungen zu bekommen.

Zwischenpräsen-tation

Weitere Schritte im Zusammenhang mit der Erstellung der Soll-Konzepte waren u.a.

– Einholen von Angeboten für Investitionen,
– Überprüfung von vorhandenen Flächen,
– Gespräche über fertigungstechnische Umsetzbarkeit mit Lieferanten,
– Ermittlung von möglichen Einsparungen bzgl. Zeiten und Materialkosten.

Bewertung, Auswahl

Der nächste Schritt im Rahmen des Projektablaufes ist die Bewertung und Auswahl der Soll-Konzepte. Hier wird das Zielsystem wieder relevant, das die Kriterien für die Bewertung liefert. Auf diese Weise können Vorschläge auf ihre wahrscheinliche Wirksamkeit im Sinne des Zielsystems überprüft werden. Hierzu wurden die Vorschläge zunächst mit Hilfe von Formblättern beschrieben. In Abb. 6.4 ist ein solches Formblatt beispielhaft dargestellt.

Vorschlag: Dreilochflansch durch Kugelform-Schelle ersetzen

Vorteil: Montageerleichterung, Vermeidung von Verspannung

Nachteil: Aufwand

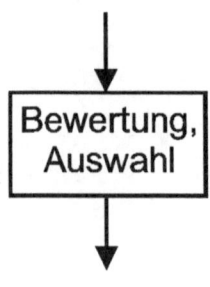
Investitionskosten:	DM 10.000	**Amortisation:** 0,83 Jahre
Einsparungen pro Fahrzeug:	DM 2,-	
Einsparungen pro Jahr:	DM 12.000	

!   Entscheidung der Gruppe: Durchführen | Umsetzungsdauer: mittel-langfristig

Abb. 6.4: Formblatt zur Beschreibung von Soll-Konzepten

Nutzwertanalyse

Umsetzung planen und steuern

Die endgültige Bewertung der konkurrierenden Vorschläge im Rahmen der Soll-Konzepte erfolgte mit Hilfe einer Nutzwertanalyse. Die Kriterien für die Ermittlung der Nutzwerte stammen direkt aus der Differenzierungsebene des Zielsystems. Auf dieses Verfahren wird hier nicht näher eingegangen, da es in der Literatur ausführlich beschrieben ist (Heeg 1993).

Das Ergebnis der Bewertung und Auswahl ist in unserem Beispiel ein Katalog von 26 Maßnahmen, von denen 13 innerhalb der nächsten 30 Tage umgesetzt wurden. Die übrigen zehn erfordern mehr planerischen Aufwand, so daß sie als „langfristig umzusetzen" eingestuft wurden.

In jedem Fall aber benötigen wir für die Umsetzung der Maßnahmen – ob kurz- oder langfristig – Werkzeuge, die beim Planen, Kontrollieren und Steuern hilfreich sind. Im Falle der kurzfristig umzusetzenden Maßnahmen eignet sich hierfür ein herkömmlicher *Maßnahmenplan*, auf den wir in Kap. 6.2 noch eingehen.

Maßnahmenplan

Für längerfristige Maßnahmen, die einen hohen Umsetzungsaufwand haben, eignen sich Meilensteinpläne, Balkenpläne und Netzpläne, die zu den gängigen Projektmanagement-Werkzeugen gehören (Ehrl-Gruber, Süß 1996).

Netz- und Balkenplantechnik

Es hat sich allerdings als wichtig erwiesen, daß das Projektteam auch dann, wenn Aufgaben deligiert wurden oder neue Teilprojekte entstanden sind, die Umsetzung der Maßnahmen begleitet und Zwischenbewertungen anhand des Zielsystems vornimmt, da ansonsten der Bezug zu den Vorarbeiten leicht verloren gehen kann und damit auch der Bezug zu den gesteckten Zielen.

Follow-Up-Sitzungen

In unserem Falle geschieht dies durch etwa halbtägige *Follow-Up-Sitzungen*, die zu den vereinbarten Meilensteinen stattfinden und der Ziel- und Projektfortschrittskontrolle dienen.

Der letzte Schritt im Projektablauf ist die Bewertung, die sich sowohl auf die Projektergebnisse als auch auf die gemeinsame Projektarbeit bezieht.

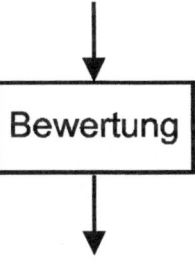

Widmen wir uns zunächst der Bewertung der Projektergebnisse. Hierzu sind im Zielsystem (Abb. 6.2) auf der Differenzierungsebene zehn Detailziele formuliert, die sich auf die Ergebnisse des Projektes beziehen. Jedes für sich kanngemessen werden. Dies geschieht in unserem Beispiel z.T. durch herkömmliche Kennzahlen und Zeitaufnahmen, zum Teil aber auch mit Hilfe von Befragungen und Interviews.

Das elfte Detailziel – gemeinsames Lernen im Projekt – wurde am Ende der Projektwoche durch eine ausführliche mündliche Rückmelderunde anhand von Leitfragen gemessen und lieferte „nur" ein qualitatives Ergebnis.

Kennzahlen

Rückmelderunde

Leitfragen

In der folgenden Tabelle 6.2 sind die jeweiligen Zielformulierungen aus der Differenzierungsebene des Zielsystems den Meßgrößen gegenübergestellt.

Tabelle 6.2: Verwendete Kennzahlen und andere Bewertungs-maßstäbe

Detailziel	Meßgröße
Nacharbeitskosten	Nacharbeitsaufwand in der Endmontage
Mehrarbeitskosten	Überstunden in der Auspuff-montage
Garantiekosten	Anzahl der berechtigten Reklamationen am Auspuff
Teilepreis	DM pro Zulieferteil
Kundenzufriedenheit	Anzahl der berechtigten Reklamationen am Auspuff
Durchlaufzeit	Minuten
Flexibler Einsatz, Streß, Abwechslungreichtum, Mitarbeiterzufriedenheit	Ergebnis der Subjektiven Tätigkeitsanalyse
gemeinsames Lernen im Projekt	mündliches Feedback

In Abb. 6.5 ist der Projektablaufplan noch einmal mit Bei-spielen für „Werkzeuge" zu den jeweiligen Schritten darge-stellt.

Abschließend stellt sich die Frage, unter welchen Bedin-gungen ein solches Vorgehen funktioniert und welche beglei-tenden Schritte erforderlich sind.

Schlußfolgerungen aus den bisher gemachten Erfahrungen sind u.a., daß

Qualifizierung

– es geübte und qualifizierte Moderatoren in solchen be-trieblichen Projekten geben muß, die bei der Auswahl und Anwendung von Werkzeugen flexibel und undogmatisch vorgehen,

Prozeßbegleiter

– sich jemand nach der Konzeptauswahl für die Begleitung und Unterstützung der Umsetzung verantwortlich fühlen muß und auch mit den entsprechenden Kompetenzen aus-gestattet sein muß (Prozeßbegleiter) und

– bei der Zusammensetzung der Projektteams die Schnitt-stellen und Vorgesetzte ausreichend und früh berücksich-tigt werden müssen.

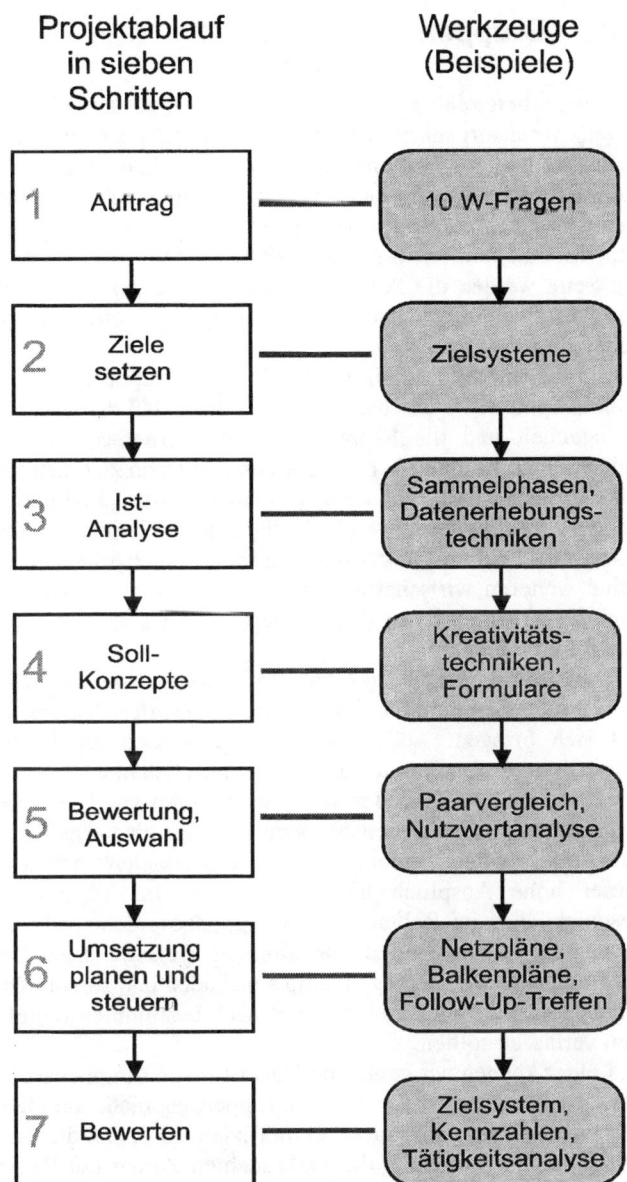

Abb. 6.5: Projektschritte und beispielhafte Werkzeuge

6.2   Gruppenarbeit und KVP

Gruppenarbeit zählt heute erwiesenermaßen zu den effizien-
testen Arbeitsorganisationsformen in weiten Bereichen von
Industrie und Verwaltung. Dies ist sicherlich zum einen
darauf zurückzuführen, daß originär zusammengehörige Aufgaben (wieder) zusammengefaßt und kürzere Informations-
und Kommunikationswege geschaffen werden. Auf der anderen Seite werden die Potentiale und Fähigkeiten der einzelnen Mitarbeiterinnen und Mitarbeiter gezielt gefördert und
genutzt.

Kontinuierlicher Verbesserungs-prozeß (KVP)

Ein besonders wichtiger Aspekt der Gruppenarbeit im
Hinblick auf die Wirtschaftlichkeit ist aber, daß die Gruppen
Gelegenheit und die Fähigkeit haben, Verbesserungsmög-
lichkeiten an Produkten, Prozessen und Anlagen zu erkennen,
auszuarbeiten und umzusetzen. Ohne diesen „kontinuier-
lichen Verbesserungsprozeß" (KVP) sind die Produktivitäts-
reserven schnell ausgeschöpft, und die Gruppenarbeit bringt
keine weiteren wirtschaftlichen Vorteile (hiervon unberührt
sind die Vorzüge dieser Arbeitsform in bezug auf die beteiligten Individuen).

Ohne die wirksame und dauerhafte Integration von KVP
wird Gruppenarbeit nicht den von vielen erhofften Vorsprung
mit sich bringen. Aus diesem Grund werden die beiden
Begriffe in diesem Kapitel auch zusammen behandelt.

Gruppen-gespräche

Das gemeinsame Finden und Ausschöpfen von Verbesse-
rungspotentialen in Arbeitsgruppen benötigt einen institutio-
nalisierten Rahmen, denn während der „normalen" Arbeit ist
dieser hohe Anspruch nicht einzulösen. Im allgemeinen
geschieht dies im Rahmen von Gruppengesprächen (Team-
Sitzungen, Qualitätszirkel und ähnliche Begriffe seien hier
zusammengefaßt), die regelmäßig stattfinden und sowohl the-
menbezogen als auch zielorientiert nach bestimmten Regula-
rien verlaufen sollten.

Leider kennen wir genügend Beispiele von Gruppenarbeit,
bei denen entweder gar keine Gruppengespräche durchgeführt werden oder aber diese so ineffizient sind, daß die Con-
troller in den Betrieben die verbrauchten Zeiten (zu Recht)
als überflüssige Gemeinkosten betrachten.

In diesem Abschnitt beschreiben wir vor dem Hintergrund
unserer Beratungsaktivitäten in überwiegend klein- und
mittelständischen Unternehmen der Metallverarbeitung, wie
Gruppengespräche – unter Anwendung unserer Problemlöseansätze – effizient durchgeführt werden können und welche
praktikablen Werkzeuge für die Zielgruppe der gewerblichen
Mitarbeiterinnen und Mitarbeiter dabei Verwendung finden.

6.2.1
Übertragung des Problemlöseschemas auf Gruppengespräche – Die 5-Schritt-Methode

In Anbetracht der Tatsache, daß Gruppengespräche immer in einem zeitlich begrenzten Rahmen (häufig wöchentlich eine Stunde) stattfinden, müssen die zu behandelnden Probleme entsprechend überschaubar sein. Zu den Kriterien für die Probleme kommen wir in Kap. 6.2.2. Trotz allem handelt es sich nahezu immer um dialektische Problemstellungen, die also auch die wesentlichen Lösungsschritte des Ablaufdiagramms für dialektische Probleme erfordern. Es kommt folglich darauf an, einen Ablauf zu finden, der es erlaubt,

– dialektische Probleme
– in sehr begrenzter Zeit
– mit zielgruppengerechten Werkzeugen
– bis hin zu konkreten Maßnahmebeschreibungen

zu lösen.

Dies ist nach unseren Erfahrungen unter bestimmten Rahmenbedingungen durchaus möglich, und zwar mit Hilfe eines fünfschrittigen Ablaufplans, der in der Arbeitsphase eines Gruppengespräches innerhalb von ca. 45 Minuten von einer Gruppe abgearbeitet werden kann.

Dieser Ablaufplan, den wir in Zukunft „5-Schritt-Methode" nennen werden, reduziert das komplizierte Ablaufdiagramm für dialektische Probleme auf ein sehr überschaubares Maß, das leicht zu verstehen, nachzuvollziehen und anzuwenden ist.

Gehen wir davon aus, daß ein Thema (Ziel) für die Gruppensitzung formuliert ist, dann besteht der erste Schritt aus der Ist-Analyse. Wie auch in allen bisher genannten Beispielen handelt es sich um eine Sammelphase, die den Zweck erfüllt, das vorhandene Wissen über den derzeitigen Zustand bezogen auf das jeweilige Problem zusammenzutragen.

In diesem Schritt kommt es darauf an, die Fakten und Sichtweisen gut zu visualisieren und Diskussionen über diese zum Teil unterschiedlichen Sichtweisen zu vermeiden.

Der zweite Schritt ist die Soll-Analyse, in der die Teilnehmer ihre Wünsche in bezug auf das behandelte Thema äußern. Auch hierbei handelt es sich um eine reine Sammelphase, in der alle Wünsche gut sichtbar zusammengetragen werden. An dieser Stelle wird ebenfalls nicht diskutiert – was erfahrungsgemäß allen Beteiligten nicht leicht fällt, denn natürlich weichen die Wünsche der einzelnen manchmal stark voneinander ab.

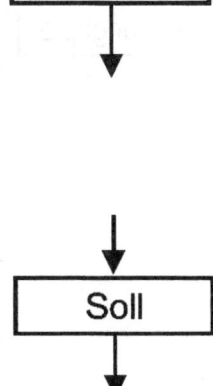

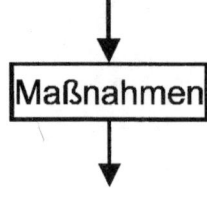

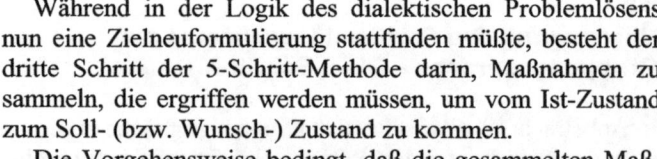

Während in der Logik des dialektischen Problemlösens nun eine Zielneuformulierung stattfinden müßte, besteht der dritte Schritt der 5-Schritt-Methode darin, Maßnahmen zu sammeln, die ergriffen werden müssen, um vom Ist-Zustand zum Soll- (bzw. Wunsch-) Zustand zu kommen.

Die Vorgehensweise bedingt, daß die gesammelten Maßnahmen z.T. sehr widersprüchlich sein werden, weil die Gruppe sich unter Berücksichtigung der individuellen Wünsche nicht auf ein gemeinsames Ziel verständigt hat.

Das bedeutet, daß z.B. zum Thema „Gestaltung des Pausenraumes" in der Wunschsammlung die Wünsche „Rote Wände", „Grüne Wände" und „Vollverglasung" gleichberechtigt nebeneinander stehen. Konsequenterweise müssen dann in der Maßnahmensammlung auch beispielsweise die Maßnahmen „Rot anstreichen", „Grün anstreichen" und „Glasscheiben einsetzen" auftauchen, da wir ja bisher nur Sammelphasen hatten.

So deutlich wie in diesem Beispiel werden die Gegensätze in der Regel nicht sein, aber es ist ein Hinweis darauf, welche Bedeutung dem nächsten Schritt zukommt.

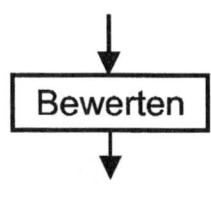

Die Bewertung der Maßnahmen stellt die einzige Diskussionsphase in der 5-Schritt-Methode dar. Hier findet implizit die Zielneuformulierung statt, und die gesammelten Maßnahmen werden nach bestimmten Kriterien bewertet. Welches diese Kriterien sind, ist selbstverständlich stark vom Thema abhängig. Es sollte aber immer auch berücksichtigt werden, wie hoch die Umsetzungschancen der Maßnahmen sind. Die Betrachtung der fördernden Kräfte und Gegenkräfte fließt hier in die Bewertung der Maßnahmen mit ein.

Im letzten Schritt der 5-Schritt-Methode werden die priorisierten Maßnahmen in einen Handlungsplan übertragen und mit Zeiten und Verantwortlichkeiten versehen.

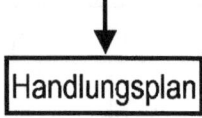

Der geübte Leser wird bemerken, daß auch nach dem fünften Schritt der Ausführungs- und Kontrollteil der Handlung nicht beschrieben ist. Dies ist insbesondere deswegen korrekt, weil wir in Gruppengesprächen ja nie in der Lage sein werden, die beschlossenen Maßnahmen umzusetzen und noch im selben Gespräch kontrollieren zu können. Allerdings ist es möglich und nötig, im Gesamtzusammenhang eines regelmäßig stattfindenden Gruppengespräches die Umsetzung zu überprüfen und Selbstreflexion zu betreiben.

Bevor wir dies in Kap. 6.2.2 beschreiben, soll abschließend die Gegenüberstellung des „Spezialfalles" 5-Schritt-Methode mit unserem allgemeinen Ablaufdiagramm geschehen (Abb. 6.6).

Allgemeines
Ablaufdiagramm

5-Schritt-
Methode

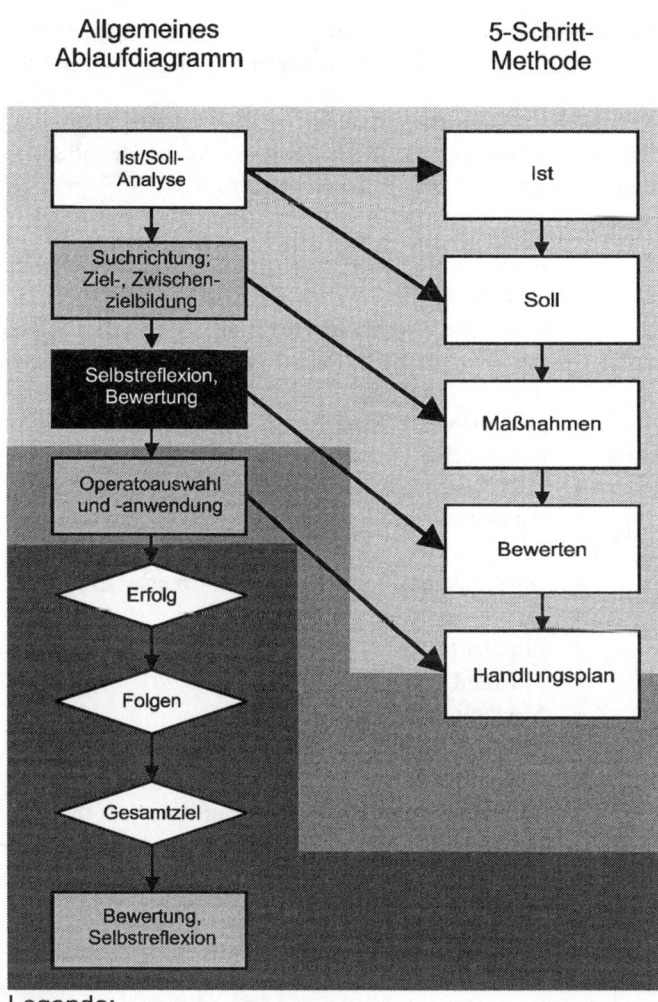

Legende:
☐ Orientierungsteil der Handlung
▨ Ausführungsteil der Handlung
■ Kontrollteil der Handlung

Abb. 6.6: Gegenüberstellung des allgemeinen Ablaufdiagramms und der 5-Schritt-Methode für Gruppengespräche

6.2.2
Betriebliche Umsetzung der 5-Schritt-Methode

In diesem Abschnitt beschreiben wir an Beispielen, die aus unterschiedlichen Betrieben mit der Arbeitsorganisation

„Gruppenarbeit" stammen, mit welchen Werkzeugen und in welchem Zusammenhang die 5-Schritt-Methode angewendet wird.

Zunächst einige Bemerkungen zu den Randbedingungen, unter denen Gruppengespräche mit hoher Wahrscheinlichkeit die gewünschten Effekte erzielen werden:

– Organisation
  • regelmäßige Gruppengespräche (1x wöchentlich eine Stunde)
  • komplette Arbeitsgruppen als Teilnehmer (auch bei Schichtarbeit), jedoch nicht mehr als 15 Personen
  • professionelle Moderation durch geschulte Gruppensprecher oder andere Moderatoren
  • klar beschriebener Kompetenzbereich (Budget, Autonomiedefinition)
– Technik
  • Besprechungsräume (nicht am Arbeitsplatz)
  • Overhead-Projektor
  • Flipchart
  • Pinwand
  • Moderatorenkoffer
– Qualifizierung
  • zwei ausgebildete Moderatoren pro Gruppe
  • Schulungen für die Gruppenmitglieder in überfachlichen Kompetenzen (Beteiligungsqualifizierung)

Kriterien für Problemformulierungen

Sind diese Bedingungen erfüllt, dann können die Gruppengespräche zur Lösung von Problemen mit Hilfe der 5-Schritt-Methode genutzt werden. Dabei müssen die Themen bzw. Probleme die folgenden Kriterien erfüllen, damit sie unter den herrschenden zeitlichen und personellen Rahmenbedingungen zu behandeln sind:

– Das Thema muß eindeutig und verständlich sein.
– Das Thema muß überschaubar sein.
– Das Thema muß auf das aktuelle Interesse stoßen.
– Das Thema muß innerhalb der zur Verfügung stehenden Zeit zu bearbeiten sein.
– Das Thema muß durch die Gruppe beeinflußbar sein.
– Das Thema muß durch ausreichende Information vorbereitet sein.

Wir verwenden hier zur Erläuterung der Werkzeuge ein Beispiel aus einem mittelständischen Unternehmen, das

Komponenten der Gebäudetechnik herstellt. Eine Gruppe aus der Produktion (sieben Mitglieder, zweischichtiger Betrieb) hat vor kurzem die Produktion eines neuen Produktes aufgenommen. Die Gruppe wird nach einem gruppenbezogenen Leistungslohn bezahlt, der unter anderem auf die Planzeiten für die Herstellung der Produkte Bezug nimmt.

Das neue Produkt – es handelt sich um Eckstücke aus Aluminium-Profilen – bereitet sowohl materialtechnische als auch technologische Probleme, so daß die Planzeiten teilweise um bis zu 700% überschritten werden.

Dies ist Anlaß genug, das Problem auf einer Gruppensitzung zu behandeln. Diese Gruppensitzung ist hier beispielhaft wiedergegeben.

Die Gruppe hat sich auf das Thema „Verbesserung der Ist-Zeiten zur Herstellung des Produktes FSG 35" geeinigt.

Der erste Schritt, die Ist-Analyse, wurde mit Hilfe von Leitfragen und eines Brainstormings (in diesem Zusammenhang als „Gedankensturm" bezeichnet) durchgeführt.

Die wichtigsten Leitfragen zum Ist-Zustand sind:

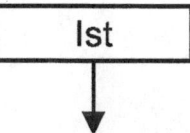

– Wie ist die Situation bezogen auf das Thema heute?
– Was ist uns bekannt?
– Welche Informationen zum Ist-Zustand fehlen uns?

Gedankensturm

Leitfragen zur Ist-Analyse

Ein Teil der Ist-Analyse, die vom Gruppensprecher auf einem Flipchart mitgeschrieben wurde, ist in Abb. 6.7 als Fotografie wiedergegeben.

Nachdem die Ist-Analyse (vorerst) abgeschlossen ist, wird im zweiten Schritt der 5-Schritt-Methode der Soll-Zustand beschrieben. Dies geschieht wiederum anhand von Leitfragen, von denen die wichtigsten lauten:

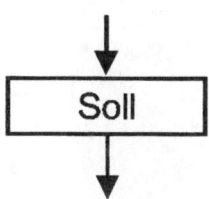

– Wie sollte es zukünftig sein?
– Wie sind unsere Wünsche bezogen auf das Thema?
– Welche Zukunftsvisionen gibt es?

Leitfragen zur Soll-Analyse

Kartenabfrage

Bei der Sammlung von Wünschen mehrerer Individuen bezogen auf eine gemeinsame Fragestellung ist naturgemäß mit unterschiedlichen bzw. widersprüchlichen Äußerungen zu rechnen. Um spontane Diskussionen zu vermeiden, werden die Wünsche mit dem Werkzeug „Kartenabfrage" gesammelt. Jedes Gruppenmitglied schreibt seine Wünsche auf Kärtchen, die vom Gruppensprecher eingesammelt und sinnvoll sortiert werden.

Ein Auszug aus dem Ergebnis der Soll-Analyse unseres Gruppengespräches ist in Abb. 6.8 dargestellt.

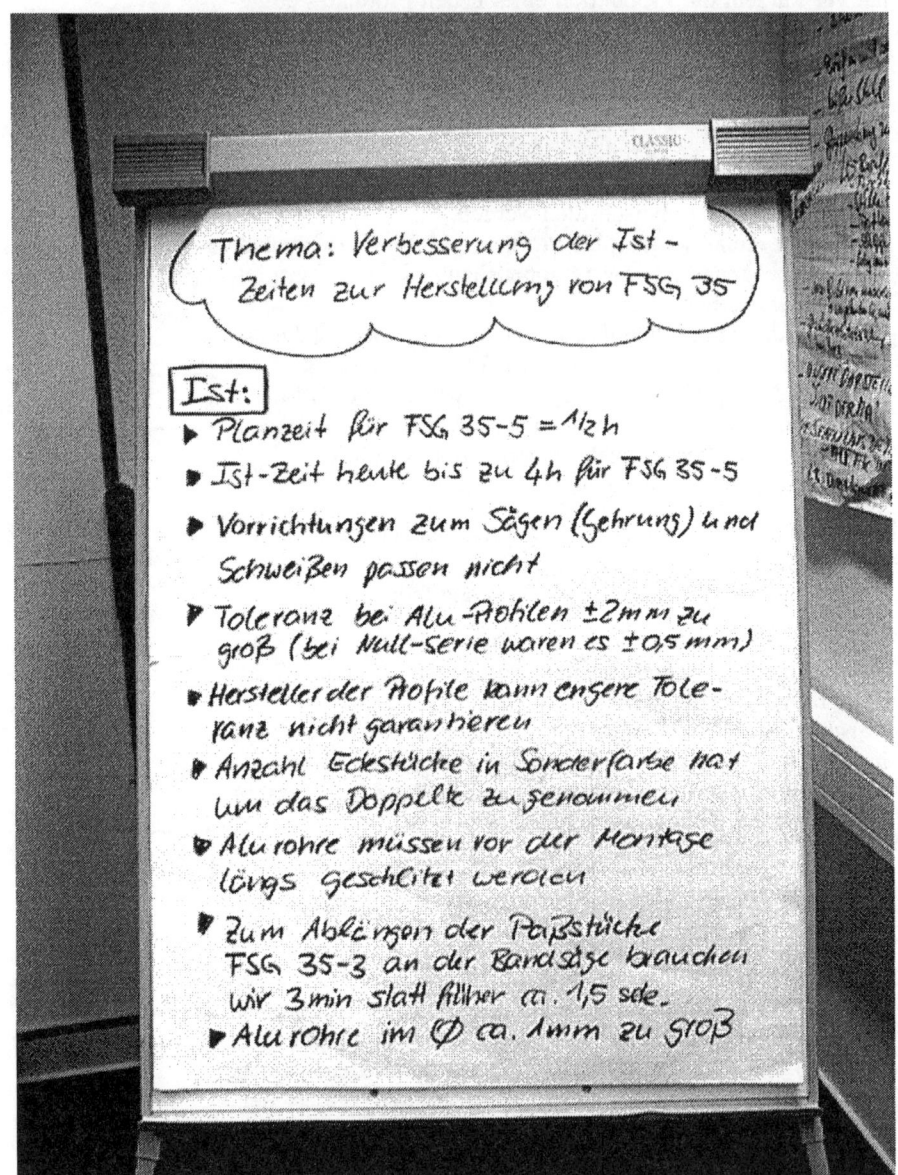

Abb. 6.7: Teilergebnis der Ist-Analyse eines Gruppengespräches mittels Brainstorming

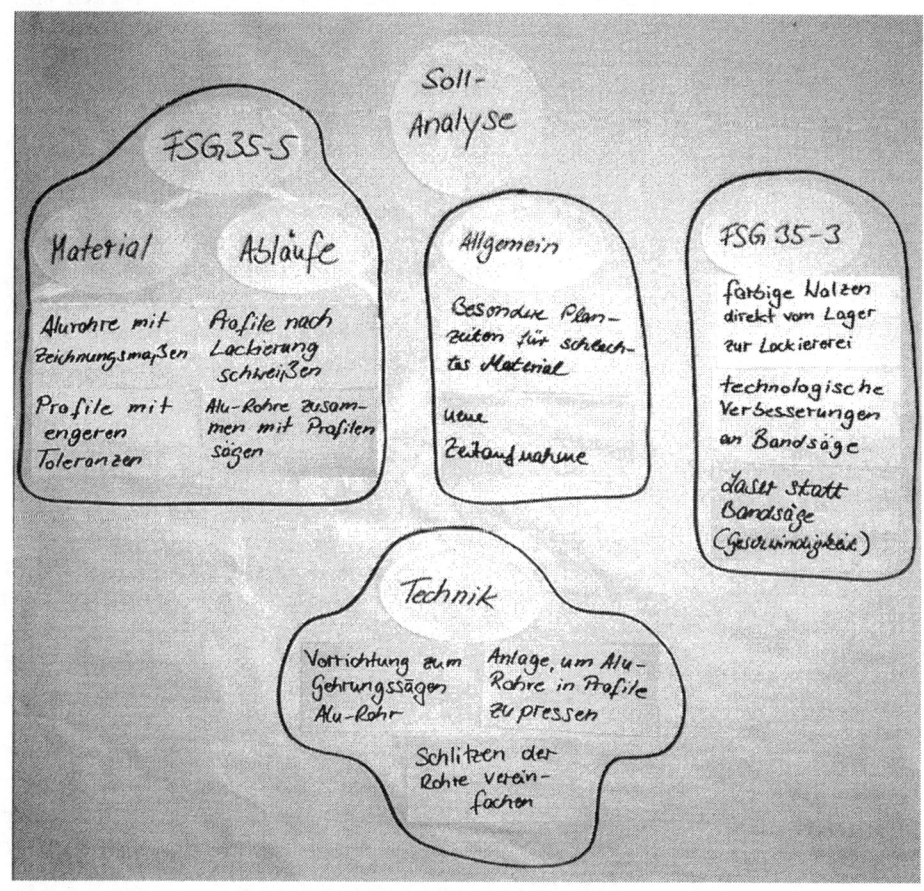

Abb. 6.8: Auszug aus der Soll-Analyse mittels Kartenabfrage

In dem Beispiel ist zu sehen, daß unter der Überschrift „Soll" widersprüchliche Wünsche auftauchen. So wurde zum Beispiel zum Produkt FSG 35-3 von einem Mitglied eine Laserschneidmaschine gewünscht, von einem anderen technologische Verbesserungen an der (bestehenden) Bandsäge. Dies ist zwar ein Widerspruch, der an dieser Stelle nicht beseitigt wird, hier aber auch nicht beseitigt werden muß.

Cluster-Bildung

Die Bildung von Zwischenüberschriften und die entsprechende Zuordnung von Wunsch-Karten (Clustern) ist Aufgabe des Moderators (Gruppensprechers) und dient der Übersichtlichkeit und der Vorstrukurierung der weiteren Schritte.

Die Vorteile der Arbeit mit Karten und Pinwand sind in erster Linie in der Möglichkeit zu sehen, Sachverhalte neu ordnen und neue Zusammenhänge schaffen zu können. Nahezu jede getroffene Entscheidung kann wieder rückgängig gemacht werden.

Im nächsten Schritt kommen wir dazu, mögliche Maßnahmen zu sammeln, die erforderlich sind, um den Ist-Zustand in den Soll-Zustand zu transformieren.

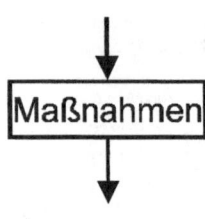

Dies tun wir – auch in unserem Beispiel – meistens in Kleingruppen zu den jeweiligen Überschriften aus der Soll-Analyse. Da es sich in dem vorliegenden Fall um eine relativ kleine Gruppe handelte, wurden zwei Kleingruppen gebildet: eine, die sich mit Maßnahmen bezogen auf allgemeine Dinge und das Produkt FSG 35-3 beschäftigte, und eine weitere, die die Themen Material, Abläufe und Technik zum Produkt FSG 35-5 bearbeitete.

Kleingruppen-arbeit

Fischgräten-diagramm

Beide Gruppen haben ihre Vorschläge für Maßnahmen auf Karten geschrieben und anschließend mit Hilfe des Gruppensprechers an einer Pinwand angebracht, auf der die Struktur eines Fischgrätendiagramms vorbereitet worden war (Abb. 6.9).

Die Seitengräten tragen die Titel der Themen für die Kleingruppen und die Hauptgräte zeigt auf den angestrebten Soll-Zustand. Diese Form der Strukturierung ergibt sich unmittelbar aus der Soll-Analyse. Sollten die Karten aus den Kleingruppen eine andere Strukturierung sinnvoller erscheinen lassen, so ist dies ohne weiteres möglich. Insbesondere bietet sich an, eine „Reservegräte" ohne Überschrift vorzubereiten, an der diejenigen Karten angebracht werden, die nicht den anderen Überschriften zugeordnet werden können. Sollte dieses Angebot genutzt werden, wird nachträglich die Überschrift formuliert.

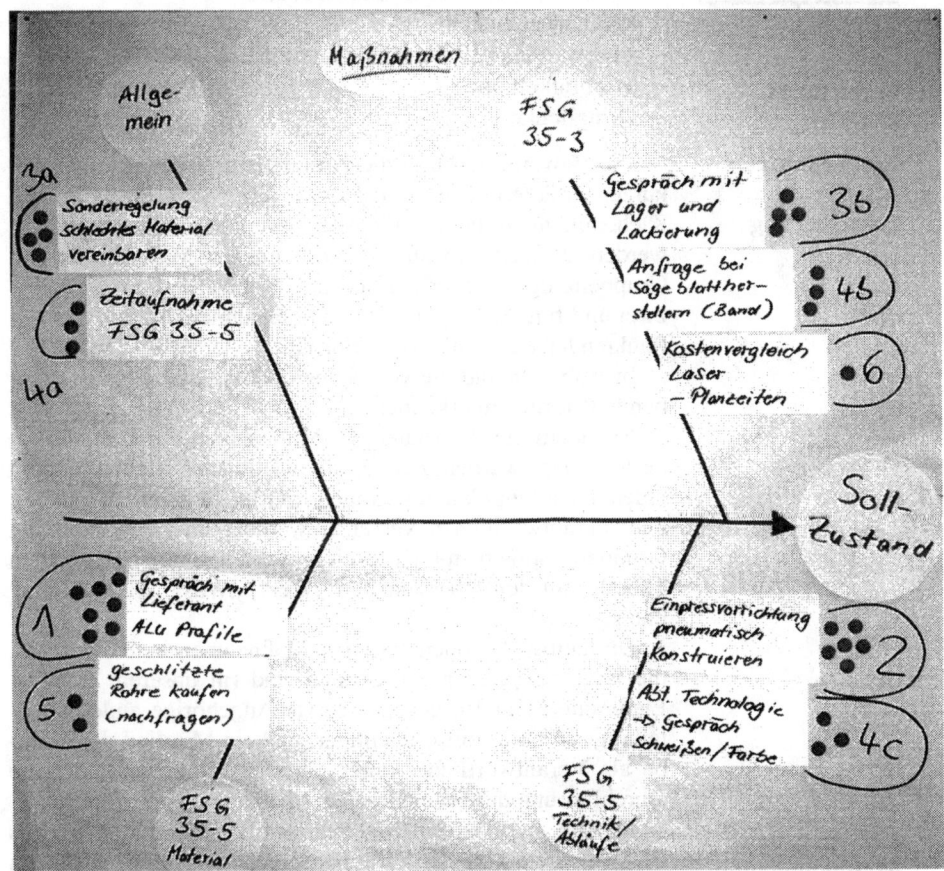

Abb. 6.9: Gewichtete Maßnahmensammlung in Form eines Fischgrätendiagramms

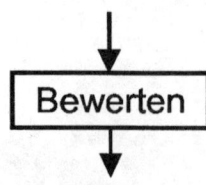

**Bewertungs-
kriterien**

Klebepunkte

Priorisierung

**EDV-gestützter
Maßnahmenplan**

**Ergebnis-
protokoll**

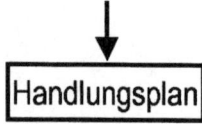

Im nächsten Schritt werden die Maßnahmen bewertet, und zwar in der Regel nach den Kriterien:

– Verhältnis von Nutzen und Aufwand,
– Erfolgswahrscheinlichkeit,
– zu erwartende Widerstände und fördernde Kräfte,
– Wichtigkeit und
– Dringlichkeit.

Die Bewertung durch die Gruppenmitglieder erfolgt nach kurzer Erläuterung und Diskussion der Maßnahmen, indem Klebepunkte an die jeweils favorisierten Maßnahmen geklebt werden. Je nach Anzahl der gesammelten Maßnahmen und Gruppenmitglieder erhält jedes Gruppenmitglied zwischen zwei und fünf Klebepunkte. Die Maßnahmen mit den meisten Punkten haben die höchste Priorität.

In Abb. 6.9 sind die vergebenen Punkte und die sich ergebende Priorität zu erkennen.

Nachdem die Prioritäten der Maßnahmen durch die Gruppe festgelegt wurden, müssen die wichtigsten Maßnahmen in einen Handlungplan übertragen werden und mit Terminen und Verantwortlichen versehen werden. Dies geschieht im Gruppengespräch mit Hilfe einer auf Flipchart aufgemalten Tabelle mit den Überschriften „Wer", „Was", „(bis) Wann" und ggf. „Wie".

Da häufig Personen von den Maßnahmen betroffen sind, die nicht Mitglieder der Gruppe sind (in unserem Beispiel Lieferanten und Vorgesetzte sowie Angehörige anderer Abteilungen), ist es umso wichtiger, daß ein Mitglied der Gruppe als Verantwortlicher unter „Wer" genannt wird, der die Durchführung der beschlossenen Maßnahme kontrolliert.

In Abb. 6.10 ist ein Maßnahmenplan abgebildet, der als EDV-Vorlage von den Gruppensprechern genutzt wird, um die beschlossenen Maßnahmen zu dokumentieren und die Durchführung der Maßnahmen zu überwachen. Die zusätzlichen Spalten „Problembeschreibung" und „Lösungsidee" dienen einerseits zum besseren Verständnis dafür, woher der Beschluß der entsprechenden Maßnahme kommt; gleichzeitig kann dieses Formular als Ergebnisprotokoll des Gruppengesprächs genutzt werden.

Die Umsetzung der Maßnahmen geschieht außerhalb des Gruppengesprächs. Um die wichtigen Schritte der Erfolgskontrolle und der Selbstreflexion nicht zu vernachlässigen, ist die 5-Schritt-Methode nur ein Teil der Tagesordnung in Gruppengesprächen. Die Kontrolle und Erfolgsbewertung der Problemlösung wird in einem späteren Gruppengespräch durchgeführt, ebenso die Reflexion der eigenen Arbeit als Problemlöser.

Maßnahmenplan

vom Datum: Gruppe KST

Mit Textmarker jeweiligen
Adressat markieren und zustellen

	AB-TEIL.	Verantw.WER:	Verantw. im Team	PROBLEM-BESCHREI-BUNG	IDEE, LÖSUNGS-ANSATZ	MAßNAHME (Rückmeldung)	BIS WANN
1							
2							
3							
4							
5							
6							
7							
8							
9							
10							

Ablauf: zurück an Verantwortlichen im Team
       Verantwortlicher → meldet mit dieser Zeile

Abb. 6.10: EDV-gestützter Handlungsplan als Ergebnisprotokoll eines Gruppengesprächs

Da Gruppengespräche in der Regel auch der Steuerung des Tagesgeschäftes dienen (Schichtplan, Auftragsbestand etc.), muß auch für diese Dinge Zeit in den Gruppengesprächen reserviert werden. In Abb. 6.11 ist eine standardisierte Tagesordnung für Gruppengespräche wiedergegeben, die aus vier Phasen besteht.

Tagesordnung zum Gruppengespräch

Die Eröffnungsphase dient der Einstimmung der Gruppenmitglieder auf das Gruppengespräch und der Vereinbarung des Programms.

Die Informationsphase wird genutzt, um aktuelle Informationen zu geben bzw. auszutauschen. Hierzu gehören auch die Umsetzungskontrolle und die Erfolgsbewertung der Handlungspläne aus früheren Gruppengesprächen.

Die Arbeitsphase besteht aus der ausführlich beschriebenen 5-Schritt-Methode zu einem vereinbarten Thema.

Tagesordnung

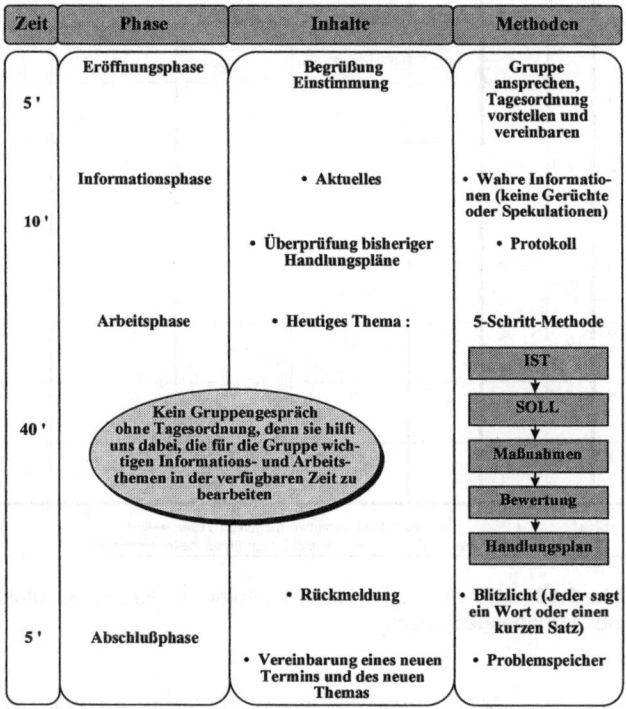

Zeit	Phase	Inhalte	Methoden
5'	Eröffnungsphase	Begrüßung Einstimmung	Gruppe ansprechen, Tagesordnung vorstellen und vereinbaren
10'	Informationsphase	• Aktuelles • Überprüfung bisheriger Handlungspläne	• Wahre Informationen (keine Gerüchte oder Spekulationen) • Protokoll
40'	Arbeitsphase	• Heutiges Thema : Kein Gruppengespräch ohne Tagesordnung, denn sie hilft uns dabei, die für die Gruppe wichtigen Informations- und Arbeitsthemen in der verfügbaren Zeit zu bearbeiten	5-Schritt-Methode IST SOLL Maßnahmen Bewertung Handlungsplan
5'	Abschlußphase	• Rückmeldung • Vereinbarung eines neuen Termins und des neuen Themas	• Blitzlicht (Jeder sagt ein Wort oder einen kurzen Satz) • Problemspeicher

Abb. 6.11: Standardisierte Tagesordnung für ein einstündiges Gruppengespräch

In der vierten Phase (Abschlußphase) findet die Selbstreflexion und Bewertung in bezug auf die Ergebnisse und die eigene Arbeit statt. Außerdem wird das Thema für die nächste Gruppensitzung vereinbart.

6.3
Anwendung in partizipativen Reorganisationsprojekten

In den vorhergehenden beiden Kapiteln haben wir zwei industrielle Anwendungsbeispiele für das Problemlöseschema beschrieben. Das erste Beispiel fand in einem zeitlichen Rahmen von einer Woche statt, das zweite wird in wöchentlichem Rhythmus von einer Stunde bearbeitet.

In diesem Kapitel geben wir ein Beispiel dafür, daß die Systematik auch in langfristigen Reorganisationsprojekten anwendbar ist, die sich über mehrere Monate erstrecken.

6.3.1
Projektstruktur und -ablauf

Unter partizipativen – also beteiligungsorientierten – Reorganisationsprojekten verstehen wir betriebliche Vorhaben, die auf eine umfangreiche Veränderung des Unternehmens abzielen und dabei auf das Know-how der Beschäftigten zurückgreifen.

Solche Projekte gehen fast immer einher mit Veränderungen auf den Gestaltungsebenen

– Ablauf- und Aufbauorganisation,
– Technik und EDV,
– Anreizsysteme sowie
– Qualifizierung und Personalentwicklung.

Solch umfangreiche Projekte benötigen die intensive Mitarbeit von Top-Management und Betriebsräten in den Entscheidungsgremien. Andererseits ist zur Erhöhung der Akzeptanz und zur Verbesserung der Qualität der Ergebnisse eine breite Beteiligung der Beschäftigten vonnöten. Diese Anforderungen schlagen sich sowohl in der Projektstruktur als auch im Projektablauf nieder.

Projektstruktur

Projektablauf

Projektstruktur

Ein Beispiel für eine Projektstruktur, die diese Bedingungen erfüllt, ist in Abb. 6.12 dargestellt.

Der Lenkungsausschuß ist das höchste Entscheidungsgremium des Projektes und in der Regel mit Vertretern des Managements und des Betriebsrates sowie – je nach Gegenstand des Projektes – mit Fach- und Führungspersonal des Unternehmens besetzt. Dieses Gremium kann zwar formal nicht die gesetzlichen Entscheidungswege ersetzen, die zum

**Lenkungs-
ausschuß**

Beispiel im Betriebsverfassungsgesetz geregelt sind, kann diese aber durch die personelle Besetzung vereinfachen und beschleunigen.

**Projekt-
gruppen**

Eine oder mehrere Projektgruppen leisten die eigentliche Problemlösearbeit und erarbeiten neue Konzepte, für deren Umsetzung sie auch verantwortlich sind. Aufgrund der Aufgaben und des Beteiligungsansatzes sind in diesen Projektgruppen überwiegend „Betroffene" vertreten. Auch hier empfiehlt sich die Integration von Betriebsräten und Fach- und Führungspersonal, sofern der Gegenstand des Projektes dies erfordert.

**Arbeits-
gruppen**

Die Beschäftigten werden in Arbeitsgruppen an der Umsetzung von Veränderungen beteiligt und dabei von Prozeßbegleitern unterstützt.

**Prozeß-
begleiter**

Die Prozeßbegleiter sind als Schnittstelle auch in den Projektgruppen vertreten.

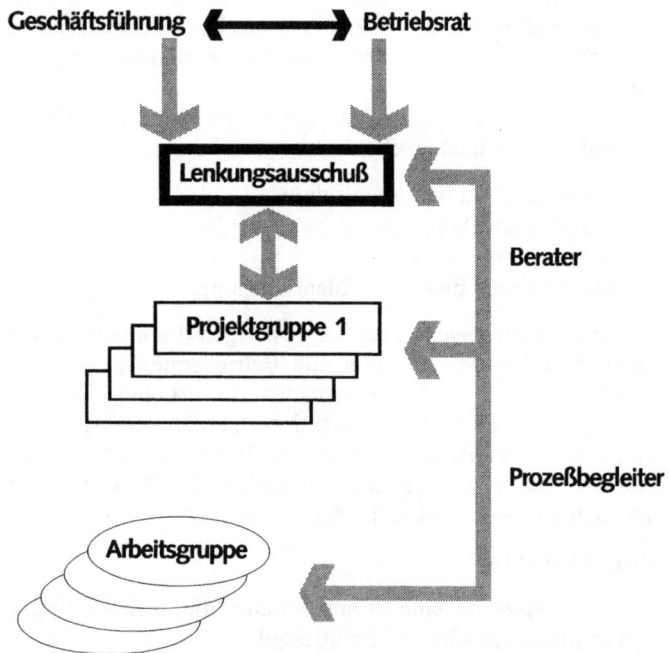

Abb. 6.12: Projektstruktur in einem partizipativen Reorganisationsprojekt zur Einführung von Gruppenarbeit

Projektablauf

Der Ablauf eines Reorganisationsprojektes vollzieht sich in mehreren Phasen, die zum Teil sequentiell abgearbeitet werden können, wie dies in der Literatur zu Projektmanagement und den entsprechenden Normen und Standards vorgesehen ist (Heeg 1993).

Tatsächlich ist dies in der Praxis kaum möglich, da bei der Weiterentwicklung von Konzepten immer wieder Erfahrungen aus der Umsetzung einfließen müssen.

Wenn wir uns an das Ablaufdiagramm für dialektische Probleme erinnern, so fällt auf, daß auch dort nach jedem Schritt die Rückkehr zu vorhergehenden Schritten möglich ist. In einem Reorganisationsprojekt sollte dies nicht nur möglich, sondern von vornherein eingeplant sein.

In Abb. 6.13 ist der im folgenden vorgestellte Ablauf für ein partizipatives Reorganisationsprojekt im Zusammenhang mit dem allgemeinen Ablaufdiagramm dargestellt.

Die erste Phase eines Reorganisationsprojektes ist die Organisationsanalyse, in der der Stand der Entwicklung ermittelt wird. Hierbei kommen Werkzeuge zur Anwendung, die wir zum Teil bereits beschrieben haben. Die Beteiligung der Betroffenen sollte bereits in der Analysephase sichergestellt werden, z.B. durch

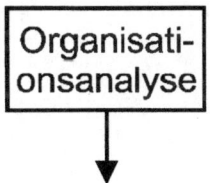

Organisationsanalyse

- beobachtende Teilnahme an Gruppengesprächen,
- Analyse-Workshops in der Fertigung,
- strukturierte Interviews,
- gemeinsame Diskussion und Dokumenteninterpretation,
- Subjektive Tätigkeitsanalyse oder
- Qualifizierungsbedarfsanalysen.

beteiligungsorientierte Analyse-Werkzeuge

In der zweiten Projektphase wird – aufbauend auf den Ergebnissen der Organisationsanalyse – der Auftrag des Reorganisationsprojektes durch die betrieblichen Entscheidungsträger formuliert. Als Werkzeug bieten sich hier die 10 W-Fragen an, die bereits dargestellt worden sind.

Die Auftragsdefinition kann auch gezielt Fragen offenlassen und zum Gegenstand der Projektarbeit erklären. Wichtig ist jedoch, daß aus dem Auftrag die vorgegebenen Rahmenbedingungen (Ziele, Budget, Zeit, Kompetenzen etc.) hervorgehen und die Handlungsspielräume vereinbart sind.

Dieser Schritt korrespondiert mit der Soll-Analyse aus unserem Ablaufdiagramm.

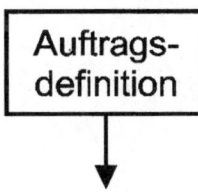

Auftragsdefinition

10 W-Fragen

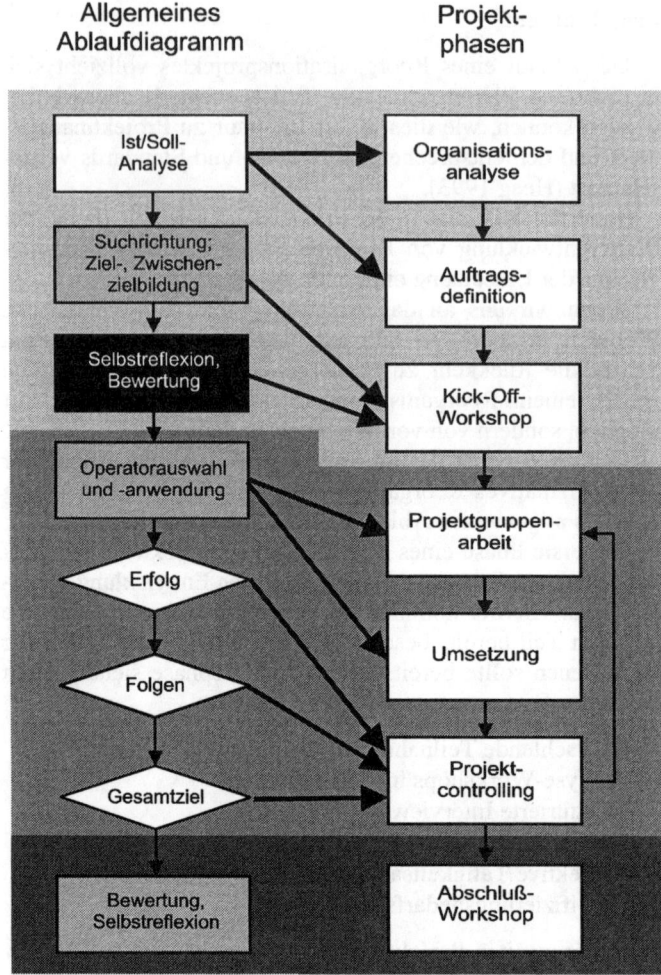

Abb. 6.13: Projektablauf für ein beteiligungsorientiertes Reorganisationsprojekt im Zusammenhang mit dem allgemeinen Ablaufdiagramm

Die dritte Projektphase besteht aus einem Kick-Off-Workshop, an dem die obere Führungsebene, der Betriebsrat und Vertreter aus den betroffenen Bereichen vertreten sein sollten. Der Workshop sollte „extern" moderiert werden, d.h. von einer bzw. mehreren Personen, die von dem Projekt nicht

betroffen sind. Wichtige zu erreichende Ergebnisse des Kick-Off-Workshops sind:

– die Projektstruktur,
– die Budgetverwendung,
– die Festlegung der Projektmitarbeiter/innen,
– der Auftrag an die Projektmitarbeiter/innen,
– ein Zielsystem für das Projekt, das in das Unternehmensleitbild einzuordnen ist und
– Konsensbildung und Klärung der Identifikation der Beteiligten.

Zielsystem

Diese Ergebnisse können mit den Werkzeugen „10 W-Fragen" und „Zielsystem" dokumentiert werden, die wir bereits aus Kap 6.3.1 kennen. Im Kick-Off-Workshop wird die Konkretisierung der Zielbildung und die Selbstreflexion als Abschluß des Orientierungsteils der Handlung geleistet.

Die nächsten drei Projektphasen stellen den Ausführungsteil der Handlung dar. Dabei wird der Zyklus von Projektgruppenarbeit (Konzepterarbeitung bis zur Umsetzungsplanung), Umsetzung (Erprobung der Konzepte) und Projektcontrolling (Bewerten des Erfolgs, der Folgen und des Gesamtzieles, Ableitung neuer Zwischenziele) mehrfach durchlaufen.

Zyklische Projektphasen

Auf die Beschreibung der Arbeitsweise der Projektgruppen können wir hier verzichten, weil diese sich nicht wesentlich von der aus den vorangegangenen Kapiteln unterscheidet. Die Projektgruppen können z.B. in Tagesworkshops nach der 5-Schritt-Methode arbeiten oder sich am Ablaufdiagramm für dialektische Probleme orientieren und auch die dort vorgestellten Werkzeuge verwenden.

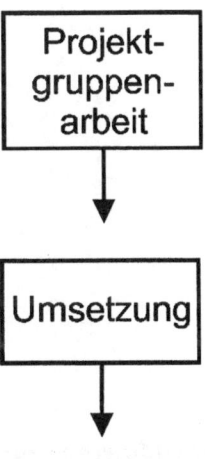

Wesentlicher ist an dieser Stelle, wie die Projektgruppen auf ihre Arbeit vorbereitet werden und auf welche Weise die Umsetzung und Kontrolle der entwickelten Konzepte erfolgt.

Die Phase der Umsetzung ist in aller Regel mit technischen, organisatorischen und qualifikatorischen Maßnahmen verbunden, die wiederum in Wechselwirkung mit vielen anderen Gestaltungsaspekten stehen (Investitionsplanung, Entlohnung etc.).

Den Werkzeugen „Qualifizierung" und „Prozeßbegleitung" kommt unseres Erachtens eine besondere Bedeutung für den Erfolg eines Reorganisationsprojektes zu. Deshalb ist ihnen ein eigenes Unterkapitel gewidmet.

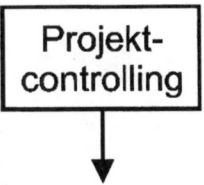

Die sechste Projektphase ist das Projektcontrolling. Es beinhaltet die Zielüberprüfung und (Zwischen-)Bewertung der Ergebnisse und Vorgehensweisen, zu denen das Zielsystem die entsprechenden Maßstäbe setzt. Dies wird in der Regel im Lenkungsausschuß getan, der daraufhin ggf. die Vorgaben an die Projektgruppen verändert bzw. die Aufträge konkretisiert.

Abschluß-Workshop

Ist das Gesamtziel erreicht (bzw. aufgegeben und durch ein neues Gesamtziel ersetzt worden), besteht die letzte Phase aus einem Abschluß-Workshop, der den Zweck erfüllt, mit allen Beteiligten aus dem Projekt für zukünftige Projekte oder Vorgehensweisen zu lernen und das eigenen Lernen zu reflektieren. Auch dieser Workshop sollte durch einen „Externen" moderiert werden.

Diese letzte Phase des Projektes kann zwar das Ergebnis des abgeschlossenen Projektes nicht mehr beeinflussen, ist aber für die Etablierung eines „Lernenden Unternehmens" unverzichtbar (Unger 1998).

In Abb. 6.13 ist der Gesamtablauf eines partizipativen Reorganisationsprojektes mit den sieben Phasen dargestellt und der Zusammenhang mit dem allgemeinen Ablaufdiagramm skizziert.

6.3.2
Qualifizierung und Prozeßbegleitung

Sind uns die meisten der erwähnten Werkzeuge der sieben Phasen bereits bekannt, so tauchen in der Umsetzungsphase zwei Begriffe auf, die einer näheren Erläuterung bedürfen.

Qualifizierung

In partizipativen Reorganisationsprojekten spielen unterschiedliche Arten von Qualifizierungen eine Rolle, nämlich

– Qualifizierung zur Projektarbeit,
– Qualifizierung, die durch Reorganisationsergebnisse erforderlich wird, und
– Qualifizierung der Schnittstellenvertreter (indirekt Betroffene).

Qualifizierung zur Projektarbeit

Qualifizierung zur Projektarbeit

In der Regel geht die Beteiligung von Betroffenen in Projektgruppen mit einer neuen und ungewohnten Arbeitsweise einher, die – wie jede andere neue Tätigkeit auch – trainiert werden muß. Dies bedeutet, daß die Beteiligten zu Beginn eines Reorganisationsprojektes eine vorbereitende Schulung zum Projektmanagement durchlaufen müssen. Diese Qualifizierung vermittelt die Methoden und Werkzeuge des teambasierten Projektmanagements und sollte sich an dem Projektgegenstand orientieren (Handlungsorientierung).

Darüber hinaus sollten einige der Projektmitarbeiter/innen eine aufbauende Moderatorenschulung erhalten, um die Projektgruppen moderieren zu können.

Der zeitliche Aufwand beträgt etwa zwei bis drei Tage für die Projektmanagementausbildung und drei bis fünf Tage für die Moderatorenschulung.

<u>Qualifizierungsbedarf durch die Projektergebnisse</u>

Die meisten Reorganisationsprojekte erzeugen in den direkt und indirekt produktiven Bereichen einen Qualifizierungsbedarf bei den Beschäftigten. Er ist zum Teil fachlicher (durch Aufgabenerweiterung, Mehrfachqualifikation, Integration von Qualitätsmanagement etc.) und zum Teil überfachlicher Natur (durch Einführung von Gruppenstrukturen, Qualitätszirkel, Kundenbewußtsein etc.).

Die fachlichen Themen können hier natürlich nur beispielhaft genannt werden, da sie von den Technologien und Produkten abhängig sind. Beispiele für die Integration von QM-Systemen in die gewerblichen Bereiche und den Zusammenhang mit Kunden-Lieferanten-Beziehungen ist z. B. in Knein-Linz, Schimweg (1996) beschrieben.

In bezug auf die überfachlichen Qualifizierungen ergeben sich vor allem Erfordernisse in den Bereichen

– KVP,
– Durchführung von Gruppengesprächen,
– Moderation von Gruppengesprächen,
– Visualisierung und Präsentation,
– Konfliktmanagement und
– Beteiligungsqualifizierung.

Der Qualifizierungsaufwand beträgt je nach Funktion der Teilnehmer (Gruppenmitglied, Gruppensprecher) zwei bis sechs Tage, die zusammenhängend in Blöcken zu mindestens zwei Tagen stattfinden sollten.

Die Qualifizierung wird hier als Teil der Umsetzung verstanden (und nicht als vorbereitend), da unsere Erfahrung zeigt, daß Qualifizierungen dieser Art erst dann sinnvoll sind, wenn der Bedarf von den Teilnehmern selbst erkannt wird.

<u>Qualifizierung der Schnittstellenvertreter</u>

Unter Schnittstellenvertretern verstehen wir Personen, die zwar nicht unmittelbar zum Kreis der Betroffenen gehören, aber mit diesen in einer arbeitsmäßigen Beziehung stehen.

**Qualifizierungs-
bedarf durch
die Projekt-
ergebnisse**

**Qualifizierung der
Schnittstellen**

Dies sind unter anderem

– Vorgesetzte, Führungskräfte,
– Dienstleistungsbereiche (Instandhaltung, Arbeitsvorbereitung, Fertigungssteuerung) sowie
– Stabsstellen wie Qualitätsbeauftragte, Umweltbeauftragte, Arbeitsschutz.

Mittleres Management

Eine besondere Bedeutsamkeit kommt hierbei dem mittleren Management zu, das in Reorganisationsprojekten in aller Regel zu den potentiellen „Verlierern" gehört und zugleich auf Grund der Machtverhältnisse positive Veränderungen erfolgreich blockieren kann. Diese Thematik ist mittlerweile durch Erfahrungen und Forschungsarbeiten gut aufbereitet und dokumentiert (Fuchs-Frohnhofen, Henning 1997).

Der entscheidende Grund für die Qualifizierung der Schnittstellenvertreter ist, daß ein Kulturwandel vollzogen werden muß, der erfahrungsgemäß den direkt Betroffenen leichter fällt, weil sie einen Zugewinn an Attraktivität und Karrierechancen erleben. Die Schnittstellenvertreter müssen für ihre eigene Perspektive und zur Unterstützung der „Machtverschiebung" in der Regel intensiv geschult werden.

Prozeßbegleitung

Die Aufgabe von Prozeßbegleitern ist es, Veränderungsprozesse in der Umsetzungsphase (und nach Projektende) als Dienstleister der Gruppen bzw. aller von Veränderungen Betroffenen unterstützend zu begleiten.

Vollzugs-defizit

Wir beobachten in einer Reihe von Umstrukturierungsprojekten (partizipative ebenso wie Top-Down) ein deutliches „Vollzugsdefizit". Obwohl die Konzepte (Betriebsvereinbarungen, Szenarien, Aufgabenbeschreibungen etc.) häufig einen hohen Reifegrad aufweisen und Schulungsmaßnahmen planmäßig durchgeführt werden, behalten die alten Strukturen ihre Gültigkeit, oder die gewünschten Effekte (Produktivität, Gemeinkostensenkung, Liefertreue, Qualität) stellen sich nicht ein. Mitunter entwickeln sie sich sogar zum negativen, weil Erfahrungsträger im Zuge von Hierarchieabbau entweder nicht mehr da oder bis zur Schmerzgrenze demotiviert sind.

In solchen Fällen fehlt es an Personen, die die Defizite erkennen und – mit entsprechender Qualifizierung und Kompetenz ausgestattet – als „Kümmerer" für deren Beseitigung sorgen.

Obwohl die Schaffung neuer „Gemeinkostenstellen" zunächst gegen den Trend zu sein scheint, entschließen sich immer mehr Unternehmen, solche Funktionen aufzubauen.

Und uns ist kein Fall bekannt, in dem es sich nicht gelohnt hätte.

Die Aufgaben der Prozeßbegleiter/innen lassen sich folgendermaßen beschreiben:

Aufgaben der Prozeßbegleiter

– Prozeßbegleiter sollen v.a. die Personen unterstützen, deren Arbeitsfeld sich ändert.
– Prozeßbegleiter sind nicht die Projektleiter. Sie arbeiten mit ihnen auf den Gebieten Projektorganisation und -koordination zusammen.
– Prozeßbegleiter moderieren Problemlösegruppen und Teams.
– Prozeßbegleiter machen bei Bedarf auch Einzelcoachings.
– Prozeßbegleiter sind wesentliche „Schnittstellen" und Informationslieferanten in Projekten, sowohl lateral als auch vertikal.
– Prozeßbegleiter identifizieren möglichen Qualifizierungsbedarf und initiieren notwendige Weiterbildungsmaßnahmen.
– In manchen Fällen wird der Prozeßbegleiter auch Trainingsfunktionen übernehmen können oder müssen.

Die Funktion des Prozeßbegleiters kann selbstverständlich nicht von jedem übernommen werden. Wichtige Voraussetzungen sind:

Voraussetzungen der Prozeßbegleiter

– betriebliche Detailkenntnis,
– qualifizierte Berufsausbildung (Facharbeiter oder höher)
– Vertrauen von allen betroffenen „Parteien" und
– verbale Ausdrucksfähigkeit in verständlicher Sprache.

Hierzu ist in der Regel ebenfalls eine Qualifizierung erforderlich, die den Prozeßbegleitern die folgenden Kompetenzen vermittelt:

Qualifizierung der Prozeßbegleiter

– Umgang mit Gruppen und Teams
  • Moderatorenausbildung
  • ergebnisorientierte Gruppengespräche
  • Problemlösen im Team
  • themenzentrierte Interaktion in Gruppen
  • Beziehungsregulation

– Systematisches Problemlösen
  • Aufdeckung latenter Probleme
  • gemeinsame Problemkonkretisierung
  • Erarbeitung von Problemlösewegen mit den Betroffenen
  • methodische Unterstützung bei der Lösungssuche

– Gesprächsführung
  • ausgeprägte kommunikative Kompetenz in Einzel-
    gesprächen
  • Bildung eines vertrauensvollen Gesprächsklimas
  • zuhören können
  • aufzeigen von Vor- und Nachteilen
  • bewertungsfreies Agieren
  • Vermittlung zwischen Positionen

– Präsentationsfertigkeiten
  • ansprechende Visualisierung von Sachverhalten
  • Projektergebnisse verständlich darstellen

– Konfliktfähigkeit
  • Erkennen von latenten zwischenmenschlichen
    Konflikten (z.B. unter Mitarbeitern und zwischen
    Interessensparteien)
  • Unterstützung bei der Konfliktlösung
  • konstruktiver Umgang mit Konflikten, in die er/sie
    selbst eingebunden ist

– Projektmanagementmethoden
  • Formen der Projektorganisation
  • Projektablauf
  • Informationsmanagement im Projekt
  • Zeitmanagement
  • Projektmanagement-Techniken

– Systemisches Denken und Handeln
  • Bewußtheit der Vielfältigkeit von Einflußfaktoren
  • erweiternde Einflußnahme auf einseitige Lösungs-
    ansätze
  • bewußte Änderung von Blickwinkeln bei der Lö-
    sungssuche

Nur mit Hilfe und Unterstützung einer solchen Prozeßbegleitung wird eine Organisation zu einer Lernenden Organisation, weil sie in der Lage ist, ihr Lernen selbst zu organisieren.

7 Ausblick

Das Problemlöseverhalten von Menschen im Berufsleben – insbesondere von Ingenieurinnen und Ingenieuren – spielt angesichts der steigenden Anforderungen hinsichtlich Innovationskraft und -geschwindigkeit eine immer größere Rolle. Dabei wird zunehmend auf die Problemlösefähigkeit aller Akteure im Betrieb gesetzt und nicht – wie früher – auf das Fachwissen und die heuristischen Qualitäten einiger Experten. Dies schlägt sich vor allem in neuen Managementsystemen nieder, wie etwa dem Total Quality Management oder Konzepten wie Kaizen und KVP.

Darüber hinaus werden die Zusammenhänge – auch wegen des Einzugs der neuen Technologien – immer komplexer und schwerer zu überschauen. Das vorgeschlagene Ablaufdiagramm zum dialektischen Problemlösen mit seinen Abwandlungen gewährleistet dabei, daß folgende Kriterien bei einer sozial- und naturverträglichen Technik- und Organisationsentwicklung Berücksichtigung finden:

- Technik- und Organisationsentwicklung sollten von Betreibern und Betroffenen diskutiert und abgeschätzt werden.
- Alle erkennbaren Rück- und Nebenwirkungen sollten bei dem Gestaltungsprozeß berücksichtigt werden.
- Parallele technologische Entwicklungen und deren Auswirkungen sollten einbezogen werden.
- Durch interdisziplinäre Betrachtungen sollten isolierte Beschreibungen vermieden werden.
- Widersprüche und Zusammenhänge gesellschaftlicher Bedingungen sollten unter dem Aspekt des gesellschaftlichen Wandels gesehen werden.
- Bei nicht abschätzbaren Risiken sollte die Realisierung abgebrochen werden.

Dieser Kriterienkatalog gewinnt immer erkennbarer an Bedeutung, weil niemand mehr aufgrund der rasanten Entwicklungen in den Betrieben und der Gesellschaft in der Lage ist, sich vorzustellen, was in den nächsten zehn Jahren wirklich passieren wird und was zu tun ist. Wer hätte sich bspw. vor zehn Jahren vorstellen können, daß eine deutsche Bundesregierung einmal den Atomausstieg beschließen würde? Niemand ist alleine in der Lage, alle technologischen Entwicklungen, Spekulationen und Zukunftsszenarien (z.B. das virtuelle Unternehmen, deregulierte und globalisierte Konsumenten-, Finanz- und Arbeitsmärkte etc.) zu überblicken.

In dem Maße, wie die Beteiligten zur Lösungsfindung aufeinander zugehen müssen, werden dann auch neben der kognitiven die kommunikative und soziale Handlungskompetenz eine unverzichtbare Voraussetzung darstellen.

Anhang: Lösungen für die Übungsbeispiele

Übung 1.2

Übung 1.3

Übung 1.4

$\boxed{8}$	$\boxed{5}$	$\boxed{3}$
8	0	0
3	5	0
3	2	3
6	2	0
6	0	2
1	5	2
1	$\boxed{4}$	3

Übung 1.6

Übung 1.9

Frau „Eins" hat eine rote Mütze, da jede andere der Frauen vor sich mindestens eine rote Mütze gesehen haben muß.

Übung 1.10

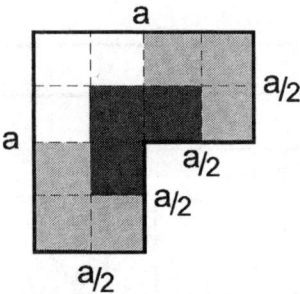

Übung 1.11

Peter ist 21 Jahre alt,

Paul ist 14 Jahre alt.

Übung 1.12

Der Esel trägt 5, das Maultier 7 Säcke.

Übung 1.13

$X_{Zug}=210m,\ V_{Zug}=30\ m/s$

Übung 1.14

Der Wasserspiegel sinkt.

Übung 1.15

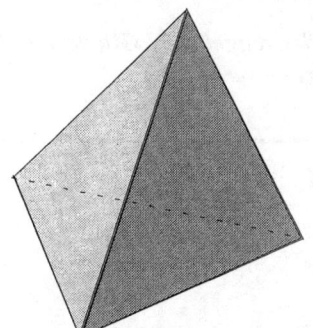

Räumliche Anordnung der Streichhölzer:

Übung 1.16

Übung 1.17

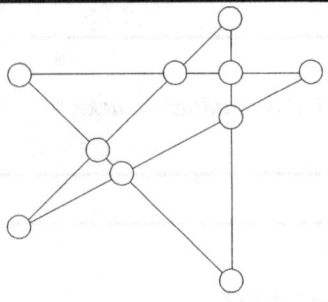

Übung 1.18

Drei Möglichkeiten:
1 weiß, 2 schwarz – der weiße Soldat erkennt sofort, daß er eine weiße Fahne hinter sich hat, da beide schwarzen Fahnen bereits vergeben sind
2 weiß, 1 schwarz – beide weißen Soldaten sehen eine weiße und eine schwarze Fahne; wäre einer von ihnen auch schwarz, müßte der andere erkennen, daß er selbst nur weiß sein kann und dies ausrufen – er reagiert aber nicht; also wissen beide, daß sie weiß sind

3 weiß – weil niemand reagiert, schließen alle drei, daß die zuletzt genannte Möglichkeit nicht zutreffen kann – daß also alle drei eine weiße Fahne hinter sich haben

W
◯

◯
W

◯
W

Übung 3.1

Die beiden kleinsten Ketten werden aufgelöst (7 Glieder) und damit dann die verbleibenden Ketten verbunden.

Waagerecht:	*Senkrecht*
5. ZIFFERBLATT	1. PILOTTON
10. CHA	2. PEIN
12. BOLA	3. KADER
13. SIAM	4. STAG
15. IDEALIST	5. ZOLA
17. LOS ANGELES	6. FASER
18. GOTE	7. RAGE
19. ATELIER	8. LILIENTHAL
21. IRTYSCH	9. TEST
23. ZITRONE	10. CLOSE
26. GELEE	11. HITCHCOCK
29. EHRE	13. SALON
30. BORN	14. MERGEL
32. DIENER	16. SEHR
33. SACK	20. INDOSSO
36. DYNAMO	22. YES
38. ELTERN	24. IBYKUS
39. ROOM	25. EIER
40. KASUS	27. LEE
42. RUHE	28. ERROR
45. OPEC	31. RASSEL
47. KUNST	34. ARE
48. SALAT	35. KOREA
50. ROCKER	37. MUT
52. SIEB	41. ANI
53. OLM	43. ULM
54. LUALABA	44. ETUI
	46. POL
	49. ALK
	51. CAB

unlösbar

Übung 5.2

> *Montag - Vielkauf - Bankier - Weinfaß*
>
> *Dienstag - Reibacher - Arzt - Teekanne*
>
> *Mittwoch - Geldsitzer - Hotelier - Kupferkesse*
>
> *Donnerstag - Nassauer - Rechtsanwalt - Braustübl*
>
> *Freitag - Pleitemeyer - Unternehmer - Spatzenpfiff*

Übung 5.3

> *Gleichzeitig werden beide Sanduhren gestartet; nach Ablauf der 7-Minuten-Uhr wird diese erneut gestartet, dann ist sie nach Ablauf der 11-Minuten-Uhr 4 Minuten gelaufen. Ein weiteres Umdrehen und Starten ergibt 7 Minuten + 4 Minuten + 4 Minuten = 15 Minuten.*

Literatur

Bono, E. de (1976) Das spielerische Denken. Rowohlt, Reinbek

Bono, E. de (1971) Laterales Denken – ein Kursus zur Erschließung Ihrer Kreativitätsreserven. Rowohlt, Reinbek

Bono, E. de (1980) Große Denker. Verlagsgesellschaft Schulfernsehen, Köln

Beck, P. (1975) Zwischen Identität und Entfremdung. Aspekte Verlag, Frankfurt

Briefs, U. (1984) Informationstechnologien und Zukunft der Arbeit. Pahl-Rugenstein, Köln

Capra, F. (1983) Wendezeit (The turning point) – Bausteine für ein neues Weltbild. Scherz, Bern - München - Wien

Dörner, D. (1976) Problemlösen als Informationsverarbeitung. Kohlhammer, Stuttgart - Berlin - Köln - Mainz

Duncker, K. (1935) Zur Psychologie des Produktiven Denkens. Springer, Berlin

Ehrl-Gruber, B.; Süß, G. M. (1996) Praxishandbuch Projektmanagement. WEKA Fachverlag für technische Führungskräfte, Augsburg

Falkenhagen, H.; Paeschel, D. (1977) Zur Trainierbarkeit des Problemlösens im Zusammenhang mit bedeutsamen Charaktereigenschaften. In: Lompscher, J. (Hrsg.) Zur Psychologie der Lerntätigkeit. Volk und Wissen, Berlin

Fickert, W. (1982) Kürübungen zum Denken. Vandenhoeck und Ruprecht, Göttingen

Flavell, J. (1976) Metacognitive Aspects of Problem Solving. In: Resnick, L. (ed.) The Nature of Intelligence. Wiley, New York

Frei, F.; Hugentobler, M.; Alioth, A.; Duell, W.; Ruch, L. (1993) Die kompetente Organisation. Schäffer / Poeschl, Stuttgart

Fuchs-Frohnhofen, P.; Henning, K. (Hrsg.) (1997) Die Zukunft des Meisters in modernen Arbeits- und Produktionskonzepten. Rainer Hampp Verlag, München - Mering

Galperin, P. J. (1967) Die Psychologie des Denkens und die Lehre von der etappenweisen Ausbildung geistiger Handlungen. In: Probleme des Denkens in der sowjetischen Psychologie. Volk und Wissen, Berlin

Galperin, P. J.; Leontjew, A. N. et al. (1974) Probleme der Lerntheorie. Volk und Wissen, Berlin

Guilford, J. P. (1964) Persönlichkeit. Beltz, Weinheim

Gund, J.; Gleich, U., Sander, S.; Hartmann, E. A. (1996) Rückmeldesystem Gruppenarbeit. In: John Deere Report Nr. 109. John Deere Werke, Mannheim

Hartmann, E. A.; Sander, S. (1996) Schritte auf dem Weg zum lernenden Unternehmen. In: John Deere Report Nr. 110. John Deere Werke, Mannheim

Heeg, F.-J. (1993) Projektmanagement. Hanser, München - Wien

Hesse, F. W. (1979) Zur Verbesserung des menschlichen Problemlöseverhaltens durch den Einfluß unterschiedlicher Trainingsprogramme auf die heuristische Struktur. Dissertation, RWTH Aachen

Hochkeppel, W. (1970) Denken als Spiel. Langewiesche-Brandt, Ebenhausen

Knein-Linz, R.; Schimweg, R. (1996) Kooperative Kunden-Lieferanten-Beziehungen in der textilen Fertigungskette. In: Wulfhorst, B. Qualitätssicherung in der Textilindustrie. Hanser Verlag, München - Wien

Kochen, M.; Badre, A. N.; Badre, B. (1976) On Recognizing and Formulating Mathematical Problems. Instructional Science 5

Landa, L. N. (1969) Algorithmierung im Unterricht. Volk und Wissen, Berlin

Leitner, S. (1972) So lernt man lernen. Herder, Freiburg - Basel - Wien

Leontjew, A. N. (1966) Das Lernen als Problem der Psychologie. In: Galperin, P. J.; Leontjew, A. N. et al. Probleme der Lerntheorie. Volk und Wissen, Berlin

Leontjew, A. N. (1977) Tätigkeit, Bewußtsein, Persönlichkeit. Klett, Stuttgart

Lilie O.; Stahn G. (1997) Verknüpfung von betrieblichen Veränderungs- und Lernprozessen. In: Quaas, W.; Denisow, K.; Stahn, G. (Hrsg.) Unternehmen gemeinsam umgestalten. Maschinenbau Verlag, Frankfurt

Lompscher, J. (1972) Theoretische und experimentelle Untersuchungen zur Entwicklung geistiger Fähigkeiten. Volk und Wissen, Berlin

Lompscher, J. (Hrsg.) (1973) Sowjetische Beiträge zur Lerntheorie – Die Schule P. J. Galperins. Pahl-Rugenstein, Köln

Lorenz, A. (1996) Delegation von Kompetenz und Verantwortung – Prinzip eines neuen Unternehmensverständnisses. In: Bertelsmann Stiftung, Hans-Böckler-Stiftung (Hrsg.) Information, Kommunikation und Partizipation im Unternehmen. Verlag Bertelsmann Stiftung, Gütersloh

Lüer, G. (1973) Gesetzmäßige Denkabläufe beim Problemlösen. Beltz, Weinheim - Basel

Mackworth, M. H. (1969) Originality. In: Wolfe, P. The Discovery of Talent. Harvard University Press, Cambridge

Maddi, S.R. (1973) Motivationale Aspekte der Kreativität. In: Ulmann, G. (Hrsg.) Kreativitätsforschung. Kiepenheuer und Witsch, Köln

Mager, R. F.; Pipe, P. (1972) Verhalten, Lernen, Umwelt. Beltz, Weinheim - Basel

Neber, H.; Wagner, A. C.; Einsiedler, W. (Hrsg.) (1978) Selbstgesteuertes Lernen. Beltz, Weinheim - Basel

Newell, A.; Shaw, J. C.; Simon, H. A. (1964) The Process of Creative Thinking. In: Gruber, H. E. et al. Contemporary Approaches to Creative Thinking. New York

Newell, A.; Simon, H. A.; Shaw, J. C. (1965) Elements of a Theory of Human Problem Solving. In: Anderson, R. C.; Ausubel, D. P. (eds.) Readings in the Psychology of Cognition. New York - Chicago - San Francisco - Toronto - London

Niggemann, W. (1977) Praxis der Erwachsenenbildung. Herder, Freiburg

Ohl, W. (1973) Aneignungsprozeß, Wissenserwerb, Fähigkeitsentwicklung. Volk und Wissen, Berlin

Poincaré, H. (1973) Die mathematische Erfindung. In: Ulmann, G. (Hrsg.) Kreativitätsforschung. Kiepenheuer und Witsch, Köln

Polya, G. (1949) Schule des Denkens – Vom Lösen mathematischer Probleme. Francke, Bern

Putz-Osterloh, W. (1973) Über die Effektivität verschiedener Trainingsverfahren zur Verbesserung des Problemlöseverhaltens erwachsener Personen. Dissertation, Universität Kiel

Reither, F. (1979) Über die Selbstreflexion beim Problemlösen. Dissertation, Universität Gießen

Reitman, W. R. (1965) Cognition and Thought. Wiley, New York

Resnick, L. B. (ed.) (1976) The Nature of Intelligence. Erlbaum, Hillsdale

Richter, L. (1977) Frageäußerungen des Schülers beim Erkennen und Lösen von Problemen. In: Lompscher, H. (Hrsg.) Zur Psychologie der Lerntätigkeit. Volk und Wissen, Berlin

Rohr, A. R. (1975) Kreative Prozesse und Methoden der Problemlösung. Beltz, Weinheim - Basel

Rubinstein, M. F. (1975) Patterns of Problem Solving. Prentice Hall, Englewood Cliffs

Scheerer, M. (1963) Problem Solving. Scientific American vol. 208

Seiffke-Krenke, I. (1974) Probleme und Ergebnisse der Kreativitätsforschung. Huber, Stuttgart - Bern

Sell, R.; Fuchs-Frohnhofen, P. (1993) Gestaltung von Arbeit und Technik durch Beteiligungsqualifizierung. Westdeutscher Verlag, Opladen

Sell, R.; Hartmann, E. A. (1997) Ein Verbundprojekt im turbulenten Umfeld. In: Fischer, J. et al. Dezentrale controllinggestützte (Auftrags-)Steuerungskonzepte für mittelständische Unternehmen. VDI Verlag, Düsseldorf

Sikora, J. (1976) Handbuch der Kreativ-Methoden. Quelle und Meyer, Darmstadt

Treiber, B.; Weinert, F. E. (1982) Lehr-Lern-Forschung. Urban und Schwarzenberg, München - Wien - Baltimore

Tomaszewski, T. (1978) Tätigkeit und Bewußtsein. Beltz, Weinheim - Basel

Unger, H. (1998) Der Beitrag von Teamkonzepten zur Lernfähigkeit von Organisationen. Rainer Hampp Verlag, München - Mering

Volpert, W. (1974) Handlungsstrukturanalyse als Beitrag zur Qualifikationsforschung. Pahl-Rugenstein, Köln

Wahren, H.-K. E. (1996) Das lernende Unternehmen: Theorie und Praxis des organisationalen Lernens. de Gruyter, Berlin

Zweistein (1980) Logeleien für Kenner. Hoffmann und Campe, Hamburg

Zeit-Magazine, Beilage zur Wochenzeitschrift „Die Zeit", Hamburg

Sachverzeichnis